普通高等教育计算机类专业教材

C 语言程序设计（微课版）

主　编　夏启寿

副主编　章哲庆　黄　孝　马小琴　殷晓玲

中国水利水电出版社

www.waterpub.com.cn

·北京·

内 容 提 要

本书以应用为背景，以程序设计解决问题为主线，采用计算思维的方法设计程序，通过程序案例，拓宽读者的思维，引导读者自主思考，使读者了解程序设计语言的基本结构，理解程序设计求解实际问题的基本过程，逐步掌握程序设计的基本思想、方法和技巧，具有利用 C 语言进行程序设计的能力和较强的计算机应用开发能力。本书内容丰富，理论与实践相结合，突出"自顶向下，逐步求精"的结构化程序设计方法，注重培养读者的程序设计能力和良好的程序设计习惯。本书在编写过程中，力求做到概念清晰、取材合理、深入浅出、突出应用，同时融入大量的课程思政元素，注重传道授业解惑与育人育才的有机统一。

本书既可作为高等院校学生学习"C 语言程序设计"课程的教材，也可作为 C 语言自学者的教材或参考书，同时可作为全国计算机等级考试或水平考试的教材或参考书。为了配合本书的学习，编者还编写了与本书配套的《C 语言程序设计实践教程》，可供读者参考使用。

本书电子课件及源代码等相关教学资源可以从中国水利水电出版社网站（www.waterpub.com.cn）或万水书苑网站（www.wsbookshow.com）免费下载。

图书在版编目（ＣＩＰ）数据

C语言程序设计 ：微课版 / 夏启寿主编. -- 北京 ：
中国水利水电出版社，2021.1
普通高等教育计算机类专业教材
ISBN 978-7-5170-9398-5

Ⅰ．①C… Ⅱ．①夏… Ⅲ．①C语言－程序设计－高等
学校－教材 Ⅳ．①TP312.8

中国版本图书馆CIP数据核字(2021)第020381号

策划编辑：崔新勃　　责任编辑：陈红华　　加工编辑：吕　慧　　封面设计：李　佳

书　　名	普通高等教育计算机类专业教材 C 语言程序设计（微课版） C YUYAN CHENGXU SHEJI（WEIKE BAN）
作　　者	主　编　夏启寿 副主编　章哲庆　黄　孝　马小琴　殷晓玲
出版发行	中国水利水电出版社 （北京市海淀区玉渊潭南路 1 号 D 座　100038） 网址：www.waterpub.com.cn E-mail: mchannel@263.net（万水） 　　　　sales@waterpub.com.cn 电话：（010）68367658（营销中心）、82562819（万水）
经　　售	全国各地新华书店和相关出版物销售网点
排　　版	北京万水电子信息有限公司
印　　刷	三河市鑫金马印装有限公司
规　　格	184mm×260mm　　16 开本　　22 印张　　543 千字
版　　次	2021 年 1 月第 1 版　　2021 年 1 月第 1 次印刷
印　　数	0001—3000 册
定　　价	55.00 元

前　　言

　　本套教材分为《C 语言程序设计（微课版）》和《C 语言程序设计实践教程》，是根据教育部高等学校大学计算机课程教学指导委员会编制的《大学计算机基础课程教学基本要求》组织编写的系列教材。

　　本书以应用为背景，以程序设计解决问题为主线，采用计算思维的方法设计程序，全面介绍了 C 语言基础知识及程序设计的基本思想、方法和技巧以及解决实际问题的技术。本书内容丰富，理论与实践相结合，注重培养读者的计算机程序设计能力和良好的程序设计习惯。本书在编写过程中，力求做到概念清晰、取材合理、深入浅出、突出应用。为适应教学方式的变革，除了主教材之外，编者还编写了配套教材《C 语言程序设计实践教程》，并提供了微视频、电子课件、教案及相应的程序设计素材。

　　本书共 11 章：概述、程序的输出与输入、顺序结构程序设计、选择结构程序设计、循环结构程序设计、数组、函数、预处理命令、指针、结构体与共用体和文件。本书吸收了同类教材的优点，章节安排由浅入深、循序渐进；突出编程案例的分析，以使读者理解与掌握 C 语言编程的基本原理、方法；注重改革实践教学，每一章在实践教程中都有相应的实践指导，以培养读者的程序设计能力；例题突出"自顶向下，逐步求精"的结构化程序设计方法。

　　本书具有以下特色：

　　（1）实现知识传授、价值塑造和能力培养的多元统一。每章都引入思想政治教育元素，潜移默化地对读者的思想意识、行为举止产生影响，有利于培养读者正确的世界观、人生观和价值观，为中国特色社会主义事业培养合格的建设者和可靠的接班人。

　　（2）微视频讲解重点、难点。本书重点、难点内容配有视频讲解，读者可扫描二维码观看，方便学习和理解。

　　（3）理论与实践并重。本书在介绍理论知识的同时突出实际应用，并选用读者感兴趣的案例，激发读者学习编程的兴趣。

　　（4）应用与应试兼顾。本书在强调程序设计基础的同时契合最新版《全国计算机等级考试二级 C 语言程序设计考试大纲》的要求，可满足读者参加全国计算机等级考试的需要。

　　（5）方便读者理解代码。本书中的例题代码都给出详细的代码注释，帮助读者更好地理解代码。同时，教材中所有代码均在 Code::Blocks 环境下调试通过。

　　（6）教学资源齐备。本书免费提供电子课件、程序源代码、试题库和网上教学平台，便于读者预习、复习和自学，方便师生课堂互动，提高课堂教学效果。

　　本书编者都是长期从事"C 语言程序设计"课程教学的老师，他们在长期的教学工作中积累了丰富的经验，并且主编或参编过多本 C 语言程序设计相关教材。本书由黄海生任主审，夏启寿任主编，章哲庆、黄孝、马小琴、殷晓玲任副主编，潘韵、杨利、任莉莉、吴璞和李静等老师也参与了本书的编写工作。本书的编写得到了胡学钢教授、陈晓江教授和中国水利水电出版社领导、编辑的大力支持以及许多高校从事 C 语言教学工作的老师们的关心和帮助，在此一并表示真诚的感谢。本书受到安徽省高等学校省级质量工程项目（2020zdxsjg238）和池州学院校级质量工程项目（2018XYZJC02）资助。

由于编者水平有限，书中难免有不足之处，敬请广大读者批评指正，以便我们再版时修正。

编　者

2020 年 11 月

目 录

第1章 概述

自 1946 年第一台电子计算机诞生以来，信息技术得到了迅猛的发展，各种信息技术的应用已经并正在持续改变着人们的工作和生活，如大数据、云计算、物联网、人工智能、虚拟现实等，这些新技术和应用最重要的核心是程序。计算机可以解决很多实际问题，但它本身并无解决问题的能力，必须依赖于人们事先编写好的程序（program），而要编写程序就要熟悉一种程序设计语言以及掌握编写程序的方法。

为了培养读者对 C 语言程序设计的学习兴趣，本章将从为什么要学习 C 语言、程序与程序设计语言、初识 C 语言程序 3 方面进行介绍。

1.1 为什么要学习 C 语言

"为什么要学习 C 语言？"这个问题每年都会被问上很多次。不同的学校、不同的专业、不同的人都会给出不同的答案。本节将从程序无所不在、C 语言的重要性、人人要理解编程、计算思维等方面给出答案。

为什么要学习 C 语言

1.1.1 程序无所不在

我国古代"四大发明"是指造纸术、指南针、火药和印刷术，我国现代"新四大发明"则是高铁、支付宝、共享单车和网购。"新四大发明"离不开程序。

我国自行研制的具有完全自主知识产权的神舟系列飞船多次载人往返于太空和地球之间；嫦娥四号着陆器和玉兔二号巡视器在月球背面正常分离，两器完成互拍，地面接收图像清晰完好，探月工程嫦娥四号圆满完成任务；蛟龙号载人深潜器已下潜深度为 7062 米，是目前世界上下潜最深的作业型载人潜水器；地壳一号万米钻机完成钻井深度 7018 米，创造了亚洲国家大陆科学钻井新纪录。我国在 20 世纪 90 年代提出的"上天、入地、下海"战略均有斩获，但这些成就离不开程序。

利用阿里云技术可以帮助农户实现精准种植，成熟的区块链技术也能实现产业链全程可视化溯源；京东以无人机农林植保服务为切入点，搭建智慧农业共同体，做全产业链上的智慧农业。目前区块链技术可为农业创造更多经济价值，能够帮助农场准确采集全面的种植信息，并且防止篡改天气、土壤、温度和湿度等数据，紧密连接很多与农业相关的平台。这些都是在程序的帮助下完成的。

同样我们的日常工作、生活和学习等活动也离不开程序。日常生活中使用的电视、冰箱、洗衣机等智能家用电器，网上购物、打车、点餐等互联网生活方式，微信、微博、QQ 等社交软件，没有程序都不可能实现。

从工业到农业，从国防到人们的日常生活，我们生活在一个程序控制的时代。在云计算、大数据、人工智能、5G 和量子通信等新一代信息技术领域，我国取得了令世界瞩目的成就，这些技术的共同基础就是程序。程序改变了人们的生活方式，推动了社会的发展。程序像空气一样，无处不在。我们无法想象，离开了程序，世界会变成什么样。

课程思政： 在高端制造等许多核心技术领域，我国依然受到欧美的技术封锁，处于产业链低端，即"缺芯少魂"。为了改变这种现状，为了中国智能制造的崛起，大学生需要"为中华之崛起而读书"。

1.1.2　C 语言的重要性

C 语言是编写操作系统最常用的编程语言。用 C 语言编写的第一个操作系统是 UNIX，后来的操作系统如 GNU、Linux 也是用 C 语言编写的。C 语言不仅是操作系统的语言，还是当今几乎所有最流行的高级语言的前身。事实上，Perl、PHP、Python 和 Ruby 都是用 C 语言编写的，了解 C 语言后，您将更理解和欣赏基于 C 语言的传统的整个编程语言系列。

汇编语言运行效率高，对硬件的可操控性更强，体积小，但不易维护，可移植性很差；而 C 语言容易维护，可移植性很好。事实上，C 语言的主要优势之一是它既结合了各种计算机体系结构的通用性和可移植性，又保留了汇编语言提供的大部分硬件控制功能。C 语言是一种编译语言，可以创建快速有效的可执行文件。C 语句最多只对应少数汇编语句，其他语句都由库函数提供。

C 语言编写的程序执行效率高（相对于其他高级语言），占用空间少（CPU 时间、内存使用率、磁盘 I/O 等），代码可移植性好。这对于性能非常重要的操作系统、嵌入式系统或其他程序（"高级"接口会影响性能）很重要。C 语言具有大量的低级应用程序代码库。它"天生"就是编写 UNIX 操作系统的语言，使其具有灵活性和可移植性。它是一种稳定且成熟的语言，已被移植到大多数平台上，在未来很长一段时间不太可能消失。

C 语言强大的另一个原因是内存分配。与大多数编程语言不同，C 语言允许程序员直接将程序写入内存。此外，动态内存分配是在程序员的控制之下的（这也意味着内存的重新分配必须由程序员来完成）。当处理底层代码（例如控制设备的 OS 部分）时，C 语言提供了统一、干净的界面。这些功能是大多数其他语言所不具备的。

虽然 Perl、PHP、Python 和 Ruby 功能强大，并且支持 C 语言默认情况下未提供的许多功能，但它们通常不是以自己的语言实现的。相反，大多数此类语言最初依赖于 C 语言（或另一种高性能编程语言）编写，并且要求将其实现移植到新平台上才能使用。

1.1.3　人人要理解编程

人类社会过去需要几百年才能取得的进步，在信息时代，只需几年甚至几个月。为什么以程序为核心的信息技术能有如此大的威力呢？为了回答这个问题，首先必须理解程序，理解编程。

过去，不认识字的人被称为"文盲"，而将来，不懂编程的人将是新的"文盲"。编程可以教人们以一个全新的方式看世界，编程可以改变人们的思维方式，教人们在新时代中如何思考。

生活在 21 世纪这个互联网时代，我们每天都会与手机 App、微信小程序、电商网站、各个行业的软件打交道，可见掌握一门编程语言，能让你更快看清趋势、把握机会。如同乔布斯所言："我觉得每个人都应该学习一门编程语言。编程教你如何思考，就像学法律一样。学法律并不一定是为了做律师，但法律教你一种思考方式。学习编程也是一样，我把计算机科学看成基础教育，每个人都应该花 1 年时间学习编程。"

人人都应该了解程序、懂程序、会编程序。所谓了解程序，就是要知道程序是什么，程序能改变世界依靠的是什么，程序是从哪里来的，程序是如何工作的等；所谓懂程序，就是要知道程序并不是高深的原理，要理解程序带给人们的独特逻辑思维和计算思维；会编程序，就是要学会某种编程语言。一般而言，编程有以下 5 个步骤。

1．需求分析

需求分析是指对要解决的问题进行详细的分析，弄清楚问题的要求，包括需要输入什么数据，要得到什么结果，最后应输出什么。这个过程很重要，处理不好需要返工，有经验的程序员都会很重视需求分析。需求分析中最难的事情是开发者和用户之间的交流，用户不懂开发，开发者不懂用户的专业和业务，双方沟通不畅，会导致需求分析持续好几个月，甚至数年；如果开发者之前对专业就有所了解，或者是用户懂一点点开发，这件事就好办得多。这也是非计算机专业学生学习程序设计的好处之一。

2．设计方案

设计方案就是搞明白计算机该怎么做这件事。设计方案的内容主要包括两方面：一方面是设计算法、进行数学建模，用数学方法对问题进行求解；另一方面是设计程序的代码结构，使程序更易于修正、扩充、维护等。数学部分往往属于非计算机专业范畴，程序设计部分属于计算机专业范畴，两者的配合非常重要。并不是所有的数学模型都能用程序高效地实现，但有些数学中难以处理的问题，可以利用计算机的优势巧妙解决。

3．选择资源

不是所有解题方案都要从头开始编程实现，也不是所有的算法都要自己设计，很多共性的问题已有成熟的解决方法，只要不存在知识产权问题，都可以直接使用，特别是针对功能较复杂的程序。在确定方案后，首先要考虑有没有现成的框架或代码可以直接使用，这种可用的资源可以是程序设计语言自带的，也可以是其他程序员贡献出来在网上公开的开源代码（open source）。有些情况下，编程人员只要将各种可用资源集成起来就可以完成任务了，这时编程也称构建（construction）。

4．编程实现

编写程序即把设计的结果变成一行行代码，输入到程序编辑器中。一般情况下，选择程序设计语言主要考虑以下几个方面：一是编程者熟悉程序，总是选择大家最熟悉的语言；二是语言的特点，不同的语言有不同的特点，如有的语言适合科学计算、有的语言适合字符处理、有的语言适合界面设计（UI）等，可根据解题方案的需求选择最合适的语言；三是语言的可用资源，不同语言自带或开源的资源不一样，一般选择可用资源最多的语言，有时，程序的使用者也会对程序设计语言提出要求。用选定的程序设计语言，按上述解题方案，利用待定的编程资源，编写程序完成上述解题步骤。

5．调试运行

在编程环境中编辑程序、测试程序、定位错误、修改错误直到程序正确，生成可执行程序，然后运行程序观察结果。如果结果不满足要求，则要查找问题、修改代码，再重新编译、运行，直到满意为止。用到的主要工具是编译器和调试器，它们一般都已经内置在 IDE 中，如果不使用 IDE，只使用编辑器，则需要单独安装。推荐使用 gcc 编译器和 gdb 调试器。两者是 UNIX/Linux 平台的主流工具，在 Windows 平台上亦可使用。

1.1.4　计算思维

计算思维（computational thinking）自古有之，而且无所不在。从古代的算筹、算盘，到近代的加法器、计算器，现代的计算机，直到现在风靡全球的网络、云计算和大数据等，计算思维的内容不断拓展。然而，在计算机发明之前的相当长时期内，计算思维研究缓慢，主要原因是缺乏像计算机这样的快速计算工具。直到2006年，美国卡内基·梅隆大学计算机科学系主任周以真（Jeannette M. Wing）教授对计算思维进行了清晰、系统的阐述，这一概念才得到人们的极大关注。

周教授指出"计算思维是运用计算（机）科学的基础概念进行问题求解、系统设计和人类行为理解一系列思维活动的统称"。它是所有人都应具备的如同"读、写、算"能力一样的基本思维能力，计算思维建立在计算过程的能力和限制之上，由人或机器执行。这个定义赋予了计算思维3层更高的意义。

（1）计算思维是一种问题求解思维，即通过计算机的手段求解现实中各种各样的计算问题。例如，通过数学建模、算法设计研究求解各种现实问题的方法和算法等。计算思维就是把一个看起来困难的问题重新阐述成一个我们知道怎样解的问题，如通过约简、嵌入、转化和仿真的方法。

（2）计算思维是一种设计系统的思维。设计和构造新型计算机系统或计算工具以解放人类劳动始终是人们追求的目标，而各种新型计算工具的研制对于社会的进步和发展有着重要的意义。例如，获得诺贝尔化学奖的J.A.Pople就是把计算机应用于量子化学，设计了一套计算程序，使全世界的量子化学工作者都在用他的程序研究化学问题。

（3）计算思维是有助于人类行为理解的思维。计算思维源于社会/自然，又反作用于社会/自然。例如，"流水线"的概念是源于20世纪福特汽车生产线的概念，被计算机学科应用和发展，而现在很多工厂的数字化生产线又借鉴计算学科的"流水线"概念并广泛应用。类似地，计算思维也在改变相关社会的结构和人类的行为。

周教授在《计算思维》中谈到"计算机科学的教授应当为大学新生开一门称为'怎么像计算机科学家一样思维'的课程，面向非专业的，而不仅仅是计算机科学专业的学生"。这是因为"机器学习已经改变了统计学。……计算生物学正在改变着生物学家的思考方式。类似地，计算博弈理论正改变着经济学家的思考方式，纳米计算改变着化学家的思考方式，量子计算改变着物理学家的思考方式"，所以"它代表着一种普遍的认识和一类普适的技能，每一个人，不仅仅是计算机科学家，都应热心于它的学习和运用"。不过遗憾的是，我们现在很少有学校开设这样的课程，所以程序设计课程在某种程度上肩负着传授计算思维的责任。人们通过学习编程，了解什么是抽象、递归、复用、折中等计算思维，从而能在各行各业中更有效地利用计算机工具解决复杂问题。

正如《2015地平线报告》指出的：复杂性思维教学是一种挑战，计算思维是一种高阶复杂性思维技能，是复杂性思维能力培养的重要支撑。强调计算思维教育，可以帮助学习者获得认识真实体系和解决全球性复杂问题的基本技能。

1.1.5　如何学好程序设计

经常听到同学们说，"编程很难""听得懂，不会做""看得懂，不会写""考得过，不会编"。那么，程序设计真的这样难吗？其实不然，除非是解决很复杂的问题，设计一般的程序，中学生都不会有任何问题。很多人觉得难的主要原因是不适应思维方式的变化，即计算思维。

1. 编程的主要内容

学习程序设计，其目的是学习运用计算机科学知识进行问题求解的方法，是训练设计出能够解决问题的计算机系统的实践能力，是学习与数学思维相类似、形式更为丰富的一种新思维方式。学习一种程序设计语言，并能用它来编程，必须掌握 4 个维度的内容，即语法知识、编程技能、编程思维、编程规范。

（1）语法知识。和其他任何语言一样，程序设计语言也有自己的语法和语义，简单地说，语法就是一些书写规则，语义就是符合语法规则的表述的含义。由于程序最终交给计算机去执行，完成程序的功能，因此，编程时必须严格按照语法规则书写程序中的各个元素，任何细微的语法错误都会导致计算机不能正常执行程序。程序设计语言的语法知识一般包括程序的结构组成、数据存储、操作表示等。

例如，C 语言中，一个程序是由一个 main 函数和一些其他函数组成。每个函数都有规定的定义和调用格式，数据可以有不同的类型，如 int、float 分别表示整数和实数，不同类型的数据所占内存空间、表示范围和可执行运算都可能不同。数据还可以是简单类型数据或构造类型数据。构造类型数据是指含多个分量的复杂数据，需要说明分量个数、分量类型、分量次序等。不同的操作表示方法也不同，包括基本的数据输入、输出和赋值等操作，还包括选择和循环等操作。

必须理解语法知识，不用死记硬背，编程时可以查阅相关程序设计语言的书籍。使用一种程序设计语言编写程序一段时间后，语法知识自然就能信手拈来。现在一些集成开发环境都会提供一些智能化的语法检查工具。它们能通过文字、颜色、声音等实时提示语法知识和语法错误情况。

（2）编程技能。如果学习编程只学会了语法知识，而没有掌握一定的编程技能，则面对一个具体问题时，将无法设计一个程序去解决它，就像只学了丰富的游泳知识却不会游泳一样，是没有实用价值的。因此，学习程序设计的编程技能比学习语法知识更重要，它是语法知识的应用，是编程解决问题能力的训练。

学习程序设计的重要环节是编程实践。一般而言，每一次理论课结束后都需要编程来练习所学的理论知识，编程实践的时间应该大于理论学习时间。在学会如何使用每一个知识点的情况下，从解决简单问题开始，练习运用前面所学的知识点编写程序、设计程序、运行程序来得到预期结果。

编程技能的掌握除了对语法知识点的灵活应用、对集成开发环境的熟练使用外，还包括一些常用技巧的掌握，如"分而治之"（把一个复杂问题分解为多个简单问题），充分利用已有功能模块，先设计解题思路再动手编程，自顶向下逐步求精，以及应用顺序、选择、循环 3 种控制结构等。

编程技能的掌握没有捷径，唯有多练习、多实践。学习一门程序设计语言，只有多读程序，多编写程序，才能提高编程技能。

（3）编程思维（计算思维）。前面讲过，在这个"互联网+"时代，信息技术已经改变了人们的工作和生活方式，但同时也需要人们有与现代信息技术相适应的思维方式，也就是计算思维。编程思维就是这种新思维方式的重要内容。除了专业程序员外，大多数人未来都不是以编程为职业的，但是编程思维是每个人必备的思维方式之一，大家都要学会"像计算机科学家一样思维"。学习程序设计更重要的任务就是训练并学会使用编程思维。

有了计算机的帮助，就能用新思维方式去解决那些之前不会尝试解决的问题，实现"只有想不到，没有做不到"的境界。其实，这种新思维方式也出现在人们的日常生活中，例如，当你早晨去学校时，你把当天需要的东西放进背包，这就是预置和缓存。当你弄丢手套时，你沿走过的路寻找，这就是回推；在什么时候停止租用滑雪板而为自己买一副呢？这就是在线算法。在超市付账时，你应当去排哪个队呢？这就是多服务器系统的性能模型。为什么停电时你的电话仍然可用？这就是失败的无关性和设计的冗余性。

那么，编程思维包含哪些内容呢？周以真教授在定义计算思维时，总结了包括约简、嵌入、转化、仿真、抽象、分解、并行、递归和推理等20多种方法和能力，其中大部分在学习编程时会涉及，即使在编写简单程序时也会应用到。如将具体问题抽象化，遍历所有数据内容的穷举，自动重复并按条件结束的迭代，数据的比较、交换、查找、排序等，还有各种经典的算法思想，这些都属于编程思维。

在后续的章节会逐步介绍这些编程思维，读者要学习并习惯使用它们来思考问题。

（4）编程规范。编程工作，有人认为是极需创意的设计工作，属于艺术，程序员也是一类艺术家；也有人认为只是用现成技术完成既定解题方案，充其量也就是技术，程序员是工程师，并形象化地称为"码农"。但不论怎么样，编程应该遵循一定的规范，养成良好的习惯，把编写的程序打造成高质量的作品。

学习编程时，从一开始就要重视程序代码的质量，要学习好的编码规则，养成好的编程习惯，积累编程经验。先设计再编码，要有明确的命名规则，书写程序时遵循统一的缩进规则，程序中要加入适当的注释，等等。

2. 良好的学习习惯

"兴趣是最好的老师"。学会编程，会看到一个不一样的世界；学会编程，在探究、改造这个世界时将如虎添翼；学会编程，创造力会倍增；学会编程，人生将更丰富多彩。学习编程，首先要培养对程序的兴趣，有了兴趣，学习起来就会觉得轻松快乐。当自己设计的一个个程序运行出正确结果时，你就会越来越喜欢编程，越来越有成就感，越来越自信。

（1）循序渐进。学习程序设计，从模仿开始，然后过渡到自己编写程序；从简单的程序开始，逐步增加功能。刚开始学习编程时，重要的是程序运行的结果，然后在弄明白程序的基础上增加功能，再尝试向解决复杂问题过渡。

（2）紧跟、坚持、理解。"紧跟"是指教师教到哪、学到哪、编写到哪。与其他的学习不同，程序设计的学习涉及新思维方式的适应。因而，学习第一门程序设计课程时，教师的作用不可或缺，学习时要尽量跟上教师的讲课节奏，掌握教师讲课的内容，并及时在编程实践中应用和巩固所学的理论知识。"坚持"是指遇到问题时不退缩，没有解决不了的问题。刚开始学习程序设计时会接触很多新的概念和知识，思维方式也有差别，遇到一些小的困难也是正常的，这时候绝不能轻言放弃，要"咬定青山不放松"，问题也就迎刃而解了。在解决一个又一个问题的过程中，你不知不觉就会成为一个编程高手。"理解"是指得到正确结果不算结束，知道其所以然才能达到学习目的。学习程序设计的目标不是记住知识点，即使将所有的知识点背得滚瓜烂熟也没用，学会用编程解决问题才有意义。此外，还必须理解为什么要这样设计，思考有没有其他更优的解决方案，还有哪些问题可以用类似的方法解决。

1.2 程序与程序设计语言

程序与程序设计语言

1.2.1 程序的概念

计算机程序（computer program）简称"程序"，是指一组指示计算机或其他具有信息处理能力的装置完成每一步动作的指令，通常用某种程序设计语言编写，运行于某种目标体系结构上。例如，洗衣机的洗衣程序就是程序员将洗衣需要的浸泡、揉搓、漂洗、脱水、烘干等一系列工作流程按步骤设计在程序中，由嵌入在洗衣机中的智能控制器（计算机）自动执行。将洗衣的过程写成计算机能执行的逻辑流程，本质上就是编程。程序设计者根据预先制定的功能和规则，编写一系列完整指令，由计算机执行，实现预定的功能和任务，这就是计算机程序。

1.2.2 程序设计语言

程序设计语言是用来编写程序的语言，是人与计算机交换信息的工具。程序设计语言通常分为机器语言、汇编语言和高级语言 3 类。

（1）机器语言。机器语言（machine language）属于低级语言。它是用二进制代码表示的计算机唯一能直接识别和执行的一种机器指令的集合。例如，在 8086/8088 兼容机上，用机器语言完成求 5+6 的结果的程序代码如下：

```
10110000 00000101;   将 5 放进累加器（accumulator）中
00101100 00000110;   将累加器的值与 6 相加，结果仍然在累加器中
```

用机器语言编写出来的程序称为机器语言程序，它的优点是不需要进行任何翻译，占用内存少，执行速度快；缺点是编写、阅读、调试、修改、移植都困难。机器语言的可移植性差是指在某种类型计算机上编写的机器语言程序不能在另一种类型的计算机上使用。

（2）汇编语言。汇编语言（assemble language）是将机器语言的二进制代码指令用助记符表示出来的一种语言，也称为符号语言。例如：

```
MOV AX,5;   把 5 放进累加器 AX 中
ADD AX,6;   把 6 与 AX 中的值相加，结果存入 AX
```

它和机器语言一样对机器的依赖性大，所编程序的通用性差，都是低级语言。用汇编语言编写的程序称为汇编语言程序。相比机器语言程序，汇编语言程序更易掌握，但计算机无法直接识别和执行，必须进行翻译，即使用语言处理软件将汇编语言编译成机器语言（目标程序），再链接成可执行程序在计算机中执行。

（3）高级语言。高级语言也称算法语言，接近人们熟悉的自然语言和数学语言，直观易懂，便于编程与调试。它基本脱离了硬件系统，通用性强。高级语言种类繁多，目前常用的高级语言有 Visual Basic、C 语言、C++、C#、Java 等。

与汇编语言相同的是，CPU 也不能直接识别用高级语言编写的源程序，需要将其翻译成机器语言程序才能执行，因此执行效率不高。通常有两种翻译方式：编译方式和解释方式。

编译方式就是使用编译程序把源程序全部翻译成目标程序，然后通过链接程序将目标程序链接成可执行程序的方式。

解释方式是将源程序逐句翻译，翻译一句执行一句，边翻译边执行，不产生目标程序。

它们的区别在于：通过编译得到的可执行文件可以脱离源程序和编译程序单独执行，所以编译方式效率高、执行速度快；而解释方式则需要源程序和解释程序同时参与才能完成，不产生目标文件和可执行程序文件，效率低，速度慢，主要用于调试阶段。

1.2.3 算法及其描述

计算机通过执行人们所编写的程序来完成预定的任务。广义上说，计算机描述的算法是对某种结构的数据进行加工处理。著名的瑞士计算机科学家 N.Wirth 教授曾提出：

算法＋数据结构＝程序

算法是对数据运算的描述，而数据结构是指数据的组织存储方式，包括数据的逻辑结构和存储结构。算法和数据之间存在本质联系，一个良好的数据结构可以提高算法执行效率，反之算法又影响数据在计算过程中的组织方式。程序设计的实质就是对实际问题选择一种恰当的数据结构，并设计一个好的算法。

1. 算法的概念

计算机解决问题的方法和步骤就是计算机解决问题的算法。计算机算法分为数值运算算法和非数值运算算法。数值运算算法主要用于解决数值求解的问题。如求方程的根、求一个几何图形的面积等。非数值运算算法主要用于解决需要用分析推理、逻辑推理才能解决的问题，如人工智能中的许多查找问题、分类问题等。由于数值运算有现成的模型，算法研究比较深入，因此，数值运算有比较成熟的算法可供选用；而非数值运算的种类繁多，要求各异，难以规范化，因此只对一些典型的非数值运算算法做了比较深入的研究。针对其他的非数值运算问题，往往要设计专门算法。

对于同一个问题，可以有不同的解题方法和步骤。例如，求 $1+2+3+\cdots+100$，可以用 $1+2$，再加 3，一直加到 100 的方法；也可以采用 $100+(1+99)+\cdots+(49+51)+50=5050$ 的方法，还可以采用其他的方法。当然，对于同样一个问题，有的方法相对简单，而有的方法相对复杂。显而易见，大家都希望采用简单和运算步骤少的方法。因此，为了有效地进行解题，不仅需要保证算法正确，还要考虑算法的质量，从而选择合适的算法。

2. 算法的特性

一个算法应该具有以下特点。

（1）有穷性。一个算法应该包含有限的操作步骤，每一个步骤都应在合理的时间内完成，否则算法就失去了它的使用价值。例如，计算圆周率 π 的值，可用如下公式：

$$\frac{\pi}{4} = 1 - \frac{1}{3} + \frac{1}{5} - \frac{1}{7} + \cdots$$

这个多项式的项数是无穷的，因此，它是一个计算方法，而不是算法。要计算 π 的值，只能取有限项。例如，计算结果精确到第 5 位，那么，这个计算就是有限次计算，也才能称得上是算法。

（2）确定性。算法中的每一个步骤都必须有确切的含义，即算法中的每一个步骤不至于被理解成不同的含义，而应是明确无误的。例如 "n 被一个整数除，求余数 r"，这就是一个 "不确定" 的，它没有说明 n 被哪个整数除，因此无法执行。

（3）有零个或多个输入。所谓输入是指在执行算法时需要从外界获取必要的信息。例如，判断一个数是否是素数，只输入一个数据，而计算两个数的最小公倍数时，当然是输入两个数据。一个算法也可以没有输入，如求已知数据的累加和，显然不需要再输入任何数据，就可以完成该算法。

（4）有一个或多个输出。算法的目的是求解，该"解"就是输出。例如，求两个数的最小公倍数的算法，最后得到的最小公倍数就是输出。一个算法得到的结果是算法的输出，但算法的输出不一定是计算机的打印输出。没有输出的算法是没有意义的。

（5）有效性。算法中的每一个步骤都必须是可执行的，并得到确定的结果。例如，对一个负数开平方或者取对数，都是无效的操作。

3．算法的描述方法

一个算法可以用不同的方法来表示，常用的有自然语言、流程图、N–S 图、伪代码和计算机语言等。

（1）用自然语言表示算法。自然语言（natural language）就是人们在生活中使用的语言，可以是汉语、英语或其他语言。自然语言不规范，容易出现歧义，且不太严格，有时需要推测或根据上下文才能判断其正确的含义，因此除了简单问题以外，一般不推荐用自然语言描述算法。

（2）用流程图表示算法。流程图（flow chart）是一种描述程序的控制流程和指令执行情况的有向图，是算法的一种比较直观的表示形式。美国国家标准协会（American National Standards Institute，ANSI）规定了常用的流程图符号，如图 1.1 所示。用图形表示算法的优点是直观、形象、易于理解；缺点是所占篇幅较大，使用流程图可使流程任意转向，有可能造成程序阅读和修改上的困难。

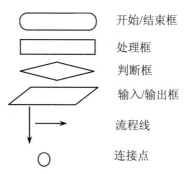

图 1.1　传统流程图中的常用符号

1）开始/结束框：表示算法的开始或结束。
2）处理框：表示算法的某个处理步骤。
3）判断框：按条件选择要执行的操作。
4）输入/输出框：表示输入/输出数据操作。
5）流程线：表示流程的走向。
6）连接点：用于流程之间的连接。

流程图有顺序结构、选择结构和循环结构 3 种基本结构，用这 3 种基本结构作为算法的基本单元，可以编制出复杂的程序流程。

顺序结构如图 1.2 所示，其中 A 和 B 两个块是按顺序依次执行的，即在执行完 A 块所指定的操作后，必然继续执行 B 块所指定的操作。不能跳过 A 块的操作而直接执行 B 块。顺序结构是最简单、最基本的结构。

选择结构又称分支结构，如图 1.3 所示。此结构中必包含一个判断。根据指定的条件是否成立而决定流程的走向，即是执行 A 块还是 B 块。无论条件是否成立，只能执行 A 块或 B 块之一，不可能既执行 A 块又执行 B 块。无论走哪一条路径，在执行完 A 块或 B 块后，都经过一个公共点，然后脱离选择结构。A 块或 B 块中可以有一个是空的，即不执行任何操作。

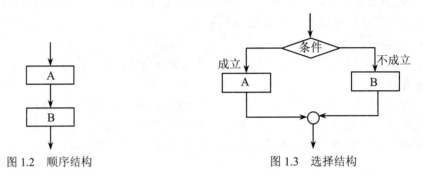

图 1.2　顺序结构　　　　　　　　　　图 1.3　选择结构

循环结构又称重复结构，即反复执行某一部分操作，可分为两类。

1）当型循环结构，如图 1.4 所示。功能是先判断给定的条件，如果条件成立，则执行 A 块，执行完 A 块后，返回判断条件，如果仍然成立，再执行 A 块，如此反复执行下去，直到条件不成立为止。此时不再执行 A 块，程序流程脱离循环结构。

2）直到型循环结构，如图 1.5 所示。功能是先执行 A 块，然后判断给定的条件是否成立，如果条件不成立，则返回继续执行 A 块，再对条件做进一步的判断，如果条件仍不成立，再执行 A 块……如此反复执行 A 块，直到给定条件成立为止，此时不再执行 A 块，程序流程从循环结构中脱离出来。

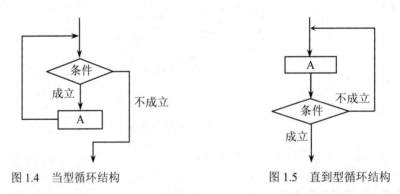

图 1.4　当型循环结构　　　　　　　　图 1.5　直到型循环结构

（3）用 N-S 图表示算法。N-S 图是美国学者 I.Nassi 和 B.Shneiderman 于 1973 年提出的一种新的流程图工具，它以 3 种基本结构作为构成算法的基本元素，每一种基本结构用一个矩形框来表示，并且取消了流程线，各基本结构之间保持顺序执行关系。N-S 图可以保证程序具有良好的结构，所以 N-S 图又称为结构化流程图。

顺序结构由若干个前后衔接的矩形块按顺序组成，先执行 A 块，再执行 B 块。各块中的内容表示一条或若干条顺序执行的操作，如图 1.6 所示。

选择结构内有两个分支，它表示当给定的条件满足时执行 A 块的操作，当条件不满足时，执行 B 块的操作，如图 1.7 所示。

图 1.6　顺序结构

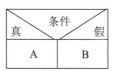

图 1.7　选择结构

循环结构有两种，图 1.8 表示当型循环结构，先判断条件是否满足，若满足就执行 A 块（循环体），然后返回判断条件是否满足，如满足再执行 A 块，如此循环下去，直到条件不满足要求为止。图 1.9 表示直到型循环结构，先执行 A 块（循环体），然后判断条件是否满足，如不满足则返回再执行 A 块，若满足则不再继续执行循环体。

图 1.8　当型循环结构

图 1.9　直到型循环结构

（4）用伪代码表示算法。用流程图、N-S 图表示算法，直观易懂，但画起来比较麻烦，并且在设计的过程中，可能要反复修改，而修改流程图或 N-S 图就更麻烦，因此使用流程图或 N-S 图来表示算法不是很理想。

伪代码是用介于自然语言和计算机语言之间的文字和符号描述算法，如同一篇文章，自上而下地写下来，每一行表示一个基本操作，它不是图形符号，因此书写方便，格式紧凑，也比较好懂，便于向计算机语言过渡。

（5）用计算机语言表示算法。用计算机语言描述算法其实就是编写程序。计算机是无法识别流程图或伪代码的，因此，用流程图或伪代码描述算法还需要将其转化为计算机语言程序（如 C 语言程序）。用计算机语言描述算法必须遵守相应的语法规则。

1.3　初识 C 语言程序

1.3.1　C 语言概述

C 语言由 Dennis M.Ritchie 设计开发，并首次在一台使用 UNIX 操作系统的 DEC PDP-11 计算机上实现。C 语言是由一种早期的编程语言 BCPL（Basic Combined Programming Language）发展演变而来的，BCPL 语言目前在欧洲还在使用。Martin Richards 改进了 BCPL 语言，从而促进了 Ken Thompson 所设计的 B 语言（取 BCPL 的第一个字母）的发展，1972—1973 年，贝尔实验室的 Dennis M.Ritchie 在 B 语言的基础上设计了 C 语言（取 BCPL 的第二个字母）。

后来，人们又对 C 语言做了多次改进，但主要还是在贝尔实验室使用。Ken Thompson 和 Dennis M.Ritchie 用 C 语言完全重写了 UNIX。1975 年，UNIX 第 6 版公布后，C 语言的突出优点才引起人们的普遍关注。1977 年出现了不依赖于具体机器的 C 语言编译版本——可移植 C 语言编译程序，使 C 语言移植到其他机器时所需做的工作大大简化，这也推动了 UNIX 操作系统迅速地在各种机器上的实现。例如，VAX、AT&T 等计算机系统都相继开发了 UNIX 操作系统。随着 UNIX 使用的日益广泛，C 语言也迅速得到推广。C 语言与 UNIX 在发展过程中相辅相成。1978 年以后，C 语言已先后移植到大型、中型、小型及微型机上，并独立于 UNIX。现在 C 语言已成为世界上应用最广的几种计算机语言之一。

随着微型机的日益普及，出现了许多 C 语言版本。由于没有统一的标准，这些 C 语言之间出现了某些不一致的地方。为了改变这种情况，美国国家标准协会为 C 语言制定了一套 ANSI 标准，成为现行的 C 语言标准。

除了系统软件外，C 语言还成功地应用于数值计算、文字处理、数据库、计算机网络和多媒体等。C 语言呈现出高级语言强有力的表达能力和效率，在计算机程序设计实践中做出重大贡献。

目前，在计算机上广泛使用的 C 语言编译系统有 Visual C++ 6.0、Code::Blocks、GCC、GDB、Turbo C、Borland C 等，虽然它们的基本部分是相同的，但还是有差异的，本书的上机环境采用 Code::Blocks。

1.3.2　C 语言的基本语法

C 语言的基本语法

任何一种程序设计语言都具有特定的语法规则和一定的表现形式。程序的书写形式和程序的构成规则是程序设计语言表现的一个重要方面。按照规定的格式和构成规则书写程序，不仅让人容易理解，更重要的是，能让计算机识别，并正确执行。

1. C 语言程序的基本结构

与用其他语言编写的程序相比，C 语言程序较少要求"形式化的东西"。一个完整的 C 语言程序可以只有寥寥数行。为说明 C 语言源程序结构的特点，下面先看两个简单的 C 语言程序例子。

【例 1-1】一个简单的 C 语言程序示例。

```
#include<stdio.h>
int main()
{
    printf("Welcome to C Program!\n");
    return 0;
}
```

程序运行结果：

```
Welcome to C Program!
```

【例 1-2】由用户从键盘输入两个整数，程序执行后输出其中较大的数。

```
#include<stdio.h>
int main()
{
    int max(int a,int b);
    int x,y,z;

    printf("Input two numbers:");
    scanf("%d%d",&x,&y);

    z=max(x,y);
```

```
        printf("max=%d\n",z);
        return 0;
    }

    int max(int a,int b)
    {
        if(a>b)
            return a;
        else
            return b;
    }
```

程序运行结果：

```
    Input two numbers:34↙
    max=4
```

通过上面程序，可以归纳出一些通用的程序格式。简单的 C 语言程序一般具有如下形式：

```
    指令
    int main(void)
    {
        语句
    }
```

即使是最简单的 C 语言程序也依赖 3 个关键的语言特性：指令（在编译前修改程序的编辑命令）、函数（被命名的可执行代码块，如 main 函数）和语句（程序运行时执行的命令）。

（1）指令。在编译 C 语言程序之前，预处理器会首先对其进行编辑。把预处理器执行的命令称为指令。以"#"号开头的预处理部分（程序中第一行）"包含"了 C 语言标准输入/输出库的相关信息。注意，这里用的是尖括号（<>）。有关#include 命令的作用及其使用，将在第 8 章讲解编译预处理时详细介绍。程序由以下命令开始：

```
    #include<stdio.h>
```

这条指令说明，在编译前把<stdio.h>中的信息"包含"到程序中。<stdio.h>包含了关于 C 语言标准输入/输出库的信息。这段程序中包含<stdio.h>的原因是：C 语言不同于其他的编程语言，它没有内置的"读"和"写"命令，输入/输出功能由标准库中的函数实现。

（2）函数。函数是用来构建程序的构建块，事实上，C 语言程序就是函数的集合。函数分两大类：一类是程序员编写的函数；另一类则是作为 C 语言实现的一部分而提供的函数。我们把后者称为库函数（library function），因为它们属于一个由编译器提供的函数"库"。

术语"函数"来源于数学。在数学中，函数是指根据一个或多个给定参数进行数值计算的规则，例如：

$$f(x) = x + 1$$
$$g(x,y) = y^2 + x^2$$

在 C 语言中，函数仅仅是一系列组合在一起并被赋予了名字的语句。某些函数计算数值，某些函数不计算数值。计算数值的函数用 return 语句来指定所"返回"的值。例如，对参数进行加 1 操作的函数可以执行以下语句：

```
    return x+1;
```

虽然一个 C 语言程序可以包含多个函数，但只有 main 函数是必须有的。main 函数是非常特殊的函数：在执行程序时系统会自动调用 main 函数。在第 7 章，我们将学习如何编写其他函数，在此之前所有程序都只包含一个 main 函数（例 1-2 除外）。

main 函数也会返回一个值，它会在程序终止时向操作系统返回一个状态码。main 函数前面的 int 表明该函数将返回一个整型值。语句

```
return 0;
```

有两个作用：一是使 main 函数终止（从而结束程序）；二是指出 main 函数的返回值是 0，这个值表明程序正常终止。

（3）语句。语句是程序运行时执行的命令。例 1-1 的程序只用到两种语句：一种是返回（return）语句；另一种是函数调用（function call）语句。要求某个函数执行分派给它的任务称为调用这个函数。例如，例 1-1 的程序为了在屏幕上显示一行字符串就调用了 printf 函数，即

```
printf("Welcome to C Program!\n");
```

C 语言规定每条语句都以分号（;）结束。但指令、函数头和花括号（}）后不能加分号。

printf 函数是一个功能强大的函数，第 2 章将会对其做进一步介绍。用 printf 函数显示一行字符串字面量——用一对双引号包围的一系列字符，最外层的双引号不会出现。

当显示结束时，printf 函数不会自动跳转到下一输出行。为了让 printf 函数输出跳转到下一行，必须在要显示的字符串中包含 "\n"（换行符）。换行符就意味着终止当前行，然后把后续的输出转到下一行。为了说明这一点，请思考把语句

```
printf("Welcome to C Program!\n");
```

替换成下面两个调用 printf 函数的语句后所产生的效果：

```
printf("Welcome to ");
printf("C Program!\n");
```

第一个 printf 函数的调用语句显示出 Welcome to，而第二个调用语句则显示出 C Program! 并且跳转到下一行。最终的效果和前一个版本的 printf 函数调用语句完全一样，用户不会发现有什么差异。

换行符可以在一个字符串字面量中出现多次。为了显示下列信息：

```
Remain true to our original aspiration and keep our mission firmly in mind.
    -- President Xi
```

可以这样写：

```
printf("Remain true to our original aspiration and keep our mission firmly
in mind.\n  -- President Xi");
```

（4）注释。例 1-1 和例 1-2 程序仍然缺少某些重要内容：文档说明。每一个程序都应该包含识别信息，即程序名、编写日期、作者、程序的用途以及其他相关信息。C 语言把这类信息放在注释（comment）中。符号 "/*" 标记注释的开始，符号 "*/" 则标记注释的结束。例如：

```
/*This is a comment*/
```

注释几乎可以出现在程序的任何位置上。它既可以单独占一行也可以和其他程序文本出现在同一行中。下面展示的是程序例 1-1 的注释：

```
/*Name:example1-1.c*/
/*Purpose:Prints a informations*/
/*Author: Xia Qishou*/
#include<stdio.h>
int main(void)
```

```
    {
        printf("Welcome to C Program!\n");
        return 0;
    }
```

注释还可以占用多行。一旦遇到符号"/*"，那么编译器会停止读入并且忽略随后的内容直到遇到符号"*/"为止。如果愿意，还可以把一串短注释合并成为一串长注释：

```
/*Name:example1-1.c
  Purpose:Prints a informations
  Author:XiaQishou
*/
```

简短的注释还可以与程序中的其他代码放在同一行：

```
int main(void)          /*Beginning of main program*/
```

在 Code::Blocks 中还可以用"//"进行单行注释。这种类型的注释会在行末自动终止，如果要创建多于一行的注释，既可以使用前面讲到的注释格式（/*...*/），也可以在每一行前面加上"//"：

```
// Name: example1-1.c
// Purpose:Prints a informations
// Author: Xia Qishou
```

2. C 语言程序的标识符

在编写程序时，需要对变量、函数、宏和其他实体进行命名，这些名字称为标识符（identifier）。在 C 语言中，标识符的命名规则如下：

（1）标识符只能由字母、数字和下划线 3 种字符构成。

（2）标识符可以包含任意多个字符，但一般会有最大长度限制，最大长度与编译器有关，大多数情况下不会达到此限制。

（3）标识符的第一个字符必须是字母或下划线，后续字符可以是字母、数字或下划线。

（4）标识符中大写字母和小写字母被认为是不同的字符，如 my、My、MY 是 3 个不同的标识符。

（5）标识符不能与任何关键字相同，为提高程序的可读性，变量名应尽量"见名知意"。

合法标识符如 count、student113、_sum1 等，非法标识符如 1count、hi!here、screen*等。

关键字（keyword）对 C 语言编译器而言有特殊的意义，因此关键字不能作为标识符来使用。因为 C 语言是区分大小写的，所以程序中出现的关键字必须严格按照附录 A 所示的格式用小写字母（C99 标准关键字_Bool、_Complex 和_Imaginary 例外），标准库中函数（如 printf 函数）的名字也只能用小写字母。

3. C 语言程序编程风格

编程风格是指编写程序时个体所表现出来的特点、习惯、逻辑思路等。C 语言是自由格式语言，一行可以写多条语句，一条语句也可以写在多行，在书写时可随意安排格式，如换行、添加空格等，格式变化不影响程序意义。一个良好的编程风格是编写高质量程序的基础。清晰、规范的 C 语言程序不仅方便阅读，更重要的是便于检查错误，提高设计效率，从而保证程序的质量和可维护性。

（1）代码形成锯齿书写格式。根据语句间的嵌套层次关系采用缩进格式书写程序，每嵌套一层，就往后缩进一层。可以采用 Tab 键或空格缩进方式，但一个程序文件内部应该统一，不要混用 Tab 键和空格，因为不同的编辑器对 Tab 键的处理方法不同。

（2）为增加程序的可读性，程序的主要语句要有适当的注释。注释的最主要目的是方便阅读、理解和维护程序代码。因此，建议读者在编程时添加必要的注释。注释的内容是给阅读源程序的人看的，而不是让计算机执行的，编译系统在把源程序翻译成目标程序时，会忽略这些注释。以下情况最好使用注释：

- 如果变量的名字不能完全说明其用途，应该使用注释说明用途。
- 如果为了提高性能而使某些代码变得难懂，应该使用注释说明实现方法。
- 对于一个比较长的程序语句块，应该使用注释说明实现方法。
- 如果程序中使用了某个复杂的算法，应该注释说明其属于哪个典型算法或描述其算法的实现过程。

（3）标识符命名尽量做到"见名知意"。可以选择有意义的小写英文字母组成的标识符命名变量或函数名，使人看到该标识符就能大致清楚其含义，尽量不要使用汉语拼音。如果使用缩写，应该使用那些约定俗成的，而不是随意编造的。多个单词组成的标识符，除第一个单词外，其他单词的首字母应该大写，如 selectSort。

（4）一行一般写一条语句。

（5）在程序中适当加入空行，分隔程序的不同部分。

（6）输入数据前要有适当的提示，输出结果时要有说明。

开始学习程序设计时就应养成良好的书写习惯，以便能够写出结构清晰、便于阅读理解和维护的程序。

1.3.3 问题求解过程

问题求解过程

每一个 C 语言程序都是为了解决某一个特定的问题，不论待解决问题的复杂程度如何，C 语言程序的设计都要包括需求分析、算法设计、编写程序、编译和运行调试 4 个步骤。本节通过"求两个整数的较大值"的例子来说明程序设计的主要过程。

1. 需求分析

需求分析的过程包括问题的定义和提出问题的解决方案。在遇到一个问题时，首先要将问题陈述清楚，目标是消除不必要的因素。影响一个问题的求解的因素有很多种，如果考虑因素过多，问题的求解就过于复杂而难以控制。最后那些被确定下来对求解有影响的因素就是求解问题的已知信息，然后在此基础上明确需要达到的目标。

问题定义就是明确解决问题需要考虑的已知信息和需要达到的目标。如同数学中解答应用题时，阅读题目之后要明确"已知什么，求什么"。

问题的解决方案就是根据已知条件，寻求获得结果的方法和途径。

例如，编程解决"求两个整数的较大值"的问题时，先做问题分析和问题定义，明确这道题目是"已知两个整数的值，求出这两个整数中的较大值"，然后再找问题的解决方案，分析出要对这两个整数进行大小比较。

2. 算法设计

问题分析好了就要思考求解的方法或具体的步骤，即算法设计。算法是程序的灵魂，简单地说，算法就是解决问题所需的有限步骤。设计算法就是设计程序执行步骤，这些步骤都应该是明确定义且可以执行的，而且每个步骤的执行顺序是确定的，并且能够在有限的步骤内执行完成。

在算法设计中，计算机要解决的问题必须能够使用明确的有限的步骤进行描述，并在有限的时间内执行完毕，以下是针对"求两个整数的较大值"的问题设计的算法。

第一步：输入两个正整数 a、b。

第二步：如果 a 大于 b，则将 a 赋给 max，否则将 b 赋给 max。

第三步：打印最大值 max。

生活中，解决问题的途径并不是唯一的，同样计算机解决问题的方法也不是唯一的，很多步骤和思路完全不同的方法可以解决相同的问题。

程序设计最基本的算法设计可归纳为 3 个步骤：获取数据、执行计算和显示结果。算法不等同于程序，不能直接被计算机执行，它仅仅是将人们对程序进行处理的设计思想以清晰明确的文字和图形表示出来。算法的描述方法很多，常见的有自然语言、流程图和伪代码（参见 1.2.3 节）。

课程思政：古语道"不谋全局者不足以谋一域，不谋万世者不足以谋一时"，想做好一件事情，就得方方面面都考虑到；想做好一个方面，就得从全局出发。我们要以全局的观念对算法进行总体设计，然后在总体设计的基础上，再进行详细设计。

3. 编写程序

算法确定后就要选用一种计算机所能理解的语言来实现算法，即编写程序，这就是将算法转化为程序的过程。一般是在编程环境中，应用其中的编辑功能来编写程序，生成源程序（对 C 语言来说，一般源程序的扩展名为".c"）。编写的每一条语句都要符合程序语言的语法规则，通过编译程序可以检查编译错误并予以改正。

【例 1-3】编写"求两个整数的较大值"的程序，并保存为 maxofTwo.c 文件。

```
/*求 a、b 两个整数中的较大值*/
#include<stdio.h>

int main()
{
    int a,b,max;

    printf("Input a,b:");
    scanf("%d%d",&a,&b);

    if(a>b)
        max=a;
    else
        max=b;

    printf("Max=%d\n",max);

    return 0;
}
```

4. 编译和运行调试

编写好的 C 语言程序需要在集成开发环境中反复进行编译、连接、运行、再编辑的过程，最终生成可执行 .exe 程序。可在程序集成开发环境中显示运行结果的控制台界面执行

maxofTwo.exe 程序，也可以通过在"开始"菜单中运行"cmd"命令打开命令窗口，直接执行 maxofTwo.exe 程序。

可以运行的程序不一定是正确的程序，还要根据问题的实现目标，设计测试数据来调试所编写的程序。调试的过程就是在程序中查找错误并修改错误的过程。测试数据的设计是调试程序的核心。调试最主要的工作就是找出错误发生的地方。一般程序的编程环境都提供相应定位逻辑错误的调试手段，如设置断点、单步跟踪、监视窗口观察变量值等。调试是一个需要耐心和经验的工作，也是程序设计最基本的技能之一。具体操作可查阅相关集成开发环境操作手册。

1.3.4 常见 C 语言程序设计的错误

常见 C 语言程序设计的错误

程序错误分为语法错误和逻辑错误：语法错误包括编译错误和连接错误，逻辑错误包括运行结果不正确和运行时错误。下面将通过两数相除的简单程序来认识不同的错误特征及其查找错误和修正错误的方法。

1. 语法错误

（1）编译错误。编译错误是指程序中存在不符合 C 语言定义的语法规则的语句。编译时能自动检查出语法错误，只需根据错误提示进行修改。例如，分号是每个 C 语句结束的标记，语句结束没有分号就是语法错误。下面程序的功能是实现两个数相除，即把 x 除以 y 的结果赋给 z，并在屏幕上显示结果。

【例 1-4】实现两个数相除。

```
#include <stdio.h>

int main()
{
    int x,y;
    double z

    scanf("%d%d",&x,&y);
    z=(double)x/y;

    printf("z=%.2f\n",z);
    return 0;
}
```

程序中的变量定义语句"double z"缺少语句结束的分号，这是一个语法错误。有语法错误的程序，无法编译成功，如 Code::Blocks 编译器会给出

```
......error: expected '=', ',', ';', 'asm' or '__attribute__' before 'scanf'
......error: 'z' undeclared (first use in this function)
```

错误信息，其中的错误信息视编译器的不同会有所差别。双击出错信息可以自动定位到相应错误行，修改错误时要注意如下两点：

1）出错消息提示已出现的错误，并且给出引起错误的可能情况，但不会特别精确地反映错误产生的原因，更不会提示如何修改。出错消息通常较难理解，有时还会误导用户。根据提示能快速找出错误产生的原因需要经验的积累。

2）一条语句错误可能产生若干条出错消息，一般情况下，第一条出错消息最能反映错误的位置和类型，只要修改了这条错误，其他错误可能会随之消失。

（2）连接错误。连接错误是编译成功后，连接器连接外部程序时产生的错误。例如，printf 函数是标准输入/输出库提供的外部函数，当函数名拼写错误时，会因找不到该函数产生一个连接错误。在 Code::Blocks 中出现此类错误时，同编译错误一样会编译失败。

课程思政：工匠精神是指工匠不仅要具有高超的技艺和精湛的技能，还要有严谨、细致、专注、负责的工作态度和精雕细琢、精益求精的工作理念，以及对职业的认同感、责任感、荣誉感和使命感。

2. 逻辑错误

（1）结果不正确。逻辑错误是程序在设计上或逻辑上的错误，指已生成可执行程序，但运行出错或不能得到正确的结果，这可能是由算法中问题说明不清、解法不完善或不正确造成的。

逻辑错误的测试需要事先准备好测试数据。测试数据是指一组输入及对应的正确输出，又称为测试用例。测试数据的设计直接关系到能不能测试出程序可能包含的错误。例如，继续修改两个数相除的程序：

```
#include <stdio.h>

int main()
{
    int x,y;
    double z;

    scanf("%d%d",&x,&y);
    z=x/y;

    printf("z=%.2f\n",z);
    return 0;
}
```

程序编译连接后生成可执行文件，说明程序的编译和连接都通过，没有语法错误。该程序的部分测试用例可设计如下：

测试用例一：

输入：　10　2　期望输出：z=5.00

测试用例二：

输入：　5　2　期望输出：z=2.50

但在测试过程中，只有测试用例一的执行结果是正确的，第二个测试用例的执行结果是 2.0，说明该程序出现逻辑错误。该程序的逻辑错误在于把"z=(double)x/y;"写成了"z=x/y;"，经修改后，第二个测试用例也能够得到期望的结果。

程序运行时输入测试数据，如果程序没有产生预期的正确结果，程序员必须查找程序的错误、修改错误、再重新测试程序。逻辑错误出错位置需要程序员对程序代码进行分析（一般会借助一些调试手段，如单步跟踪、设置断点、监视窗口观察变量值等，也可查阅相关集成开发环境操作手册）后才能找出。

（2）运行时错误。运行时错误也是逻辑错误造成的，是指程序经编译连接生成可执行文件后，在运行的过程中系统报错，没有运行结果。该错误也必须用测试用例来排除，常见的运行错误有除数为 0、死循环、指针出错等。如例 1-4 中，输入"10　0"，程序会出现逻辑错误。该错误是由除数为 0 造成的，应修改代码"z=x/y;"为"if(y==0) z=0;else z=(double)x/y;"，即当除数 y 为 0 时，直接给 z 赋 0 的值，避免执行被 0 除的运算。

运行时错误的定位首先要定位引起系统运行时错误的语句，再分析产生错误的原因。通常也要使用单步跟踪、设置断点、监视窗口观察变量值等调试手段。

课程思政： "人孰无过？过而能改，善莫大焉。"（《左传·宣公二年》）敢于承认自己的过失和错误，并进行改正，这是一种勇气和美德，也是不断完善自我、取得进步的阶梯。

1.4　本章小结

C 语言是目前应用最广泛的高级语言之一，也是众多其他计算机语言的语法基础，如 C++、Java、C#等。读者应正确理解程序的基本语法，并结合本章例题进行程序的编辑与运行调试，快速掌握 C 语言程序设计的集成开发环境的使用。本章介绍了程序设计的一些基础知识，主要内容如下。

（1）为什么要学习 C 语言。从工业到农业，从国防到人们日常生活，我们生活在一个程序控制的时代。C 语言的应用范围极为广泛，不仅仅是在软件开发上，各类科研项目也都要用到 C 语言。人人都应该了解程序、懂程序、会编程序。计算思维是运用计算（机）科学的基础概念进行问题求解、系统设计和理解人类行为一系列思维活动的统称。

（2）程序、程序设计的概念。程序是用某种计算机能理解并执行的语言所描述的解决问题的方法和步骤。人们为了完成某项具体的任务而编写一系列指令，并将这一系列指令交给计算机执行，这个过程称为程序设计，具体要经过需求分析、算法设计、编写程序、编译和运行调试 4 个步骤。

（3）算法的基本概念、算法的特性、算法的描述方法。算法是指完成一个任务所需要的具体步骤和方法，也就是说给定初始状态或输入数据，能够得出所要求或期望的终止状态或输出数据。算法的特性有有穷性、确定性、有零个或多个输入、有一个或多个输出和有效性。

（4）C 语言程序的结构特点。C 语言程序是由函数构成的。一个 C 语言源程序包含若干个函数，但有且仅有一个 main 函数。函数是 C 语言程序的基本单位。一个函数由两部分组成，即函数的首部和函数体两个部分。一个 C 语言程序总是从 main 函数开始执行的，而不论 main 函数在整个程序中的位置如何。每一个语句和数据声明都必须以分号结尾，分号是 C 语言语句的必要组成部分。但预处理命令、函数头和花括号之后不能加分号。

（5）书写程序时应遵循的规则。一个说明或一个语句占一行。用"{}"括起来的部分通常表示程序的某一层次结构。"{}"一般与该结构语句的第一个字母对齐，并单独占一行。为增加程序的可读性，代码应形成锯齿书写格式，程序的主要语句要有适当的注释，标识符命名尽量做到"见名知意"。

（6）C 语言的字符集。字符是组成语言最基本的元素。C 语言字符集由字母、数字、空格、标点和特殊字符组成。字符串常量和注释中还可以使用汉字或其他可表示的图形符号。关键字是 C 语言编译程序中预先设定的、由小写字母组成的单词，它们都有固定的含义，通常也称为保留字。在程序中使用的变量名、函数名、标号等统称为标识符。除库函数的函数名由系统定义外，其余都由用户自定义。C 语言规定，标识符只能是由字母（A~Z，a~z）、数字（0~9）、下划线（_）组成的字符串，并且其第一个字符必须是字母或下划线且标识符名不能和系统关键字冲突。

第 2 章　程序的输出与输入

数据的输入与输出对一个程序来说是必需的。如果没有输出，程序的运行结果就无法告知用户；如果没有输入，所处理的数据只能固定写在程序中，要想改变数据，必须通过修改源程序才能实现，非常不便。因此，输入/输出是用户与程序之间交互的通道。从计算机向外部输出设备输出数据称为"输出"，从输入设备向计算机输入数据称为"输入"。

2.1　信息的输出与输入

在利用计算机处理问题时，首先要将待处理的信息输入到计算机中，最后要将计算机处理的结果显示出来或保存到文件中。

信息的输出与输入

2.1.1　输出固定信息

在各种应用程序中，通常需要显示一些固定的内容信息，比如提示、欢迎等信息。这些信息在程序运行过程中通常不会发生变化。

【例 2-1】完成微信红包游戏的欢迎界面。

分析：欢迎界面是程序启动时经常看到的界面，一般由图片、文字、符号等固定信息构成，程序要实现的功能就是将这些信息显示在显示器上，并不涉及数据的输入。这里将微信红包游戏的欢迎界面设计成一个具有星号和固定文本信息的简单界面。运行效果如图 2.1 所示。

图 2.1　微信红包游戏的欢迎界面

程序代码如下：

```
#include<stdio.h>
int main()
{
    printf("\t\t************\n");
    printf("\t\t 微信红包游戏\n");
    printf("\t\t  欢迎使用\n");
    printf("\t\t************\n");
    return 0;
}
```

C 语言虽然没有提供用于输入/输出的语句，但提供了输入/输出函数。C 语言中数据的输入/输出由标准的输入/输出库函数实现，使用前要用预处理命令"#include"将对应的头文件包含到文件中，也就是说在文件开头应有如下预处理命令：

```
#include <stdio.h>
```

或

```
#include "stdio.h"
```

要输出一段固定的文本信息，只需给文本信息加上一对英文的双引号（""），然后放入 printf 函数的小括号内。这种固定的一段文本信息在程序运行过程中不会发生变化。用双引号引起来的字符，称为字符串常量。

在调用 printf 函数显示信息时，双引号引起来的一些常见符号都是原样输出显示的，但还有一些特殊符号却没有原样输出，如上例的 "\t" "\n"。这些特殊字符称为转义字符，C 语言编译器需要用特殊的方式对其进行处理，程序运行时会将其转化为特殊的显示内容。

2.1.2 信息输入

信息的输入就是将需要处理的信息和数据通过某种方式输入到程序中，比如 QQ、微信或游戏登录时需要输入用户名和密码等。

【例 2-2】完成微信红包游戏的输入与输出。

分析：在微信红包游戏中，如果采用普通红包的发放模式，有两个信息需要获取：红包的个数和单个红包的金额。程序运行时分别输入红包的个数和单个红包金额，然后显示出"确认"或"取消"的提示信息，输入"确认"或"取消"信息后，程序输出相应的结果。红包的个数和单个红包金额采用整型变量存储，"确认"或"取消"信息采用字符型变量存储。运行结果如图 2.2 所示。

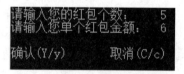

图 2.2　微信红包游戏的运行结果

程序代码如下：

```
#include<stdio.h>
int main()
{
    int number,money;

    printf("请输入您的红包个数: \t");
    scanf("%d",&number);

    printf("请输入您单个红包金额: \t");
    scanf("%d",&money);

    printf("\n 确认(Y/y)\t 取消(C/c)\n");

    return 0;
}
```

程序中信息输入采用的是标准输入/输出函数库中的 scanf 函数，即从键盘输入数据，并按指定的格式存入计算机内存中。在使用 scanf 函数时也需要加上文件包含命令 "#include<stdio.h>"。

2.2　输出/输入设计

2.2.1　输出设计

设计输出方式和输出界面的目的是使程序能准确地为用户输出必要的信息，这直接关系到用户的使用体验和系统的使用效果。输出设计通常是评价软件能否为用户提供准确、及时、适用的信息的标准之一。

输出设计及多样化

输出设计的内容包含：输出信息的使用情况，如使用者、使用的目的、信息量、保存的方法等内容；选择输出设备与介质，输出设备如显示器、打印机等，介质如磁盘文件、纸张（普通、专用）等；确定输出内容，如输出项目、精度、信息形式（文字、数字）；确定输出格式，如表格、报告、图形等；最终为满足用户的要求和习惯，应做到格式清晰、美观、易于阅读和理解。

以常用的学生信息管理系统为例，学生成绩信息的输出设计根据不同的用户会有所不同，老师和学生需要的信息不一样，老师可能关心的是所有学生的成绩及统计信息，而学生关心的是个人的成绩。在输出格式上，老师可能不满足于普通报表的形式，而倾向于用图形的形式将统计信息表达出来；在输出介质上，老师通常会要求信息既能在显示器上直接显示，又能保存为文件存储在磁盘中。

2.2.2　输出的多样化

程序中信息输出的方式多种多样，可以直接显示在显示器上，也可以将信息输出到文件里，以文件的形式保存下来。

【例 2-3】根据例 2-2 的微信红包游戏程序界面，在输入红包个数和单个红包金额后，输入"确认"，显示器上输出红包信息。

分析：本例中涉及的数据有红包个数、单个红包金额，以及"确认"与"取消"的信息，前两个数据用整型变量存储，定义为 int number,money;"确认"信息用字符变量来存储，定义为 char confirm。需要输入的数据是红包个数和单个红包金额，然后根据提示输入"确认"字符"Y"或"取消"字符"C"，最后在显示器上显示出"您出了*个红包，单个红包金额*元"的信息。

```
#include<stdio.h>
#include<stdlib.h>
int main()
{
  int number,money;
  char confirm;

  printf("请输入您的红包个数: \t\t");
  scanf("%d",&number);
  printf("请输入您单个红包金额（元）: \t");
  scanf("%d",&money);
  getchar();          //吸收上面输入的回车符
```

```
    printf("\n 确认(Y/y)\t\t 取消(C/c)\n");
    scanf("%c",&confirm);

    if(confirm=='Y' || confirm=='y')
        printf("您出了 %d 个红包，单个红包金额 %d 元\n",number,money);
    else
        exit(0);

    return 0;
}
```

printf 函数除了可以固定信息外，还可以设置参数输出非固定内容，也就是将输出项的值以指定的特定格式显示。其一般形式为：

```
printf("格式控制字符串",输出项)
```

格式控制字符串由普通字符和格式字符构成，在输出时普通字符将原样输出，当遇到格式字符时，输出内容会显示后面输出项目的值。不同的格式控制字符串对应的输出项可以是文本、数值、符号等，而输出项可以是变量、常量或表达式等多种形式。

上述程序中，格式控制字符串为"您出了%d 个红包，单个红包金额%d 元\n"，其中"%d"的位置将输出后面对应的输出项，第一个"%d"对应输出 number 的值，第二个"%d"对应输出 money 的值。当输出项的值发生变化时，输出内容也随之变化。

【例 2-4】根据例 2-3 的微信红包游戏程序界面，在输入红包个数和单个红包金额后，输入"确认"，在显示器上输出红包信息并将结果保存在 redpackets.txt 文件中。

分析：在例 2-3 中，程序运行时，红包数据显示到显示器上，而程序结束后这些数据无法再次获取。因此需修改程序，要求处理结果既能输出到显示器上，又能输出到文件中，并将结果保存在 redpackets.txt 文件中，方便进一步查阅。redpackets.txt 文件中的内容如图 2.3 所示。

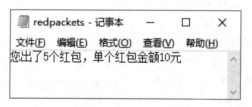

图 2.3 redpackets.txt 文件中的内容

```
#include<stdio.h>

int main()
{
    int number,money;
    char confirm;
    FILE *fp;

    fp=fopen("redpackets.txt","w");        //新建 redpackets.txt 文件

    printf("请输入您的红包个数: \t\t");
    scanf("%d",&number);
    printf("请输入您单个红包金额（元）: \t");
```

```
scanf("%d",&money);
getchar();          //吸收上面输入的回车符
printf("\n确认(Y/y)\t\t取消(C/c)\n");
scanf("%c",&confirm);

if(confirm=='Y' || confirm=='y')
 {
     printf("您出了%d个红包,单个红包金额%d元\n",number,money);
     fprintf(fp,"您出了%d个红包,单个红包金额%d元\n",number,money);
 }
else
     exit(0);

fclose(fp);

return 0;
}
```

1. 文件

文件是指一组相关信息的集合，例如程序代码、图形图像与文本数据等。文件一般存储于某种外部存储介质上，常见的介质有磁盘、光盘和 U 盘。

C 语言程序将文件看作数据流。所谓数据流是指数据从源对象到目的对象的流动，而文件只是数据流的源或目的地。事实上，不仅磁盘文件可以作为数据流的源或目的地，任何可读写设备都可以作为数据流的源或目的地，例如键盘（输入设备）、显示器与打印机（输出设备）等。所以，C 语言扩展了文件的概念，将硬件设备也当作文件，并按照文件操作方法或从这些设备发送或接收数据。通常把显示器定义为标准输出文件，键盘定义为标准输入文件。

C 语言中的标准输入与输出设备文件名分别为 stdin 和 stdout，前面介绍的标准输入与输出函数的操作，其本质是通过这两个设备文件进行的。

2. 文件指针

对计算机中的文件进行操作时，都需要在内存中开辟一个专门的存储空间。为描述文件与其数据流，在 C 语言中定义一个变量来存储对应的空间地址，这个变量称为文件指针变量。通过文件指针变量可以对文件进行各种操作。定义文件指针的一般形式为：

```
FILE *指针变量名;
```

其中 FILE 应为大写，它是由系统声明的一个数据结构，该结构中有文件名、文件状态和文件当前位置等信息。通过文件指针变量可以找到存入某个文件信息的结构体变量。文件使用通常分为 3 个步骤，即打开文件、操作文件和关闭文件。文件的具体使用我们将在第 11 章中介绍。

2.2.3　输入设计

用计算机解决客观世界中的问题的关键是要抽取客观世界中相关物体的特征数据，忽略非本质的细节，这个过程称为数据抽象。如学生成绩管理系统中，我们关心的是学生的学习状况，所以需要学生的学号、姓名、课程、成绩等属性，而学生的身高、体重、体温等信息可以忽略。相反学

输入设计及多样化

生健康管理系统中，我们关心的是学生的身体状况，所以需要学生的身高、体重和体温等信息。

因此，设计程序时，需要对客观物体的特征进行抽象，然后转化为计算机的表现形式。例如，学号用整型表示，姓名和课程用字符型表示，成绩用实型表示。抽象的过程可以使程序设计者进一步明确信息的数据类型和存储方式。

输入设计的目标是确保能够对程序输入正确的数据。在此前提下，应尽量做到输入方法简单、迅速、方便。

输入设计需要确定输入数据的项目名称、内容、精度、数值范围等。在数据输入方式上，除了常见的键盘输入数据外，还有很多其他的数据输入方式，如菜单选择输入、扫描输入等。

设计输入时，应在保证满足处理要求的前提下尽量使输入量最小，输入过程容易，从而减少出错机会；对输入数据的检验尽量接近原数据发生点，使错误能及时得到改正；输入数据尽量用其处理所需形式记录，以免数据转换时发生错误。

2.2.4　输入的多样化

程序中数据的输入通常通过标准输入设备（键盘）完成，但有时需要输入的数据已经保存在文件中，这时就不需要用键盘实现输入了，可直接从文件中读取数据。

【例2-5】智能手环具有测量人体心率的功能，可以根据人体的心率情况提示健康状况。

分析：为了解决这个问题，首先要获取人体的心率数据。信息的来源可以有两种方式：一是通过手环上的内部传感器获取心率数据，我们可使用键盘输入进行模拟；二是通过读取传感器的测量数据文件获取心率数据。以下根据两种不同的来源方式分别设计不同的程序代码。

使用键盘输入进行模拟，将心率信息定义为整型变量，先输入心率，然后输出心率。输出的介质为显示器。程序代码如下：

```
#include<stdio.h>
int main()
{
    int heartRate;

    printf("\n请输入您的心率:");
    scanf("%d",&heartRate);

    printf("\n您的心率是%d\n",heartRate);

    return 0;
}
```

【例2-6】将例2-5的输入方式修改为从文件读取。

分析：如果程序运行时输入数据量较大，每次程序调试时都必须重新输入数据，这将给调试程序带来巨大的工作量，而且还容易造成数据输入的错误。因此，可以在输入设计时采用文件作为输入数据的来源，先将相关数据以文件的形式保存，程序再从文件中读取数据，既快速便捷，又能提高输入的正确性。

为简化问题，将测量结果保存在heartrate.txt文件中，程序再从文件中读取心率数据，并显示在显示器上。程序代码如下：

```
#include<stdio.h>
int main()
{
    int heartRate;
```

```
    FILE *fp;

    fp=fopen("heartrate.txt","r");

    fscanf(fp,"%d",&heartRate);

    printf("\n 您的心率是%d\n",heartRate);

    fclose(fp);

    return 0;
}
```

与前面的例子相同，文件的操作同样是打开、读写和关闭 3 个步骤，但打开文件的模式变为 "r"，表示以读的方式打开文件，只能从文件中读取数据。

fscanf 函数将从文件指针 fp 所指的文件中读取一个整型数据，并保存到 heartRate 变量中，其中格式字符 "%d" 表示按整型方式读取一个数。如果修改为：

```
    fscanf(stdin,"%d",&heartrate);
```

则表示从键盘中输入数据，因为 stdin 是标准输入设备文件（键盘）。当程序需要大量数据或需要重复多次输入数据时，建议将数据预先保存在文件中，程序将直接从文件中读取数据。

2.3　输出/输入格式控制

C 语言的数据输出/输入库函数分为两大类——字符输出/输入函数和格式输出/输入函数，其说明都在标准输入/输出头文件 "stdio.h" 中。C 语言有严格的语法规则，编写代码时必须符合语法规则，否则不能运行程序，或者运行结果不正确。

课程思政：我们所处的社会，小到一个家庭，大到国家，都有自己的规则，只有每个人（公民）都能做到遵纪守法、遵守秩序和社会公德，社会才能正常有序运行；只有在一个正常有序运行的国家中，个人才能实现自我发展。

2.3.1　输出格式控制

输出函数除了通过输出项来控制输出的内容外，还可以通过设置格式控制串，显示不同格式的内容。

【例 2-7】完善抢红包程序，完成红包分配详细信息的显示功能。

分析：在手机抢红包的程序中会显示抢到红包者的姓名、抢到的金额、抢红包的时间，如果抢到的金额最高则在后面增加 "手气最佳" 的字样。当输出信息项比较多时，显示的格式必须统一规范，比如一行输出一个人的红包信息，每个信息项应该有固定的显示宽度，并且设定信息的对齐方式。

例 2-7 视频讲解

```
#include<stdio.h>
int main()
{
    printf("%-10s%-10.2f\t%02d:%02d:%02d\n","张三",0.08,9,15,18);
    printf("%-10s%-10.2f\t%02d:%02d:%02d\n","李四",0.08,9,15,18);
    printf("%-10s%-10.2f\t%02d:%02d:%02d 手气最佳\n","王五",0.18,9,15,18);

    return 0;
}
```

printf 函数称为格式输出函数，它能够按用户指定的格式输出多种类型的数据。其使用格式如下：

```
printf(格式控制字符串);
printf(格式控制字符串,输出列表);
```

其中，"格式控制字符串"是用双引号（""）括起来的字符串，输出列表可有多个输出值，也可以没有（当只输出一个字符串时）。一般情况下，格式控制字符串包括两部分：格式转换说明符和需要原样输出的普通字符（包含转义字符）。格式转换说明符由"%"开头，并以格式字符结束。格式转换说明符是用来表示输出过程中待填充的值的占位符，跟随在字符"%"后边的信息指定了把数值从内部形式（二进制）转换成输出形式的方法，见表 2.1。

表 2.1　printf 函数格式转换说明符

格式转换说明符	用法
d	以十进制形式输出带符号整数（默认正数不输出符号）
o	以无符号八进制整数形式输出（默认不输出前缀 0）
x 或 X	以无符号十六进制整数形式输出（默认不输出前缀 0x）
u	以无符号十进制整数形式输出
f	以十进制小数形式输出实数（包括单、双精度），整数部分全部输出，隐含输出 6 位小数，输出数字并非都是有效数字。适合输出如 3.14 这样的小数位较少的实数，可以使实数输出宽度较小
e 或 E	以指数形式输出实数，要求小数点前必须有且仅有 1 位非零数字，适合输出如 1.0e+10 这样的小数位较多的实数，可以使实数输出的宽度较小
g 或 G	以%f 或%e 中输出宽度较短的形式输出单、双精度实数，且不输出无意义的 0
c	输出单个字符
s	输出字符串
%	输出百分号

输出列表是需要输出的数据项列表，输出数据项可以是常量、变量或表达式，输出值参数之间用逗号分隔，其类型应与格式转换说明符相匹配。每个格式转换说明符和输出列表中输出值参数一一对应，没有输出值列表时，格式控制字符串中不再需要格式转换说明符。完整的格式说明部分还可以加入一些修饰符，格式如下：

```
%[标志][域宽][.精度][长度]格式字符
```

其中"[]"为可选项，说明如下。

（1）标志：可使用-、+、空格、#和 0 共 5 种标志字符，具体含义见表 2.2。

表 2.2　标志字符及其含义

标志字符	含义
-	结果左对齐，数据长度小于域宽时右侧补充空格
+	输出符号（正号或负号）
空格	输出值为正数且没有输出正号时冠以空格

续表

标志字符	含义
#	只对部分类型格式字符有影响；对 o 类，在输出时加前缀 0；对 x 类，在输出时加前缀 0x；对 e、g、f 类，当结果有小数时才显示出小数点
0	数据长度小于域宽时，不足位数用 0 补充

（2）域宽：指定数据显示在输出设备上所占的总宽度。若数据的实际位数多于指定宽度，则按实际位数输出；若实际位数少于指定宽度，则数据通常会在指定宽度内右对齐，不足部分以空格（或指定以 0）补齐。

（3）精度：精度格式符以"."开头，后跟十进制整数，用于指定数据输出的精度。如果输出值为整数，则表示可以输出数字的最少个数，若整数位数少于指定精度，就在整数前面加 0，补齐指定的最少数字个数；如果输出值为实数，则表示小数的位数（小数部分四舍五入），默认为 6 位；如果输出的是字符串，则表示输出字符的个数。

（4）长度：长度格式符有 h、l 和 L 共 3 种，h 用于格式转换说明符 d、i、o、u、x，表示按短整型输出；l 用于格式转换说明符 d、i、o、u、x，表示按长整型输出；L 用于格式转换说明符 f、e、g，表示按长双精度输出。

 注意

使用 printf 函数时，输出顺序是从左至右的，但是在不同编译器中，输出列表中的各输出项的求值顺序不一定相同，有的从左至右，有的从右至左。Code::Blocks 是按从右至左进行的。

2.3.2　输入格式控制

输入函数除了通过简单的格式字符来控制输入的内容，还可以通过设置附加格式控制串控制更复杂的格式输入，比如输入手机号时，希望验证输入号码的有效位不超过 11 位。

【例 2-8】在设计软件注册界面时，要求输入用户的年龄、性别等信息，输入时要确保信息真实有效。

分析：当程序输入项较多且数据类型不同时，既要保证输入方式的便捷有效，又要确保数据录入少出错，必须灵活使用数据输入格式控制。在本例

例 2-8 视频讲解

中，要求输入年龄、性别等信息，为确保数据的真实有效，可以将年龄数据项设定为整型数据且小于 100，那么在输入时通过附加格式控制串，将输入的有效数据位设置为 2，超出 2 位的数则不会作为有效数据获取；将性别定义为单字符型，如"M"表示男性，"F"表示女性。

```
#include <stdio.h>
int main()
{
    int age;
    char sex;
    printf("请输入年龄: \n");
    scanf("%2d",&age);
```

```
        getchar();
        printf("请输入性别: \n");
        scanf("%c",&sex);
        printf("\n----------------------\n");
        printf("\n年龄: %4d 性别为: %4c\n",age,sex);
        return 0;
    }
```

程序中使用 scanf 函数输入数据，scanf 函数称为格式输入函数，即按用户指定的格式从键盘上把数据输入到指定的变量中。scanf 函数也是给变量赋值的一种方式。其使用格式如下：

```
    scanf(格式控制字符串,地址列表);
```

其中"格式控制字符串"的含义与 printf 函数相同，用于指定数据的输入格式。地址列表是需要读入数据的各变量的地址，地址可以通过"&"运算符取得，如"&a"表示 a 的地址。与 printf 函数一样，格式字符与输入数据在个数和类型上也要按顺序一一对应。在输入时，格式控制字符串中的非格式字符部分要按原样输入，格式字符的位置则需输入与之对应类型的数据。

scanf 函数格式控制字符串中的非格式字符串是普通字符序列，而格式字符串由"%"和格式字符组成，还可以加入一些可选项，一般格式如下：

```
    %[*][输入数据宽度][长度]格式字符
```

其中有方括号"[]"的项为可选项，各项说明如下：

（1）格式字符：指定输入数据的类型，具体字符及其含义见表 2.3。

表 2.3　格式字符及其含义

格式字符	含义（输入类型）
d	输入十进制整数
o	输入八进制整数（可以以 0 开头，也可以不以 0 开头）
u	输入无符号十进制整数
x	输入十六进制整数（可以以 0x 或 0X 开头，也可以不以此开头）
f、e、g	输入实数（使用小数形式或指数形式，符号和小数部分可选）
c	输入单个字符（输入时不加单引号）
s	输入字符串（输入时不加双引号）

（2）输入数据宽度：用十进制整数指定输入的宽度（即字符数）。例如：

```
    scanf("%5d",&a);
```

输入"12345678✓"，只截取前 5 位 12345 赋予变量 a。又如：

```
    scanf("%4d%4d",&a,&b);
```

输入："12345678✓"，把 1234 赋给 a，而把 5678 赋给 b。

（3）*：表示该输入项读入后不赋给相应的变量，即跳过该输入值。例如：

```
    scanf("%2d%*2d%2d",&a,&b);
```

当输入 123456 时，把 12 赋给 a，34 被跳过，再把 56 赋给 b。

（4）长度：长度格式符为 l 和 h，l 表示输入长整型数据（如%ld）和双精度实型数据（如%lf）；h 表示输入短整型数据。

注意

使用 scanf 函数时容易与 printf 函数混淆，必须注意以下几个方面的问题。

（1）scanf 函数中没有精度控制。例如，scanf("%5.2f",&a);是非法的，不能用此语句输入小数位数为 2 位的实数。

（2）scanf 函数中要求给出变量地址，如果给出变量名则不会正确赋值。例如，scanf("%d",a);是错误的，应改为 scanf("%d",&a);。

（3）在输入多个数值数据时，若格式控制串中没有非格式字符作为输入数据之间的间隔，则可用空格、Tab 或 Enter 作为间隔。在遇到空格、Tab、Enter 或非法数据（如对"%d"输入"12A"时，A 即为非法数据）时即认为该数据结束。

（4）在输入字符数据时，若格式控制串中无非格式字符，则认为所有输入的字符均为有效字符。例如：

```
scanf("%c%c%c",&a,&b,&c);
```

当输入为 d e f（即 d 空格 e 空格 f）时，则把"d"赋给 a，" "（空格）赋给 b，"e"赋给 c。只有当输入为 def 时，才能把"d"赋给 a，"e"赋给 b，"f"赋给 c。如果在格式控制中加入空格作为间隔，如 scanf("%c %c %c",&a,&b,&c);，则输入时各数据之间可加空格作为间隔。

（5）scanf 函数不显示提示信息，如果格式控制串中有非格式字符，则输入时也要输入该非格式字符，例如：

```
int a,b;
scanf("a=%d,b=%d",&a,&b);
```

若需要分别将 10 和 20 输入 a 和 b，则用户需要输入

```
a=10,b=20↙
```

因此，在使用 scanf 函数时应少用或不用非格式字符，避免增加输入时的字符输入量。需要显示的提示信息应使用 printf 函数来完成。

2.3.3　字符输出/输入函数

1. 字符输出函数

putchar 函数是 C 语言提供的标准字符输出函数。其作用是在系统约定的输出设备上输出一个字符。该函数的调用格式如下：

```
putchar(参数);
```

参数可以是一个字符变量或整型变量，也可以是一个字符型常量（包括控制字符和转义字符）等。例如：

```
char c;
putchar(c);
```

它输出字符变量 c 的值。c 可以是字符型变量或整型变量。

2. 字符输入函数

getchar 函数是 C 语言提供的标准字符输入函数。其作用是从键盘上读取一个字符。该函数的调用格式如下：

```
getchar();
```

本函数不带任何参数，函数返回值是输入字符的 ASCII 码值。

【例 2-9】使用 getchar 函数接收从键盘上输入的字符，使用 putchar 函数输出字符。

```
#include<stdio.h>
int main()
{
    char c;
    c=getchar();
    putchar(c);
    return 0;
}
```

程序运行结果：

A↙
A

当程序运行到 c=getchar();语句时，等待从键盘输入字符，当输入字符并按 Enter 键后，系统才确认本次输入结束。输入的字符被赋给变量 c。

getchar 函数只能接收一个字符，而且得到的是字符的 ASCII 码值。该值可以赋给一个字符型变量或一个整型变量，也可以不赋给任何变量而作为运算分量继续使用。例如：

```
putchar(getchar());
```

2.4 本章小结

2.4.1 知识点小结

（1）putchar 函数是向标准输出设备输出一个字符，其调用格式为 putchar(ch);（其中 ch 为一个字符变量或常量）。

（2）getchar 是无参函数，该函数的作用是从键盘接收一个字符。getchar 函数只能接收一个字符，如果一次输入多个字符，则第一个字符被接收。

（3）printf 函数是格式输出函数，该函数的作用是向终端输出若干个任意类型的数据。一般格式为 printf(格式控制字符串,输出列表)。

格式控制字符串是用双引号括起来的字符串，包括两部分：格式转换说明符（由%和格式字符组成）和普通字符（需要原样输出的字符）。输出列表是需要输出的常量、变量或表达式，其个数必须与格式控制字符串所说明的输出参数个数一样，各参数之间用"，"分开，且顺序一一对应，否则将会出现意想不到的错误。

C 语言中格式控制字符串有：%d（十进制有符号整数），%x、%X（十六进制无符号的整数），%o（八进制无符号的整数），%u（十进制无符号整数），%c（单个字符）、%s（字符串），%f（浮点数），%e、%E（指数形式的浮点数），%g、%G（自动选择合适的表示法）。长整型数的输出可以在"%"和字母（d、o、x、u）之间加小写字母 l 表示。还可以控制输出为左对齐或右对齐，即在"%"和字母之间加入一个"-"号可使输出为左对齐，否则为右对齐。

（4）scanf 函数是格式化输入函数。该函数的作用从标准输入设备（键盘）读取输入的信息。

scanf 函数调用格式为：scanf(格式控制字符串,地址列表);，地址列表是需要读入的所有变量的地址，而不是变量本身。这与 printf 函数完全不同，要特别注意。各个变量的地址之间用","分开。

如果在"格式控制字符串"中除了格式转换说明外还有其他字符，则输入数据时，应输入相同字符。在使用"%c"格式输入字符时，空格字符和转义字符都作为有效字符输入。

2.4.2 常见错误小结

常见错误小结见表 2.4。

表 2-4 常见错误小结

实例	描述	类型
print("Hello world!"); Printf("Hello world!");	将 printf 函数误写为 print 或 Print。由于 C 语言编译器只是在目标程序中为库函数调用留出空间，并不能识别函数名中的拼写错误，更不知道库函数在哪里，寻找库函数并将其插入目标程序是连接程序负责的工作，所以函数名拼写错误只能在连接时发现	连接错误
printf("Hello World!); scanf(%d,&a);	没有为 printf 函数或 scanf 函数中的格式控制字符串上双引号	编译错误
scanf("%d,"&a); printf("a=%d\n,"a);	将分隔格式控制字符串和表达式的逗号写到了格式控制字符串内	编译错误
scanf("%d",a);	没有为 scanf 函数中的变量加上取地址运算符&	提示 warning
printf("a=\n",a);	printf 函数要输出一个表达式的值，但是格式控制字符串中没有与其对应的格式转换字符	逻辑错误
printf("a=%d\n");	printf 函数中的格式控制字符串要输出一个数值，但是这个数值对应的表达式没有写在函数 printf 函数中	逻辑错误
int a; scanf("%f",&a) 或 printf("a=%f\n",a);	scanf 函数或 printf 函数的格式控制字符串中的格式转换字符与要输入/输出的数值类型不一致	逻辑错误
scanf("%d%d",&a,&b); 用户输入 3、4	用户从键盘上输入的数据格式与 scanf 函数中格式控制字符串要求的格式不一致	逻辑错误
scanf("%d\n",&a);	scanf 函数格式控制字符串中包含了"\n"等转义字符	逻辑错误
scanf("%8.2f",&a);	用 scanf 函数输入实型数据时在格式控制字符串中规定了精度	逻辑错误
fscanf("%d%d",&a,&b); fprintf("%d%d",a,b);	用 fscanf 函数和 fprintf 函数时，缺少输入/输出的文件指针	逻辑错误

第3章　顺序结构程序设计

程序由语句组成，例如输入/输出函数调用语句、变量声明语句、赋值语句等。在编写程序时，如何组织这些语句呢？当程序运行时，代码执行的顺序又是什么样的？这就涉及程序的结构了。程序有 3 种基本结构，即顺序结构、选择结构和循环结构。

3.1　顺序结构

顺序结构是结构化程序设计 3 种基本结构中最简单的一种结构，它只需要按照顺序进行处理，依次写出相应的语句即可。通常一个程序包括输入、处理和输出 3 个步骤，其中输入、输出反映了程序的交互性，处理是指要进行的运算和操作。因此，从宏观上讲，大多数程序都是顺序结构。

3.1.1　设计顺序结构程序

下面通过具体的例子来学习顺序结构程序设计。

【例 3-1】计算微信红包金额。

例 3-1 视频讲解

用户使用微信发普通红包，输入红包的数量和每个红包的金额，然后计算出发红包需要的总金额，并显示结果。

分析：使用微信发普通红包，假设每个红包的金额都是相等的，首先，输入每个红包的金额（money）和红包数量（num），然后，计算红包的总金额（total=num*money），最后输出红包的总金额（total）。程序伪代码如下：

```
#include<stdio.h>
int main()
{
   （1）声明整型变量 num、money、total，分别存放红包数量、每个红包的金额和红包总金额；
   （2）给变量 num 和 money 输入数据；
   （3）计算总金额（total=num*money）；
   （4）输出总金额 total；
   return 0;
}
```

根据上述伪代码，完整的程序代码如下：

```
#include<stdio.h>

int main()
{
    int num,money,total;        //声明整型变量 num、money、total，分别存放红包数量、
                                //每个红包的金额和红包总金额

    printf("输入红包数量: ");
```

```
            scanf("%d",&num);                        //给变量 num 输入数据
            printf("输入每个红包金额（元）: ");
            scanf("%d",&money);                      //给变量 money 输入数据
            total=num * money;                       //计算总金额(total=num*money)
            printf("红包总金额:  %d元\n",total);     //输出总金额 total

            return 0;
        }
```

程序运行结果:

> 输入红包数量: 3↙
> 输入每个红包金额（元）: 5↙
> 红包总金额: 15元

思考: 如果把上述程序代码中的语句顺序做如下调整，其他不变，程序的运行结果是什么?

```
        total=num * money;
        printf("红包总金额:  %d元\n",total);
```

更改为:

```
        printf("红包总金额:  %d元\n",total);
        total=num * money;
```

当更改了语句的顺序后，程序运行出现错误。

例 3-1 中包含了 C 语言程序最基本的语法单位，它包括了语句、运算符和表达式、数据类型、常量和变量等。

课程思政: 生活中我们要做一个有条理的人，懂得按照计划和顺序来做事情，懂得统筹管理，从而节约时间，提高效率。

3.1.2　语句的分类

C 语言程序的基本组成单位是函数，而函数由语句构成，所以语句是 C 语言程序的主要表现形式。每一条语句都是用户向计算机发出的一条完整的指令，语句经编译后产生若干条机器指令，最终用于完成一定的操作任务。在 C 语言中，每条语句都以分号结尾。C 语言的语句可以分为声明语句、表达式语句、复合语句、控制语句和空语句五大类。

1. 声明语句

声明语句在 C 语言编程中起核心作用。通过声明变量和函数，可以在检查程序潜在的错误以及把程序翻译成目标代码两个方面为编译器提供至关重要的信息。在 C 语言中，任何用户自定义的函数、变量和符号常量都必须遵循"先声明，后使用"的原则。

变量的声明有两种:一种是需要建立存储空间的，这种声明是"定义性声明（defining declaration）"，即"变量定义"；另一种是不需要建立存储空间的，只是告诉编译器变量已在别处定义，此处只是引用该变量，这种声明是"引用性声明（referencing declaration）"。

声明语句一般位于一个函数的最前面，语法格式如下:

```
        数据类型 用户标识符;
```

例 3-1 中的语句

```
        int num,money,total;            //定义整型变量,遵循"先声明,后使用"原则
```

就是声明语句。该语句定义了 3 个整型变量，所以在其下面的语句就可以合法使用这些变量。

2. 表达式语句

表达式语句是进行数据运算或处理的语句。例 3-1 中完成数据的输入/输出和给变量赋值功能的语句

```
scanf();
printf();
total=num * money;
```

都属于表达式语句。

3. 复合语句

由一对花括号（{}）把多条语句括起来形成的复合语句，可在语法上作为一个整体来看待，相当于一条语句。复合语句也称为语句块，其格式如下：

```
{
    语句 1
    语句 2
    ……
    语句 n
}
```

> **注意**
>
> （1）复合语句的"}"后面不能出现分号（;），而"}"前面的复合语句中最后一条语句的分号（;）不能省略。
>
> （2）若左、右花括号的数目不匹配，则会出现编译错误。

4. 控制语句

控制语句用于对程序流程的选择、循环、转向和返回等进行控制。控制语句有 4 类，共 10 种，包括 13 个关键字。

（1）选择语句：if…else 和 switch（包括 case 和 default）。

（2）循环语句：for、while 和 do…while。

（3）转向语句：continue、break 和 goto。

（4）返回语句：return。

5. 空语句

C 语言中的空语句是指单独由一个分号";"构成的语句。空语句执行时不产生任何动作。程序设计时有时需要加一个空语句来表示存在一条语句，以产生延迟。空语句有时用来作流程的转向点（流程从其他地方转到此语句处），也可以用作循环语句中的循环体（当需循环执行的动作已全部由循环控制部分完成时，需要一个空语句的循环体，表示循环什么也不做）。例如：

```
;
```

3.2　运算符与表达式

C 语言中的运算符范围很广，除了控制语句和输入/输出外，几乎所有的基本操作都作为

运算符处理。在程序中对数据进行的各种处理操作，是通过运算符实现的。表达式则是通过运算符把数据对象组织起来并得到新的值，该值与运算符的种类和数据对象的类型有关。

3.2.1　运算符

C 语言的运算符非常丰富，可按不同方式分类：根据所需操作数的个数可分为单目运算符、双目运算符和三目运算符；按照功能可分为算术运算符、赋值运算符、关系运算符、逻辑运算符、位运算符、条件运算符、逗号运算符等（参见附录 B）。

使用运算符需要注意以下几点。

（1）运算符的功能。有些运算符的含义和数学中的含义一致，如+、-、*、/运算符的功能分别为加、减、乘、除算术运算；有些运算符则是 C 语言中特有的，如++、--等。

（2）对操作数（即运算对象）的要求。

1）操作数的个数。如果运算符需要两个运算对象参加运算，则称为双目运算符；如果运算符只需要一个运算对象，则称为单目运算符。

2）操作数的数据类型。例如取模运算符（%）要求参加运算的两个数据对象都是整型数据。

（3）运算符的优先级。如果不同的运算符同时出现在表达式中，则先执行优先级高的运算符。例如，乘、除运算符的优先级高于加、减运算符的优先级，即在表达式运算中，先运算乘（除），后计算加（减）。优先级有 15 级（参见附录 B），第 1 级最高，第 15 级最低。当然，也可以用括号（()）改变运算的优先级。

（4）运算的结合方向——从左至右或从右至左。如果一个操作数左右两侧有相同优先级别的运算符，则按结合方向顺序运算。如 4*5/6，在 5 的两侧分别为*和/，根据"从左向右"的原则，5 先和其左侧的运算符结合，这就称为"从左向右"的结合性。

（5）运算结果。不同类型的数据进行运算时，要进行数据类型的转换，同时要特别注意运算结果值的数据类型。

1．算术运算符

算术运算符是最常用的数值运算符。基本算术运算符有 6 个，见表 3.1。

表 3.1　算术运算符

运算符	含义	操作数要求	优先级	结合方向	运算实例	运算结果
-	取相反数	1 个（一元）	2	从右向左	-1 -(-1)	-1 1
* / %	乘法 除法 求余	2 个（二元，%运算对象都是整型数据）	3	从左向右	12/5 12.0/5 11%5 11%(-5) (-11)%5	2（整型） 2.4 1 1 -1
+ -	加法 减法	2 个（二元）	4	从左向右	5+1 5-1	6 4

很少有人能够将附录 B 中的运算符优先级表完全记住，因此，为了避免因误用运算符的优先级而导致计算错误，可以使用圆括号来控制运算的先后顺序。

课程思政：生活和学习中有很多事情要我们去处理，在处理任何事情时都要有系统性的统筹安排，按照事情的轻重缓急来决定先做什么和后做什么。

【例3-2】计算并输出一个3位整数的个位、十位和百位数字之和。

例 3-2 视频讲解

分析：要计算一个3位整数的个位、十位和百位数字之和，首先必须从一个3位整数中分离出它的个位、十位和百位数字，巧妙利用整数除法和求余运算可以解决这个问题。例如，整数153的个位、十位和百位数字分别是3、5、1。其中，个位数字3刚好是153对10求余的余数，即153%10=3，因此可用153对10求余的方法求出个位数字3；百位数字1说明在153中只有1个100，由于在C语言中整数除法的结果仍为整数，即153/100=1，因此可用153整除100的方法求得百位数字；中间的十位数字既可通过将其变换为最高位后再对10整除的方法得到，即(153-1*100)/10=53/10=5，也可通过将其变换为最低位再对10求余的方法得到，即(153/10)%10=15%10=5。程序伪代码如下：

```
#include<stdio.h>
int main()
{
    （1）定义整型变量 x、b0、b1、b2、sum；
    （2）给变量 x 赋值 153；
    （3）计算变量 x 的百位数字并赋给变量 b2；
    （4）计算变量 x 的十位数字并赋给变量 b1；
    （5）计算变量 x 的个位数字并赋给变量 b0；
    （6）求 b0、b1、b2 的和，赋给变量 sum；
    （7）输出 b0、b1、b2 及 sum；
    return 0;
}
```

根据上述伪代码，完整的程序代码如下：

```
#include<stdio.h>
int main()
{
    int x,b0,b1,b2,sum;            //定义整型变量 x、b0、b1、b2、sum

    x=153;                        //给变量 x 赋值 153
    b2=x/100;                     //计算变量 x 的百位数字并赋给变量 b2
    b1=(x-b2*100)/10;             //计算变量 x 的十位数字并赋给变量 b1
    b0=x%10;                      //计算变量 x 的个位数字并赋给变量 b0
    sum=b0+b1+b2;                 //求 b0、b1、b2 的和，赋给变量 sum
    printf("b0=%d,b1=%d,b2=%d,sum=%d\n",
        b0,b1,b2,sum);            //输出 b0、b1、b2 及 sum
    return 0;
}
```

程序运行结果：

```
b0=3,b1=5,b2=1,sum=9
```

由于算术运算符*、/、%的优先级高于+、-，因此为了保证语句"b1=(x-b2*100)/10;"中的减法运算先于除法运算，在语句中加上了圆括号。

2. 自增和自减运算符

自增（++）和自减（--）运算符是两个特殊的单目运算符。它们可以改变操作数（变量）的值，++使操作数加 1，--使操作数减 1。自增和自减运算符可以出现在操作数之前，称为前置；也可放在操作符之后，称为后置。操作数的前置与后置的运算结果是有区别的，见表 3.2。

表 3.2 前置和后置运算

运算符	含义	操作数要求	优先级	结合方向	运算实例	运算结果
++	变量的值增 1	1 个（一元）	1（后置）	从左向右	m=n++;	m=n; n=n+1;
			2（前置）	从右向左	m=++n;	n=n+1; m=n;
--	变量的值减 1		1（后置）	从左向右	m=n--;	m=n; n=n-1;
			2（前置）	从右向左	m=--n;	n=n-1; m=n;

【例 3-3】自增和自减运算符的综合应用。

例 3-3 视频讲解

```c
#include<stdio.h>
int main()
{
    int i=8;
    printf("%d ",++i);
    printf("%d ",--i);
    printf("%d ",i++);
    printf("%d ",i--);
    printf("%d ",-i++);
    printf("%d ",-i--);
    return 0;
}
```

程序运行结果：

```
9889-8-9
```

在上面的程序中：

（1）变量 i 的初值为 8。

（2）第 5 行中++前置，i 加 1 变为 9，表达式++i 的值也为 9，所以输出 9。

（3）第 6 行中--前置，i 减 1 变为 8，表达式--i 的值也为 8，所以输出 8。

（4）第 7 行中++后置，表达式 i++的值为 8，所以输出 8，i 再加 1 变为 9。

（5）第 8 行中--后置，表达式 i--的值为 9，所以输出 9，i 再减 1 变为 8。

（6）第 9 行中++后置，出现了++和-两个运算符，后置自增运算（++）的优先级高于求负运算（-），所以-i++相当于-(i++)，表达式 i++的值为 8，再加上前面的负号，所以输出-8，i 再加 1 变为 9。

（7）第 10 行中--后置，-i--相当于-(i--)，表达式 i--的值为 9，再加上前面的负号，所以输出-9，i 再减 1 变为 8。

注意

++和--是带有副作用的运算符。建议读者不要在一个表达式中对同一变量多次使用这样的运算，以免得到意想不到的结果。如 x 的值为 4，对表达式(x++)+(x++)，在 Code::Blocks 中它的值为 9（4+5），而在 Visual C++ 6.0 系统中，它的值为 8。这是因为系统在处理 x++ 时，先使用 x 的原值计算整个表达式，然后再使 x 连续两次自增。遇到这种情况不必过分注重细节，以上机的结果为准即可，但需分析系统的处理方法。

类似情况还有，在函数调用语句中，多个实参表达式的求值顺序因从左到右与从右到左不同，会产生不同的结果。例如，设 x 的值为 5，函数调用语句为：

```
printf("%d,%d\n",x,x++);
```

如果参数表达式的求值顺序为从左到右，则输出：

```
5,5
```

反之，将输出：

```
6,5
```

因+与++（-与--类似）是两个不同的运算符，对于类似表达式 x+++y 会有不同的理解：(x++)+y 或 x+(++y)。C 语言编译系统的处理方法是从左至右让尽可能多的字符组成一个合法的语法单位（如标识符、数字、运算符等）。因此，x+++y 被解释成(x++)+y，而不是 x+(++y)。

3. 赋值运算符

在 C 语言里，符号"="不是表示数学上"相等"的含义，而是一个赋值运算符。其作用是将一个数据值赋给一个变量，见表 3.3。大多数 C 语言运算符允许它们的操作数是变量、常量或者包含其他运算对象，然而赋值运算符要求它的左操作数必须是左值（lvalue）。左值表示存储在计算机内存中的对象，而不是常量或计算的结果。

表 3.3　赋值运算符

运算符	含义	操作数要求	优先级	结合方向	运算实例	运算结果
=	给变量赋值	2 个（二元），左侧的运算对象只能是单个变量，右侧应该是一个能计算出确定的值的表达式（可以是常量、变量）	14	从右向左	a=20;	将值 20 赋给变量 a
					a=b=c=0;	a=(b=(c=0));

表达式 i=i+1 在数学上是没有意义的，因为一个有限数加 1 后不会"等于"原来那个值。但在 C 语言中，它是一个合理的赋值表达式，其作用是将 i 的值加 1，得到一个新值，再将该新值赋给变量 i，i 的值就被修改了。

注意

当赋值运算符左右类型不一致时，需要进行类型转换，将右侧的类型转换为左侧的类型，这种转换是系统自动进行的。因此，赋值时要尽可能保证左右类型一致或左侧类型存储长度大于右侧长度，否则可能有数据丢失。简单赋值运算的数据类型转换如例 3-4 所示，具体转换规则将在 3.4.4 节中详细介绍。

【例 3-4】 不同类型之间相互赋值。

例 3-4 视频讲解

```c
#include<stdio.h>
int main()
{
    int x;
    float y=3.58;
    char c='A';

    x=y;                    //实型数据赋给整型变量
    printf("x=%d\n",x);

    y=x;                    //整型数据赋给实型变量
    printf("y=%f\n",y);

    x=c;                    //字符型数据赋给整型变量
    printf("x=%d\n",x);

    x=322;
    c=x;                    //整型数据赋给字符型变量
    printf("y=%c\n",c);

    return 0;
}
```

程序运行结果：

```
x=3
y=3.000000
x=65
y=B
```

为了简化程序并提高编译效率，C 语言允许在赋值运算符（=）之前加算术运算符和位运算符，组成复合赋值运算符。复合赋值运算符共 10 种：+=、-=、*=、/=、%=、<<=、>>=、&=、|=、^=。其中后 5 种是有关位运算的，位运算将在后面的章节中进行介绍。复合赋值运算符的优先级与赋值运算符的优先级相同，且结合方向一致，见表 3.4（以 int a=5;为例）。

表 3.4 复合赋值运算

运算符	含义	操作数要求	优先级	结合方向	运算实例	运算结果
+=	复合赋值运算	2 个（二元）	14	从右向左	a+=2+3	10（a=a+(2+3)=10）
-=					a-=3	2（a=a-3=2）
*=					a*=2	10（a=a*2=10）
/=					a/=2	2（a=a/2=2）
%=					a*=a+=a%=2	4（a=a*(a=a+(a=a%2))=4）

复合赋值运算符使用的一般形式如下：

    <变量><双目运算符>=<表达式>

等价于：

    <变量>=<变量><双目运算符><表达式>

例如：

```
n+=1                （等价于 n=n+1）
x*=y+1              （等价于 x=x*(y+1)）
k>>=i+k            （等价于 k=k>>(i+k)）
```

 注意

复合赋值运算符右侧的表达式是一个运算整体，不能把它们分开。例如，x*=y+1 表示 x=x*(y+1)，而不是 x=x*y+1。

4. 逗号运算符

在 C 语言中，逗号（,）除了作为分隔符使用以外，还可以作为一种运算符使用。可以用它将两个或更多个表达式连接起来，其使用格式如下：

　　　　表达式 1,表达式 2,…,表达式 n

求解过程：从左至右依次执行每个子表达式，先求表达式 1 的值，再求表达式 2 的值，…，最后求解表达式 n 的值。表达式 n 的值为整个逗号表达式的值，见表 3.5。

表 3.5　逗号运算符

运算符	含义	操作数要求	优先级	结合方向	运算实例	运算结果
,	逗号运算符	2 个或多个	15	从左向右	x=(a=3,6*3)	x 值为 18，表达式值为 18
					x=a=3,6*a	x 值为 3，表达式值为 18

 注意

使用逗号时应分清逗号究竟是运算符还是分隔符。主要根据逗号在程序中所出现的位置来判断：如果出现在表达式中则是运算符，如果出现在变量的定义或函数参数表中则是分隔符。

【例 3-5】逗号运算符示例。

例 3-5 视频讲解

```c
#include<stdio.h>
int main()
{
    int x,y;

    x=y=2*3,y*4,y+5;
    printf("x=%d,y=%d\n",x,y);

    x=(y=2*3,y*4,y+5);
    printf("x=%d,y=%d\n",x,y);

    return 0;
}
```

程序运行结果：

```
x=6,y=6
x=11,y=6
```

在上面的程序中，赋值运算符优先级高于逗号运算符，对于语句"x=y=2*3,y*4,y+5;"，先计算子表达式 x=y=2*3，x 和 y 被赋值为 6，再计算子表达式 y*4，值为 24，最后计算子表达式 y+5，值为 11，整个表达式的结果取子表达式 y+5 的值，即 11。语句"x=(y=2*3,y*4,y+5);"加圆括号后，先计算括号中的逗号表达式 y=2*3,y*4,y+5，其中先计算子表达式 y=2*3，y 被赋值为 6，再计算子表达式 y*4，值为 24，最后计算子表达式 y+5，值为 11，整个逗号表达式的结果取子表达式 y+5 的值 11，再赋给 x。

其实，逗号运算符只是把多个表达式连接起来。在许多情况下，使用逗号运算符的目的只是想分别计算各个表达式的值，而并非想通过逗号运算符得到最后那个表达式的值。逗号运算符常用于 for 循环语句，给多个变量赋初值，或对多个变量的值进行修正等。

5. 位运算符

C 语言既具有高级语言的特点，又具有低级语言的特点，如支持位运算。C 语言最初是为了取代汇编语言设计系统软件而设计的，因此 C 语言必须支持位运算等汇编操作。位运算就是对字节或字内二进制数位进行测试、抽取、设置或移位等操作。操作对象不能是 float、double、long double 等数据类型，只能是 char 和 int 类型。

C 语言提供了如表 3.6 所列的 6 种位运算符。其中，只有按位取反运算符为单目运算符，其他运算符都是双目运算符。除"<<"和">>"以外的位运算符的运算规则（真值表）见表 3.7。

这 6 种位运算符可分为两大类：位逻辑运算（&按位与、|按位或、^按位异或、~按位取反）和位移动运算（<<左移位、>>右移位）。它们的运算对象个数、优先级以及结合方向见表 3.6。

表 3.6　位运算符

运算符	含义	操作数要求	优先级	结合方向	运算实例	运算结果
~	按位取反	1 个（一元）	2	从右至左	~5	-6
<<	左移位	2 个（二元）	5	从左至右	4<<2	16
>>	右移位				-5>>2	-2
&	按位与		8		5&6	4
^	按位异或		9		5^6	3
|	按位或		10		5|6	7

表 3.7　位逻辑运算真值表

a	b	~a（按位取反）	a&b（按位与）	a|b（按位或）	a^b（按位异或）
1	1	0	1	1	0
1	0	0	0	1	1
0	1	1	0	1	1
0	0	1	0	0	0

下面对这些运算符的使用逐一进行解释说明。

（1）按位取反运算。其功能是把运算对象的内容按位取反，即每一数字位上的 0 变 1，1 变 0。

【例3-6】 按位取反运算。

```
#include<stdio.h>
int main()
{
    short a=5,b;

    b=~a;

    printf("b=%d\n",b);

    return 0;
}
```

例3-6 视频讲解

程序运行结果：

```
b=-6
```

表达式~a 将十进制数 5 按位取反，一般运算时都把数转换为二进制数来计算，这样更直观。二进制数的表达式：

5	0 0 0 0 0 0 0 0 0 0 0 0 0 1 0 1
~5	1 1 1 1 1 1 1 1 1 1 1 1 1 0 1 0

数据是以补码的形式在内存中存储的，1111111111111010 所对应的原码是 1000000000000110，所以 b 值为-6。

取反运算常用来生成与系统实现无关的常数，增加程序的可移植性。如要将变量 x 最低 6 位变为 0，其余位不变，可用代码 x = x & ~077 实现，与整数 x 用 2 个字节还是用 4 个字节实现无关。

（2）左移运算。其功能是把"<<"左侧的运算数的二进位全部左移若干位。移动的位数由"<<"右侧的数指定。移动过程中高位丢弃，低位补 0。

【例3-7】 左移运算。

```
#include<stdio.h>
int main()
{
    short a=4,b;

    b=a<<2;

    printf("b=%d\n",b);

    return 0;
}
```

例3-7 视频讲解

程序运行结果：

```
b=16
```

用二进制数来表示运算的过程：

a=4	0 0 0 0 0 0 0 0 0 0 0 0 0 1 0 0
b=a<<2	0 0 0 0 0 0 0 0 0 0 0 1 0 0 0 0

左移时，若左端移出的部分不包含有效二进制数 1，则每左移一位，相当于移位对象乘以 2，左移动 n 位相当于乘以 2^n。在某些情况下，可以用左移来代替乘法运算，以加快运算速度。

如果左端移出的部分包含 1，则这一特性就不适用了。如果移动的是一个带符号的数，移动之后可能使该数的符号位发生变化。

（3）右移运算。其功能是把 ">>" 左侧的运算数的二进制位全部右移若干位。移动的位数由 ">>" 右侧的数指定。与左移运算符不同的是，移动方向相反，右移时，右端移出的二进制数舍弃；左端移入的二进制数分两种情况，对于无符号整数和正整数，高位补 0，对于负数，高位补 0 还是 1，则取决于所用的计算机。

【例 3-8】右移运算。

例 3-8 视频讲解

```c
#include<stdio.h>
int main()
{
    short a=-5,b;

    b=a>>2;

    printf("b=%d\n",b);

    return 0;
}
```

程序运行结果：

```
b=-2
```

用二进制数表示运算的过程：

a 的二进制原码	1 0 0 0 0 0 0 0 0 0 0 0 0 1 0 1
a 的二进制补码	1 1 1 1 1 1 1 1 1 1 1 1 1 0 1 1
b=a>>2	1 1 1 1 1 1 1 1 1 1 1 1 1 1 1 0
b 的二进制原码	1 0 0 0 0 0 0 0 0 0 0 0 0 0 1 0

和左移一样，若右端移出部分不包含有效数字 1，则每右移一位相当于移位对象除以 2，右移 n 位相当于除以 2^n。这与整型和字符型数据的除法完全一致，所以在程序中常用右移来进行快速的除法运算。

（4）按位与运算。其功能是参与运算的两个数与各对应的二进制位相与。只有对应的两个二进制位均为 1 时，结果位才为 1，否则为 0。参与运算的数以补码的方式出现。

【例 3-9】按位与运算。

例 3-9 视频讲解

```c
#include<stdio.h>
int main()
{
    short a=5,b=6,c;

    c=a&b;

    printf("b=%d\n",c);

    return 0;
}
```

程序运行结果：

    b=4

用二进制数来表示运算的过程：

a		0 0 0 0 0 0 0 0 0 0 0 0 0 1 0 1
b		0 0 0 0 0 0 0 0 0 0 0 0 0 1 1 0
c=a&b		0 0 0 0 0 0 0 0 0 0 0 0 0 1 0 0

可以看出如果想使某个数为 0，用 0 与它相与即可。例如，short a=0322，则 a 的二进制数为 0000000011010010；若要保留 a 的第 5 位，只需第 5 位的数为 1，其余各位均为 0 的数与 a 进行与运算，其运算过程如下：

a	0 0 0 0 0 0 0 0 1 1 0 1 0 0 1 0
0x10	0 0 0 0 0 0 0 0 0 0 0 1 0 0 0 0
a&0x10	0 0 0 0 0 0 0 0 0 0 0 1 0 0 0 0

按位与运算有两种典型用法：一是取一个位串信息的某几位，如截取 x 的最低 7 位，即 x & 0177；二是让某变量保留某几位，其余位置 0，如让 x 只保留最低 6 位，即 x = x & 077。以上用法都要先设计好一个常数，该常数只有需要的位是 1，不需要的位是 0；然后用它与指定的位串信息进行按位与运算。

（5）按位异或运算。其功能是参与运算的两个数与各对应的二进制位相异或，当对应的两个二进制位相同时，异或后结果为 0，不同则结果为 1。

【例 3-10】按位异或运算。

```
#include<stdio.h>
int main()
{
    short a=5,b=6,c;

    c=a^b;

    printf("c=%d\n",c);

    return 0;
}
```

例 3-10 视频讲解

程序运行结果：

    c=3

用二进制数来表示运算的过程：

a		0 0 0 0 0 0 0 0 0 0 0 0 0 1 0 1
b		0 0 0 0 0 0 0 0 0 0 0 0 0 1 1 0
c=a^b		0 0 0 0 0 0 0 0 0 0 0 0 0 0 1 1

观察结果可知：数为 1 的位和 1 异或结果为 0，原数为 0 的位和 1 异或结果为 1，而和 0 异或的位其值不变。由此可见，要使某位的数翻转，只要使其和 1 进行异或运算即可；要使某位保持原数，只要使其和 0 进行异或运算即可。利用异或运算这一特性，可以使一个数中某些

指定位翻转而另一些位保持不变。它比求反运算更随意。例如:

```
short a=0512;
```

若希望 a 的高 12 位不变，低 4 位取反，只需将高 12 位分别和 0 异或，低 4 位分别和 1 异或即可，即

a	0 0 0 0 0 0 0 1 0 1 0 0 1 0 1 0
^017	0 0 0 0 0 0 0 0 0 0 0 0 1 1 1 1
a^017	0 0 0 0 0 0 0 1 0 1 0 0 0 1 0 1

（6）按位或运算。其功能是将参与运算的两个数各对应的二进制位相或，只要对应的两个二进制位中有一个为 1，则结果为 1，参与运算的两数均以补码形式出现。

【例 3-11】按位或运算。

```
#include<stdio.h>
int main()
{
    short a=5,b=6,c;

    c=a|b;

    printf("b=%d\n",c);

    return 0;
}
```

例 3-11 视频讲解

程序运行结果:

```
b=7
```

用二进制数来表示运算的过程:

a	0 0 0 0 0 0 0 0 0 0 0 0 0 1 0 1
b	0 0 0 0 0 0 0 0 0 0 0 0 0 1 1 0
c=a|b	0 0 0 0 0 0 0 0 0 0 0 0 0 1 1 1

利用按位或运算可以使一个数中的指定位置 1，其余位不变，即将希望置 1 的位与 1 进行或运算；保持不变的位与 0 进行或运算。例如，使一个数中的高 12 位不变，低 4 位置 1，可使其与 0000000000001111 进行按位或运算。

【例 3-12】取一个整数 a 从右端开始的 4～7 位。

分析：首先，使 a 右移 4 位，目的是使要取出的那几位移到最右端；其次，设置一个低 4 位全为 1、其余位全为 0 的数；最后，将这两个数进行或运算。

```
#include<stdio.h>
int main()
{
    unsigned short a,b,c,d;
    scanf("%o",&a);
    b=a>>4;           //右移 4 位
    c=~(~0<<4);       //设置一个低 4 位全为 1、其余位全为 0 的数
    d=b&c;
    printf("%o,%d\n%o,%d\n",a,a,d,d);
```

例 3-12 视频讲解

```
        return 0;
    }
```

程序运行结果：

```
    251↙
    251,169
    12,10
```

输入的 a 的值为八进制数 251，即十进制数 169，其二进制形式为（用 2 个字节表示）0000000010101001，经运算最后得 d 为 0000000000001010，即八进制数 12，十进制数 10。

可以任意指定从右边第 m 位开始取其右边 n 位。只需将程序中的"b=a>>4"改成"b=a>>(m-n+1)"以及将"c=~(~0<<4)"改成"c=~(~0<<n)"即可。

 说明

> （1）位运算符的优先级。位运算符中按位取反运算符的优先级最高，它的优先级比算术运算符、关系运算符、逻辑运算符和其他位运算符都高。
> （2）位运算符与赋值运算符相结合可以组成复合赋值运算符，如&=、<<=、>>=、^=。
> （3）如果两个类型长度不同的数进行位运算，则需要进行补位，如 a&b，其中 b 为 int 型，a 为 long 型。系统将二者右端对齐并对较短的数 b 进行左补位，如果 b 为正数，则左侧 16 位补满 0，如果 b 为负数，则左侧应补满 1；如果 b 为无符号整型数，则左侧补满 0。

6. 其他运算符

（1）"sizeof()"运算符，单目运算，优先级为 2，结合方向是从右至左。该运算符的功能是计算数据类型所占的字节数。使用格式如下：

    sizeof(变量名 | 数据类型标识符 | 表达式)

（2）"()"运算符，优先级为 1，结合方向是从左至右。该运算符的功能是改变表达式中其他运算符计算的优先顺序。另外,()也可用于表示函数参数列表，具体使用将在第 7 章介绍。

（3）"[]"运算符，优先级为 1，结合方向是从左至右。该运算符的功能是表示数组元素下标，具体使用将在第 6 章介绍。

（4）"&"运算符，取地址运算符，优先级为 2，结合方向是从右至左。在程序运行时，所有的程序和数据都存放在内存中。内存是以字节为单位的连续的存储空间，每个内存单元都有一个编号，这个编号称为内存地址。每个变量都有自己的内存地址，可以使用&运算符获取该地址。运算符&只能用于普通变量，不能用于表达式或常量，具体使用将在第 9 章介绍。

（5）"*"运算符，指针运算符，优先级为 2，结合方向是从右至左。该运算符的功能是取指针（地址）所对应的存储单元的内容，具体使用将在第 9 章介绍。

（6）"(类型说明符)"运算符，强制类型转换运算符，优先级为 2，结合方向是从右至左。该运算符的功能是将运算对象转换为括号中说明的类型，具体使用将在 3.4.4 节详细介绍。

（7）"->"运算符，优先级为 1，结合方向是从左至右。该运算符的功能是通过结构体指针引用结构体成员，具体使用将在第 10 章介绍。

（8）"."运算符，优先级为 1，结合方向是从左至右。该运算符的功能是通过结构体变量引用结构体成员，具体使用将在第 10 章介绍。

3.2.2 表达式

运算符提供了对数据的最基本操作，这些基本操作可以组合生成更复杂的数据处理，即表达式。表达式由运算符与数据对象组合而成。由于运算符的种类很多，因此对应的表达式也有很多种，如算术表达式、关系表达式、逻辑表达式和赋值表达式等。数据对象可以是多种类型的常量、变量、函数，也可以是表达式，从而组合成更复杂的表达式。

表达式运算后只会产生一个结果，该结果是具有某种数据类型的数值。表达式的值与运算符的种类和运算对象的类型有关。

当表达式中包含多个运算符时，运算的执行顺序对表达式的值有相当重要的影响。在 C 语言中，运算符执行顺序通常由运算符的优先级和结合方向控制。优先级较高的运算符先于优先级较低的运算符执行，如生活中常说的先乘除后加减。结合方向则控制具有相同优先级的多个运算符的执行顺序，如表达式 3*4/5，"*" 与 "/" 优先级相同，将按结合方向从左至右进行运算，计算结果为 2，而不是 0。

C 语言的表达式与数学表达式差不多，但是必须注意其与通常数学表达式的区别。

（1）所有字符必须写在一条水平线上，不允许出现上、下角标和分数线等。

（2）所有运算分量之间必须有运算符，如 a 乘 b 不能写成 ab，必须写成 a*b。

（3）适当加括号可使多个运算一同出现时层次清楚。C 语言中的表达式、运算符以及运算的优先级较复杂，使用括号可以增加程序的可读性。

3.3 数据与数据类型

数据是指能够输入到计算机中，并能够被计算机识别和加工处理的符号的集合，是程序处理的对象。所处理的数据可能很简单，也可能很复杂，数据之间存在某种内在联系。为了方便处理这些数据，计算机程序设计语言需要提供一种数据机制以便在程序中更好地表示它们，从而反映出数据的有关特征和性质。

C 语言采用这样一种数据机制：把要处理的数据对象划分为一些类型，每个类型是一个数据值的集合。数据类型是按被定义变量的性质、表示形式、占据存储空间的多少、构造特点来划分的。为此 C 语言一方面提供了一组基本数据类型，如 int、char、float、double 等，用于对基本数据的表示和使用；另一方面提供了数据构造机制，该数据构造机制提供一组可以由基本数据类型或数据构造更复杂的数据类型或数据的手段。反复使用这些手段可以构造出任意复杂的数据结构，以满足复杂数据处理的需要。

C 语言具有非常丰富的数据类型，包括基本数据类型、构造数据类型、指针类型和空类型，见表 3.8。本章主要介绍基本数据类型，一是因为基本数据类型是构造其他数据类型的基础；二是不希望冗长繁杂的数据类型介绍影响读者程序设计方法的学习和程序设计能力的培养。其他各种数据类型将在后面章节陆续进行详细介绍。

表 3.8　C 语言中数据类型分类

数据类型			关键字	变量定义实例	详述章节
基本类型	整型	基本整型	int	int a;	第 3 章
		长整型	long	long int a;或 long a;	
		短整型	short	short int a;或 short a;	
		无符号整型	unsigned	unsigned int a; unsigned long b; unsigned short c;	
	实型（浮点型）	单精度实型	float	float a;	
		双精度实型	double	double a;	
		长双精度实型	long double	long double a;	
	字符型		char	char a;	
	枚举类型		enum	enum response{no,yes,none}; enum response answer;	第 10 章
构造类型	数组		—	int score[10]; char name[20];	第 6 章

	结构体		struct	struct date
				{
				　　int year;
				　　int month;
				　　int day;
				}
				struct date d;
					第 10 章

	共用体		union	union { 　　int class; 　　char position[10] }category;	
指针类型			—	int *p	第 9 章
空类型			void	void sort(int array[],int n);	

3.3.1　基本数据类型

基本数据类型最主要的特点是，其值不可以再分解为其他类型，并且基本数据类型是由系统预先定义好的。C 语言的基本数据类型包括整型、实型、字符型和枚举类型。没有小数部分的数就是整型，而有小数部分的则是实型（也称浮点数类型），字母或者符号更广泛地说是字符类型。

1. 整型数据

在 C 语言中，整型是比较常用的数据类型。针对不同的用途，C 语言提供了多种整数类型，可分为基本整型（int，简称"整型"）、短整型（short）和长整型（long）。上述类型又分为有符号型（signed）和无符号型（unsigned），即数值是否可以取负值，因此整型数据可细分为 6 种。各种整型数据占用的内存空间大小不同，取值范围也不同，见表 3.9（以 Code::Blocks 环境为例）。

表 3.9　整型数据分类

类型名称	类型说明符	所占字节数	取值范围
有符号基本整型	[signed] int	4	$-2147483648 \sim +2147483647$ $-2^{32-1} \sim +2^{32-1}-1$
有符号短整型	[signed]short[int]	2	$-32768 \sim +32767$ $-2^{16-1} \sim +2^{16-1}-1$
有符号长整型	[signed] long [int]	4	$-2147483648 \sim +2147483647$ $-2^{32-1} \sim +2^{32-1}-1$
无符号基本整型	unsigned [int]	4	$0 \sim 4294967295$ $0 \sim 2^{32}-1$
无符号短整型	unsigned short [int]	2	$0 \sim 65535$ $0 \sim 2^{16}-1$
无符号长整型	unsigned long [int]	4	$0 \sim 4294967295$ $0 \sim 2^{32}-1$

注　[]内的关键字可以省略。

需要说明的是，C 语言没有具体规定以上各类数据在内存中所占的字节数，只要求 long≥int≥short。具体所占的字节数与机器及系统有关。例如，int 类型，表 3.9 中所列 int 类型数据在 64 位系统中 Code::Block 环境下占 4 个字节，但是在 Turbo C 下 int 类型数据只占 2 个字节。编程时，可以用运算符 sizeof()求出所使用环境中 int 类型数据究竟占用多少字节。

数值是以补码（complement）表示的。一个正整数的补码和该数据的原码（即该数的二进制形式）相同。求负数的补码的方法是，将该数的绝对值的二进制形式，按位取反再加 1。例如，求-10 的补码：取-10 的绝对值 10；10 的绝对值的二进制形式为 1010；对 1010 取反得 1111111111110101（以 2 字节为例）；再加 1 得 1111111111110110。

可知整数最左面的一位数字是表示符号的，该位为 0，表示数值为正，为 1 则表示数值为负。

2. 实型数据

在多数情况下使用各种整数类型就可以满足需求，然而，生活中还会涉及相邻整数之间的数，如财务、学生成绩和数学计算中经常要使用实数类型。C 语言中实型包括单精度实型（float）、双精度实型（double）和长双精度实型（long double）。

同样，存储实型数据所占字节数也与系统有关，实型数据的有效数字位数和数值范围由具体实现的系统决定。常用的 C 语言环境中实数类型的占用空间、取值范围见表 3.10。

表 3.10 实型数据分类

类型名称	类型说明符	所占字节数	有效数字	取值范围（绝对值）
单精度实型	float	4	约 6 或 7 位	$10^{-37} \sim 10^{38}$
双精度实型	double	8	约 15 或 16 位	$10^{-307} \sim 10^{308}$
长双精度实型	long double	12	约 18 或 19 位	$10^{-4931} \sim 10^{4932}$

不同于整型数据的存储方式，实型数据按指数形式存储，分为小数部分（尾数）和指数部分（阶码），如实数 N 可以表示为 $N = s \times r^j$，如图 3.1 所示。

图 3.1 实型数据的存储方式

例如，实型数据-101.1001B，先转换成规范的指数形式-0.1011001×2^{11}，对应的指数符号为 0，指数数值为 11；小数符号为 1，小数数值为 1011001。指数部分与小数部分各占多少二进制位，用原码还是补码形式存放，都与具体的系统有关。

实型数据的存储空间是有限的，所以精度也是有限的，有效位数以外的数字将被舍去，因此会存在误差。

3. 字符型数据

在数据处理中，C 语言还有一种基本类型——字符类型，类型说明符为 char。字符型数据只占 1 个字节，只能存放 1 个字符，无法存放多个字符组成的字符串。字符串的概念将在 3.4.1 节进行介绍。

字符型数据在存储时并不是将字符本身存放到内存中去，而是将该字符对应的 ASCII 码值转换成二进制形式存放到存储单元中。由于它与整型数据的存储方式类似，在 ASCII 码取值范围（1 个字节，0～255）内，字符型数据和整型数据可以通用。字符型数据和整型数据之间可以进行算术运算，一个字符型数据可以按字符形式输出也可以按整数形式输出，这给字符处理带来很大的灵活性。

4. 枚举类型数据

枚举类型是用标识符表示的有限个整数常量的集合，是指将变量的值一一列出来，变量的值只在列举出来的值的范围内（将在 10.5 节中介绍）。

3.3.2 构造数据类型

C 语言的基本数据类型并不能满足实际应用中的所有需求，用户可以利用整型、实型、字符型这些基本数据类型构造满足需要的数据类型，即构造类型。它包括数组类型、结构体类型和共用体类型。

数组是由一系列相同类型的数据元素构成的，并且是按照一定顺序组织在一起的一个数据集合。例如，人们利用计算机来处理学生成绩、管理每月的销售额等。对于这些大量相互关联的数据，利用数组能够有效方便地进行处理。数组类型将在第 6 章进行详细介绍。

在实际问题中，一组数据也可能具有不同的数据类型。例如，一个学生的信息记录中，姓名应为字符数组；学号可为字符数组或长整型；年龄应为整型；性别应为字符型；成绩可为实型。显然不能用一个数组来存放这些数据。因为数组中各元素的类型和长度都必须一致。为了解决这个问题，C 语言给出了另一种构造数据类型——结构体类型。结构体类型由不同的"成员"组成，每个成员可以是不同的数据类型。结构体类型与共用体类型将在第 10 章进行详细介绍。

共用体类型也是用来描述类型不相同的数据，但与结构体类型不同，共用体数据成员存储时采用覆盖技术，共享（部分）存储空间。例如，有一张教师与学生通用的表格，教师的数据有姓名（char）、年龄（int）、身份（char）、教研室（char）4 项，学生的数据有姓名（char）、年龄（int）、身份（char）、班级（int）4 项。可以采用覆盖技术使用教研室（char）和班级（int）共享存储单元。

3.3.3　其他数据类型

1. 指针类型

指针是一种特殊的数据类型，也是一种很重要的数据类型。指针的值指的是内存中的地址。指针的使用非常灵活，可以有效地表示各种复杂的数据结构。指针的定义和使用将在第 9 章进行详细介绍。

2. 无类型

C 语言中无类型用 void 表示，一般用于描述指针以及作为不返回值的函数的返回值类型。无类型的第一个用途是定义指针时用作指针的类型，表示该指针可以指向任何类型，但它不同于空指针；第二个用途是表示函数的返回值类型，调用函数时，通常应向调用者返回一个函数值，这个返回的函数值是具有一定的数据类型的，应在函数定义及函数说明中加以说明。也有一类函数在调用后并不需要向调用者返回函数值。对于那些确实不需要返回值的函数，可以将类型说明为 void 类型。

3.4　常量与变量

对于基本数据类型而言，按其取值是否可以改变可分为常量和变量两种。在程序执行过程中，其值不能发生改变的量称为常量，其值可以改变的量称为变量。它们可与数据类型结合起来，分为整型常量、整型变量、浮点常量、浮点变量、字符常量、字符变量、枚举常量、枚举变量。在程序中，常量是可以不经说明而直接引用的，而变量则必须"先定义，后使用"。

3.4.1　直接常量

直接常量可以直接写在程序中，也称为字面常量（literal constant），如 10、3.14、2.72 就是直接常量。直接常量的类型由书写形式决定，如 10 就是整型，而 3.14、2.72 就是实型。

1. 整型常量

整型常量类似于数学中的整数。在 C 语言中，整型常量有十进制、八进制和十六进制 3 种表示形式，见表 3.11。即使是整型常量也有长整型和短整型、有符号和无符号之分，不同类型的整型常量的表示形式见表 3.12。

表 3.11 不同进制的整型常量的表示形式

整型常量	合法的表示实例	不合法的表示实例	特点
十进制	256，−128，0，+7	256.0	由 0～9 的数字序列组成，数字前可带正负号
八进制	021，−017，+016（分别代表十进制数 17，−15，14）	089	由数字 0 开头，后跟 0～7 的数字序列
十六进制	0x12，−0x1F，+0x1E（分别代表十进制数 18，−31，30）	Ox123	由数字 0 加字母 x（大小写均可）开头，后跟 0～9、a～f（大小写均可）的数字序列

表 3.12 不同类型的整型常量的表示形式

不同类型的整型常量	实例	特点
有符号的整型常量	10，−20，0	默认的 int 型为有符号整数，因此对 int 型无须使用 signed
无符号的整型常量	30u，256u	无符号整型常量由常量值后跟 U 或 u 来表示，不能表示小于 0 的数，如−30u 是不合法的
长整型常量	−18l，1024L	长整型常量由常量值后跟 l 或 L 来表示
无符号长整型常量	30lu	无符号长整型常量由常量值后跟 LU、Lu、lU 或 lu 来表示

2. 实型常量

实型（浮点型）常量即数学中的实数。在 C 语言中，实型常量有十进制小数形式和指数形式两种表示形式，见表 3.13。

表 3.13 实型常量的表示形式

不同形式的实型常量	实例	特点
十进制小数形式	0.123，−12.34，.98	十进制小数形式与人们表示实数的惯用形式相同，是由数字和小数点组成的。注意，必须有小数点，如果没有小数点，则不能作为小数形式的实型数
指数形式	3.45e−2（等价于 0.0345）	指数形式用于直观地表示绝对值很大或很小的数。在 C 语言中，由于程序编辑时不能输入上下角标，所以以字母 e 或 E 来代表以 10 为底的指数。其中，e 的左面是数值部分（有效数字），可以表示成整数或者小数形式，不能省略；e 的右面是指数部分，必须是整数形式

实型常量有单精度和双精度之分，但无有符号和无符号之分，不同类型的实型常量的表示形式见表 3.14。

表 3.14 不同类型的实型常量的表示形式

不同类型的实型常量	实例	特点
单精度实型常量	1.25F，1.25e−2f	单精度实型常量由常量值后跟 F 或 f 来表示
双精度实型常量	0.123，−12.35，98.	实型常量隐含按双精度型处理
长双精度实型常量	1.25L	长双精度实型常量由常量值后跟 L 或 l 来表示

3. 字符常量

C 语言中的字符常量是用单引号括起来的一个字符。例如，'a'是字符常量，而 a 则是一个标识符。又如，'8'表示一个字符常量，而 8 则表示一个整型常量。每个字符都有对应的 ASCII 码，如小写字母 a 的 ASCII 码为 97（参见附录 C）。

把字符放在一个单引号中的做法适用于多数可打印字符，但不适用于某些控制字符（如回车符、换行符等）。因此，C 语言中还引入了另外一种特殊形式的字符常量——转义字符。转义字符具有特定的含义，不同于字符的原有意义，故称为"转义字符"。例如，在前面各例题 printf 函数的格式串中用到的"\n"就是一个转义字符，它用于控制输出时的换行。转义字符是一种特殊的字符常量，主要用于表示那些用一般字符不便于表示的控制代码，以反斜杠（\）开头，后跟一个或几个字符。常用的转义字符及其含义见表 3.15。

表 3.15 常用的转义字符及其含义

转义字符	含义	ASCII 码
\b	退格（Backspace）	008
\f	走纸换页，跳到下一页开头	012
\n	换行，跳到下一行开头	010
\r	回车	013
\t	水平制表，横向跳到下一制表位置（Tab）	009
\v	垂直制表，竖向跳到下一制表位置	011
\\	反斜杠（\）	092
\'	单引号（'）	039
\"	双引号（"）	034
\?	问号（?）	077
\ooo	八进制数值，1～3 位八进制数所代表的字符（o 代表一个八进制数字）	
\xhh	十六进制数值，1 或 2 位十六进制数所代表的字符（h 代表一个十六进制数字）	

广义地讲，C 语言字符集中的所有字符均可用转义字符表示。例如，常量字母 A 有 3 种等效的表示，即'A'、'\101'和'\x41'；反斜杠也有 3 种等效的表示，即'\\'、'\134'和'\x5c'。只要 ASCII 码值相同，就表示同一个字符。

4. 字符串常量

字符串常量是由一对双引号括起来的一个字符序列。如"Hello"、"123"都是字符串。无论双引号内是否包含字符、包含多少个字符，都代表一个字符串常量。

字符常量只用 1 个字节存储空间，字符串常量占用的存储空间的字节数等于双引号中所包含的字符个数加 1。增加的 1 个字节用于存放字符'\0'（ASCII 码值为 0）。每个字符串常量的末尾有一个结尾符'\0'，称为空字符，C 语言以该字符作为字符串常量结束的标志。例如，"a"表示的是一个字符串常量，占用 2 个字节；而'a'表示的是一个字符常量，只占用 1 个字节，如图 3.2 所示。

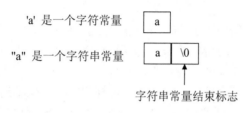

图 3.2　字符串常量"a"和字符常量'a'

3.4.2　宏常量和 const 常量

1. 宏常量

宏常量也称符号常量，是指用一个标识符来表示的常量。此时该标识符与此常量是等价的。宏常量定义的一般形式如下：

```
#define 标识符
```

定义宏常量可以提高程序的可读性，便于程序的调试和修改。宏常量名要具有一定的意义，便于理解。当程序中要多次使用某一个常量时，可以定义宏常量，这样，当要对该常量值进行修改时，只需对预处理命令中定义的常量值进行修改。

【例 3-13】输入圆的半径，计算圆的周长和面积。

分析：由几何知识可知，当圆的半径 r 已知时，可以利用公式 $c=2\pi r$ 和 $a=\pi r^2$ 计算出圆的周长和面积，其中 π 的值为常量 3.14。程序的代码如下：

```c
#include<stdio.h>
#define PI 3.14                    //定义宏常量 PI
int main()
{
    double r,c,a;                  //声明变量

    printf("请输入圆的半径 r=");
    scanf("%lf",&r);               //输入圆的半径

    c=2*PI*r;                      //根据圆的半径计算圆的周长
    a=PI*r*r;                      //根据圆的半径计算圆的面积

    printf("圆的周长=%.2f\n",c);    //输出圆的周长
    printf("圆的面积=%.2f\n",a);    //输出圆的面积

    return 0;
}
```

例 3-13 视频讲解

程序运行结果：

```
请输入圆的半径 r=5↙
圆的周长=31.40
圆的面积=78.50
```

在上面的程序中，用符号 PI 代表常量 3.14，读程序时，见到标识符 PI 就可知道它代表圆周率。因此，定义宏常量名时应尽量做到"见名知意"。如果要修改圆周率的值，只需做如下修改：

```
#define PI 3.14159
```

那么程序中的 PI 代表常量 3.14159。

由此可见，使用宏常量具有如下优点：

（1）意义明确，便于理解。

（2）修改方便，一改全改。

 注意

> 宏定义中的宏名与字符串之间可有多个空格，但无须加等号，且字符串后只能以换行符终止，一般不加分号结尾。因此，宏定义不是 C 语言的语句，而是一种编译预处理（参见 8.1 节）。若字符串后加分号，则宏替换时会连同分号一起进行替换，错误的宏定义如下：
>
> ```
> #define PI=3.14;
> ```
>
> 这是因为经过宏替换后的语句 circum=2*PI*r; 将被替换成下面的语句，从而产生语法错误。
>
> ```
> circum=2*=3.14;*r;
> ```

2. const 常量

从例 3-13 可以发现，使用宏常量的最大问题是，宏常量没有数据类型。编译器对宏常量不进行类型检查，只进行简单的字符串替换，但字符串替换时极易产生意想不到的错误。而 const 常量可以声明具有某种数据类型的常量，只要将 const 类型修饰符放在类型名之前，即可将类型名后的标识符定义为具有该类型的 const 常量。由于编译器将其存放在只读存储区，不允许在程序中改变其值，因此 const 常量只能在定义时赋初值。const 常量定义的一般形式如下：

```
const 数据类型 标识符=常量;
```

【例 3-14】 用 const 常量替代宏常量修改例 3-13。

```c
#include<stdio.h>
int main()
{
    const double PI=3.14;                //定义双精度实型的 const 常量 PI
    double r,c,a;                        //声明变量

    printf("请输入圆的半径 r=");
    scanf("%lf",&r);                     //输入圆的半径
    c=2*PI*r;                            //根据圆的半径计算圆的周长
    a=PI*r*r;                            //根据圆的半径计算圆的面积

    printf("圆的周长=%.2f\n",c);          //输出圆的周长
    printf("圆的面积=%.2f\n",a);          //输出圆的面积
```

```
        return 0;
    }
```
程序运行结果：

```
请输入圆的半径 r=5↙
圆的周长=31.40
圆的面积=78.50
```

在程序中如果多次出现一个常量值，为了后续维护程序方便，可以使用宏常量或 const 常量。如果常量值发生变化，只需要修改宏，而不需要修改程序内部相关代码。

3.4.3 变量

变量是在程序运行中其值可以改变的量。一个变量应该有一个名称，并在内存中占据一定的存储单元。该存储单元用于存储变量的值。注意区分变量名和变量值这两个不同的概念。变量名实际是一个符号地址，在对程序进行连接编译时，由系统为每一个变量名分配一个内存地址。程序运行时取变量的值，实际上是通过变量名找到相应的内存地址，从其内存单元中读取数据。

在使用变量之前必须对其进行定义（为编译器所做的描述）。其优点如下：

（1）使用变量时不发生错误。例如，若在声明部分有定义"int teacher;"，而在程序中写成"taecher=30;"，那么在对程序进行编译时会检查出 taecher 没有定义，产生程序错误。

（2）为变量指定了类型后，在编译时就可为该变量分配内存。

（3）为变量确定了一种类型后，实际上也就确定了对这个变量所能进行的操作。例如，可以对两个整型变量 a、b 进行求余操作 a%b，而不能对两个实型变量进行求余运算。

1. 变量的定义

定义一个变量包括以下几个方面：

（1）指定一个标识符，这个标识符称为变量名。

（2）变量的数据类型，该类型决定了变量值的类型、表现形式和占用内存空间，以及对该变量能执行的运算。

（3）变量的存储类型和变量的作用域。

变量定义的一般形式如下：

```
[变量存储类型说明符]  数据类型说明符 变量名1[,变量名2,…];
```

【例 3-15】变量定义示例。

```
#include<stdio.h>
int main()
{
    int x,y,m,n,k;          //指定 x、y、m、n、k 为整型变量
    unsigned u;             //指定 u 为无符号整型变量
    char c;                 //指定 c 为字符型变量
    return 0;
}
```

其中：

（1）int、char 和 unsigned 是数据类型说明符，是 C 语言的关键字，用于定义变量的数据类型。

（2）x、y、m、n 和 k 为定义的变量名称。变量名必须是一个合法的标识符，命名时还应考虑"见名知意"的原则。编译器将根据变量的数据类型，为变量在内存中分配相应大小的存储空间，确定数据在内存单元中的存放形式、该类型变量合法的取值范围以及该类型变量可参与的运算种类。

（3）允许在一个类型说明符后定义多个相同类型的变量，各变量之间用逗号分隔。类型说明符与变量名之间至少有一个空格，最后一个变量名之后必须是 C 语言的分隔符 ";"。

（4）变量定义必须放在变量使用之前，即先定义、后使用，一般放在函数体的开头部分。

（5）变量存储类型包括自动型、寄存器型、外部型和静态型 4 种，说明符为 auto、register、extern 和 static。当存储类型为 auto 时存储类型说明符可以省略。变量的存储类型将在 7.6 节进行详细介绍。

2. 变量的初始化

变量的初始化就是在定义变量的同时赋予其与类型相一致的初值。例 3-15 中只定义了变量，以变量名为标识的存储空间中存放的是随机数，变量值是不确定的。如果引用了该变量，则编译时会提示下面的警告信息。

```
warning: 'x' is used uninitialized in this function [-Wuninitialized]|
```

在变量定义中，初始化赋值的一般格式如下。

[变量存储类型说明符]数据类型说明符 变量名 1=值 1[,变量名 2=值 2,…];

说明

（1）允许在对变量进行类型定义的同时对需要初始化的变量赋初值。

（2）可以在一个数据类型说明符中定义多个同类型的变量以及初始化多个变量。

（3）当对多个变量进行初始化时，必须为其分别赋值，即使所赋的值相同也是如此。

例如：

```
int x=0,y=0,z=0;
```

表示在定义的同时 3 个变量被初始化为 0，而不能写成：

```
int x=y=z=0;
```

【例 3-16】变量的定义及初始化。

```c
#include<stdio.h>
int main()
{
    int x=-21,y=18,m,n,k;      //指定x、y、m、n、k为整型变量, x、y分别初始化为-21、18
    unsigned u=40;             //指定u为无符号整型变量并初始化为40
    char c='A';                //指定c为字符型变量并初始化为'A'

    m=x+u;n=y+u;k=x+c;

    printf("x+u=%d,y+u=%d,x+c=%d \n",m,n,k);

    return 0;
}
```

程序运行结果：

```
x+u=19,y+u=58,x+c=44
```

除了通过初始化为一个变量赋值外，还可以通过 scanf 函数为其从键盘输入一个值，或者通过赋值表达式直接赋值。

3．变量的使用

在程序中使用变量，要考虑程序运行的环境和变量的取值范围，当变量的取值超出变量类型所规定的范围时，会出现错误的运算结果。

本节只介绍几种基本数据类型变量的使用。

（1）整型变量。根据整型数据的分类，整型变量分为基本整型、短整型、长整型、无符号基本整型、无符号短整型、无符号长整型 6 种。

【例 3-17】整型变量的定义与使用。

例 3-17 视频讲解

每天骑共享单车上下班，一年 12 个月中，考虑到节假日，小明平均每月上班 20 天，单程骑车时间为 20 分钟，计算小明一年骑共享单车的费用。共享单车个人用户系统会按照 1 元/小时的收费标准进行计费，不满 1 小时按 1 小时结算。

分析：假设小明每天骑共享单车上下班，根据共享单车收费标准，小明一天骑费用为 1 元+1 元=2 元。一年所需要的费用为：

$$12 \times 20 \times (1+1) = 480 \text{ 元}$$

上面的计算公式中，用到的数值为整数，可用 int 和 short 定义整型变量。根据分析，程序的代码如下：

```
#include<stdio.h>
#define PRICE 1                      //自定义符号常量
int main()
{
    unsigned short months=12,days=20;    //定义无符号的整型变量 months、days，
                                         //并初始化
    int money;                           //定义基本整型变量 money
    money = months * days * (PRICE + PRICE);    //对变量 money 进行赋值
    printf("小明一年骑共享单车的费用为: %d元\n",money); //输出 money 的值

    return 0;
}
```

程序运行结果：

小明一年骑共享单车的费用为: 480 元

系统根据定义变量时所指定的数据类型为变量分配存储单元。使用整型变量时要注意它获取的值不要超过变量的取值范围。

【例 3-18】整型数据的溢出。

```
#include<stdio.h>
int main()
{
    short x=32767,y;

    y=x+1;

    printf("x= %d,y= %d\n",x,y);
```

例 3-18 视频讲解

```
       return 0;
    }
```

程序运行结果：

```
    x= 32767,y= -32768
```

从图 3.3 可以看到：变量 x 的最高位为 0，后 15 位全为 1，加 1 后变成最高位为 1，后 15 位全为 0。而它是 -32768 的补码形式，所以输出变量 y 的值为 -32768。这是因为一个短整型变量所能表示数的范围是 -32768～32767，无法表示大于 32767 的数，这种情况称为溢出。但程序在运行过程中并没有报错。

图 3.3　x 和 y 在内存中的存储方式

C 语言比较灵活，但也会出现一些错误，而系统有时也不会给出"出错信息"。这种情况就要靠编程者的细心和经验来保证结果正确。例 3-18 中，如果将 y 改成取值范围大一些的数据类型，如 int 类型就可以得到预期结果 32768。

（2）实型变量。实型变量分为单精度实型变量和双精度实型变量，两者的区别在于精度，即有效数字位数。

任意两个整数之间都存在无穷个实数，由于存储空间的限制，计算机不能表示所有的值，并且往往只是实际值的近似，因此使用实型变量时，可能有误差。实型变量有效位数越多，则其与实际值就越接近，精确度就越高。

【例 3-19】实型变量的有效位数。

```
    #include<stdio.h>
    int main()
    {
        float    a=123456789.12345678;
        double   b=123456789.123456789;

        printf("a=%21.10f\n",a);        //格式符%21.10f，输出 a 时总长度为 21 位，小数
                                        //位数占 10 位
        printf("b=%21.10f\n",b);

        return 0;
    }
```

程序运行结果：

```
    a=123456792.0000000000
    b=123456789.12345678900
```

在上面的程序中，为什么将同一个实型常量赋值给单精度实型变量和双精度实型变量后，输出的结果会有所不同呢？这是因为 a 是 float 类型的数据，所以 a 只能接收 6 或 7 位有效数字；而 b 是 double 类型的数据，所以 b 可以接收 15 或 16 位有效数字。

在 Code::Blocks 输出的结果中，a 只有 1234567 共 7 位有效数字被正确显示出来，而 b 有 123456789.1234567 共 16 位有效数字被正确显示出来，后面的数字是无效的。这表明 float 类

型的数据只接收 7 位有效数字，double 类型的数据只接收 16 位有效数字。

注意

在使用实型变量时应该注意以下两种情况：

（1）实型常量没有加后缀 F（或 f）时，系统默认为 double 类型进行处理，具有较高精度。把该实型常量赋值给一个 float 类型的变量时，系统会截取相应的有效位数进行赋值。

（2）应避免将一个很大的数和一个很小的数进行加减运算，否则会丢失"较小"的数（参见例 3-20）。

【例 3-20】 实型数据的舍入误差。

```c
#include<stdio.h>
int main()
{
    float a,b;
    a=123456.789e+5;
    b=a+20;
    printf("a=%f\nb=%f\n",a,b);
    return 0;
}
```

程序运行结果：

```
a=12345678848.000000
b=12345678848.000000
```

例 3-20 的程序中，printf 函数中的"%f"是输出浮点数时指定的格式符，作用是指定该实数以小数形式输出（参见 2.3 节）。程序运行时，输出 b 的值与 a 的值相等。原因是 a 的值比 20 大很多，a+20 的理论值应是 12345678920，而一个实型变量只能保证的有效数字是 7 位，后面的数字是无意义的，并不能准确地表示该数。应当避免将一个很大的数和一个很小的数直接相加或相减，否则就会"丢失"小的数。与此类似，用程序计算 1.0/3*3 的结果并不等于 1。

（3）字符型变量。每个字符型变量被分配 1 个字节的内存空间，可以存放 1 个字符，即字符型变量的取值是 1 个字符常量。注意，字符型变量在内存单元中存储的不是字符本身的形状，而是该字符所对应的 ASCII 码值。因此，C 语言中可以把字符型数据作为整型数据进行处理：允许对整型变量赋以字符值，也允许对字符型变量赋以整型值；在输出时，允许把字符型变量按整型形式输出，也允许把整型变量按字符形式输出。但要注意，整型变量为 4 个字节，字符型变量为 1 个字节，当把整型变量按字符型变量处理时，只有低 8 位参与处理。

【例 3-21】 字符型变量示例。

```c
#include<stdio.h>
int main()
{
    char a,b;
    a=100;
    b=100-('a'-'A');
```

例 3-21 视频讲解

```
    printf("a=%c,b=%c\n",a,b);
    printf("%c\'s ASCII code=%d\n",b,b);
    return 0;
}
```

程序运行结果：

```
a=d,b=D↙
D's ASCII code=68
```

在上面的程序中，a、b 被定义为字符型变量，然后字符型变量 a 被赋予整型常量 100，字符型变量 b 被赋予整型常量 100 减去字符'a'与字符'A'的差值 32（C 语言允许字符型变量参与数值运算，即用字符的 ASCII 码值参与运算。由于大小写字母的 ASCII 码值相差 32，因此运算后把小写字母换成大写字母），最后分别将 a、b 的值以字符型输出，同时将 b 的值以十进制整数格式输出。

3.4.4　类型转换

表达式的值除了数值大小不同外，还有数据类型之分。在表达式的计算过程中，不同的数据类型进行混合运算时需要进行类型转换。C 语言提供了 3 种类型转换方式：自动类型转换、强制类型转换和赋值时的类型转换。

1. 自动类型转换

自动类型转换发生在不同数据类型混合运算时。这种类型转换先向其中数据类型长度增加的方向进行类型转换，再进行同类型运算，使整个表达式的类型转换为表达式中数据类型长度最长的运算对象类型。这种转换由编译器自动完成，称为自动类型转换，也称隐式类型转换。转换是向数据长度较长的方向进行，目的是防止计算过程中数据被截断，保证计算结果的精度。转换规则如图 3.4 所示，其中水平方向上的转换是必须进行的，即所有的 float 类型数据都要转换成 double 类型，所有的 short 类型和 char 类型都要转换成 int 型，然后参加相应的运算；水平方向转换后，如果仍有不同类型，则按纵向箭头标识的方向进行转换。

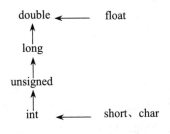

图 3.4　自动类型转换规则

【例 3-22】自动类型转换示例。

```
#include<stdio.h>
int main()
{
    printf("%f\n",3/4*2.5);
    printf("%f\n",2.5*3/4);
    return 0;
}
```

例 3-22 视频讲解

程序运行结果：

```
0.000000
1.875000
```

在上面的程序中，表达式 3/4*2.5，两个整型数据的除法运算 3/4 的结果为整型数据 0，再转换为实型与 2.5 相乘，结果为实型 0.000000。表达式 2.5*3/4，实型与整型相乘 2.5*3 先进行类型转换（整型转换为实型）再相乘，结果为实型 7.5；实型除以整型，同样先进行类型转换（整型转换为实型）再相除，结果为实型 1.875000。

2. 强制类型转换

虽然 C 语言的隐式类型转换使用起来非常方便，但有时还需要从更大程度上控制类型转换。基于这种原因，C 语言提供了强制类型转换，也称显式类型转换，是用强制类型转换运算符将运算对象转换为用户所需要的数据类型。其使用格式如下：

(目标类型说明符)(表达式)

例如，设 float x=7.5;，则 x%3 显然不符合要求，因为只能对整型数据进行取余运算，所以需要使用强制类型转换，(int)x%3 即 7%3。

【例 3-23】强制类型转换示例。

```c
#include<stdio.h>
int main()
{
    int m = 5;

    printf("m/2=%d\n", m/2);
    printf("(float)(m/2)=%f\n", (float)(m/2));
    printf("(float)m/2=%f\n", (float)m/2);
    printf("m=%d\n", m);

    return 0;
}
```

例 3-23 视频讲解

程序运行结果：

```
m/2=2
(float)(m/2)=2.000000
(float)m/2=2.500000
m=5
```

程序中表达式 m/2 是整数除法运算，其运算结果仍为整数，因此输出的结果为 2。表达式 (float)(m/2)是将表达式(m/2)整数相除的结果（已经舍去小数位）强制转换为实型数据（在小数位添加 0），因此输出的结果为 2.000000，可见此法不能真正获得 m 与 2 相除后的小数部分的值。为了获得 m 与 2 相除后的实数商，需要按(float)m/2 方式，先用(float)m 将 m 值强制转换为实型数据，然后将这个实型数据与 2 进行浮点除法运算，因此输出的结果为 2.500000。由于 (float)m 只是将 m 的值强制转换为实型数据，并不能改变变量 m 的数据类型，因此输出的 m 的值仍然为 5。

3. 赋值时的类型转换

在赋值运算符中已经提到过，当赋值运算符左右类型不一致时，需要进行类型转换，将右侧的类型转换为左侧的类型。这种转换是系统自动进行的，遵循以下规则：

（1）当实型数据赋值给整型变量时，直接取整，舍弃小数部分。例如，整型变量 i，i=5.68，则 i 的值为 5。

（2）当字符型或整型数据赋值给实型变量时，数值不变，但要补足相应的有效位数，将实型数据存储到变量中。

（3）当单精度实型数据赋值给双精度实型变量时，数值不变，有效位数扩展到 16 位，以 8 个字节存储；当双精度实型数据赋值给单精度实型变量时，只截取前面 7 位有效数字，以 4 个字节存储，这时应注意数据是否溢出。

（4）当字符型数据赋值给整型变量时，将 ASCII 码值赋给最低的 8 位，若字符型数据的最高位为 0，则其余位全部补 0；若字符型数据的最高位为 1，则其余位全部补 1。

（5）当整型数据赋值给字符型变量时，只截取最低的 8 位赋给字符型变量。

（6）当 int 或 long 类型数据赋值给 short 类型变量时，只截取最低的 16 位赋给 short 类型变量；当 short 类型数据赋值给 int 或 long 类型变量时，将数据直接赋给最低的 16 位，其余位按原 short 类型数据的最高位扩展，全部补 0 或全部补 1。

（7）unsigned 类型数据赋值给长度相同的非 unsigned 类型变量时，直接传送数据；非 unsigned 类型数据赋值给长度相同的 unsigned 类型变量时，和符号位一起作为数值进行数据赋值。

　注意

> 无论上述 3 种类型转换中的哪一种转换方式，都不改变被转换数据原来的类型和数值。在表达式计算过程中，为了满足当前需要，只是对数据进行暂时的转换，生成一个临时的值，并不影响原数据。

3.5　顺序结构程序举例

顺序结构是最简单的一种程序结构，指程序执行时，按照程序中语句的书写顺序，一条一条地依次执行。但是绝大多数问题仅用顺序结构是无法解决的，还要用到选择结构和循环结构，C 语言也提供了相应的语句实现选择结构和循环结构。以下主要介绍顺序结构。

【例 3-24】输入整型变量 a 和 b 的值，交换它们的值并输出。伪代码如下：

```
#include<stdio.h>
int main()
{
    （1）定义 3 个整型变量 a、b、temp；
    （2）从键盘输入两个整数，保存到变量 a、b 中；
    （3）交换变量 a、b 的值；
    （4）输出交换后变量 a、b 的值；
    （5）return 0；
}
```

例 3-24 视频讲解

在上述伪代码中，如何实现交换变量 a、b 的值，在此之前我们先思考下面的问题：

假设有 A、B 两个瓶，瓶中分别装有酱油和醋，即 A 瓶中装酱油，B 瓶中装醋，现要求 A、B 两瓶互换，使 A 瓶中装醋，B 瓶中装酱油，如何实现两瓶中酱油与醋的互换？

要达到上述要求，必须借助一个空瓶C，即先把A瓶中的酱油倒入C瓶中，然后把B瓶中的醋倒入A瓶中，最后把C瓶中的酱油倒入B瓶中。

同样，两个变量的互换，也可以采用上述办法，步骤（3）细化后的伪代码如下：

```
/*（3）交换变量a、b的值;*/
    （3.1）把a的值赋给temp;
    （3.2）把b的值赋给a;
    （3.3）把temp的值赋给b;
```

根据上述伪代码，完整的程序代码如下：

```
#include<stdio.h>
int main()
{
    int a,b,temp;                   //（1）定义3个整型变量a、b、temp

       /*（2）从键盘上输入两个整数，保存到变量a、b中*/
       printf("input two number:");
    scanf("%d,%d",&a,&b);

    /*（3）交换变量a、b的值*/
    temp=a;                         //把a的值赋给temp
    a=b;                            //把b的值赋给a
    b=temp;                         //把temp的值赋给b

    printf("a=%d,b=%d\n",a,b);      //输出交换后的变量a、b的值
    return 0;
}
```

程序运行结果：

```
input two number:5,8✓
a=8,b=5
```

思考：不借助第3个变量，如何交换两个变量的值？

【例3-25】 计算银行贷款本息。输入贷款金额money、贷期month和贷款月利息rate，计算贷款到期时的本息合计sum并输出。

例3-25视频讲解

分析：到期还款本息的计算公式为$sum=money*(1+rate)^{month}$，幂运算可以使用数学库函数提供的幂函数 pow(x,y)求出，只需要在程序头部添加一行"include <math.h>"命令，就可以在程序中使用该文件中定义的数学处理函数了。程序的伪代码如下：

```
#include<stdio.h>
#include<math.h>
int main()
{
    （1）定义变量money、month、rate、sum;
    （2）从键盘上输入贷款金额、贷款期限、贷款利率，分别存入变量money、month、rate中;
    （3）利用公式sum=money*(1+rate)^month计算还款本息;
    （4）输出贷款本息sum;
    （5）return 0;
}
```

程序代码如下：

```
#include<stdio.h>
#include<math.h>

int main()
{
    /*（1）定义变量 money、month、rate、sum*/
    float money,rate,sum;;
    int month;

    /*（2）从键盘上输入贷款金额、贷款期限、贷款利率，分别存入变量 money、month、rate 中*/
    printf("输入贷款金额（元）:");
    scanf("%f",&money);
    printf("输入贷款期限（月）:");
    scanf("%d",&month);
    printf("输入贷款年利率(%%):");
    scanf("%f",&rate);

    /*（3）利用公式 sum=money*(1+rate)month 计算还款本息*/
    rate=rate/100/12;
    sum = money * pow(1+rate,month);

    /*（4）输出贷款本息 sum*/
    printf("\n贷款%.2f元,利率%.2f%%。\n",money,rate*100*12);
    printf("%d月后贷款本息是%.2f元。",month,sum);

    return 0;
}
```

程序运行结果：

```
输入贷款金额（元）:10000↙
输入贷款期限（月）:12↙
输入贷款年利率（%%）:10↙

贷款 10000.00 元，利率 10.00%%。
12 月后贷款本息是 11047.13 元。
```

程序中贷款的利息按月计算，当月的利息则在前一月本息的基础上计算。

课程思政：不良的校园贷大多具有信息审核不严、高利率、高违约金的特点，可以在短时间内像滚雪球一样使原本的千元贷款滚成万元至数十万元欠款。不良校园贷通过低门槛借贷引诱大学生过度消费，不仅不保护贷款人的个人信息，甚至以威胁、骚扰、公布裸照等违法方式催还贷款，引发了大学生出走、自杀等极端现象，给高校和大学生本人带来非常不好的影响。

【例 3-26】已知三角形的 3 条边长分别为 a、b、c，计算三角形面积。三角形面积公式如下：

$$area = \sqrt{s(s-a)(s-b)(s-c)}, \quad s = \frac{1}{2}(a+b+c)$$

试编写一个程序：从键盘输入 a、b、c 的值（假设 a、b、c 的值可以保证其构成一个三角形），计算并输出三角形的面积。

例 3-26 视频讲解

分析：首先将计算三角形面积的数学公式写成合法的 C 语言的表达式，即 area = sqrt(s*(s−a)*(s−b)*(s−c))。注意，在 C 语言中"*"是不能省略的。其次，将数学公式 $s = \frac{1}{2}(a+b+c)$ 写成 s=0.5*(a+b+c)、s=1.0/2*(a+b+c)、s=(a+b+c)/2.0 或 s=(float)(a+b+c)/2，这些形式都是正确的。而如果将其写为 s=1/2*(a+b+c)或 s=(float)((a+b+c)/2)虽无语法错误，但计算结果是错误的。前者是因为 1/2 是整数除法，结果为整数 0，从而导致面积 area 计算结果为 0；后者是因为在 a、b、c 均为整型的情况下，(a+b+c)/2 的整除结果已经是整数了，再将整数强制转换为实型，只是在该整数后面加上一个小数点和几个 0 而已。根据上述分析，程序的伪代码如下：

```
#include<stdio.h>
#include<math.h>
int main()
{
    （1）定义实型变量 a、b、c、s、area;
    （2）输入三角形三边长度;
    （3）计算三角形周长的一半;
    （4）计算三角形面积;
    （5）输出三角形面积;
    return 0;
}
```

根据上述伪代码，完整的程序代码如下：

```
#include<stdio.h>
#include<math.h>
int main()
{
    float a,b,c,s,area;                    //（1）定义实型变量a、b、c、s、area

    printf("input a,b,c:");
    scanf("%f,%f,%f",&a,&b,&c);             //（2）输入三角形三边长度

    s=(float)(a+b+c)/2;                     //（3）计算三角形周长的一半
    area=sqrt(s*(s-a)*(s-b)*(s-c));         //（4）计算三角形面积

    printf("area=%.2f\n",area);             //（5）输出三角形面积
    return 0;
}
```

程序运行结果：

```
input a,b,c:3,4,5↙
area=6.00
```

在程序中输入数据时，要考虑输入的三边长度是否能构成一个三角形。当输入的三边长度不能构成一个三角形时，我们应该如何处理？

3.6　本章小结

3.6.1　知识点小结

1．顺序结构

顺序结构：按照语句出现的先后顺序依次执行。

语句的分类：声明语句、表达式语句、复合语句、控制语句和空语句。

2．运算符与表达式

（1）算术运算符与算术表达式。基本算术运算符：+、-、*、/、%（只用于整型运算）。基本的算术运算符的优先级是"*""/""%"同级，但高于"+""-"。对于除法运算符"/"，当参与的运算数据均为整型时，结果也为整型，舍去小数；如果运算数据中有一个是实型，则结果为实型。对于求余运算符（模运算符）"%"，要求参与运算的数据均为整型或字符型，求余运算的结果等于两数相除后的余数。

算术表达式是用运算符将常量、变量、函数、括号等连起来的式子。

（2）自增、自减运算符。自增运算符记为"++"，其功能是使变量的值加 1。自减运算符记为"--"，其功能是使变量值减 1。++、--运算符均为单目运算符，只能用于变量，不能用于常量或表达式。

（3）赋值运算符。C 语言中用"="表示赋值（用"=="表示等于），若赋值号两侧类型不同，但都是数值或字符型，系统会自动进行类型转换。赋值运算的优先级比较低（仅高于逗号运算）。

（4）逗号运算符。逗号表达式的一般形式：表达式 1,表达式 2,...,表达式 n。执行过程：依次计算表达式 1、表达式 2、…、表达式 n 的值，整个表达式的值是最后一个表达式的值。逗号表达式的优先级是所有运算中最低的。并不是所有出现逗号的地方都是逗号表达式，如在变量说明、函数参数表中，逗号只是用作各变量之间的间隔符。

（5）位运算符。位运算符可分为两大类：位逻辑运算（&按位与、|按位或、^按位异或、~按位取反）和位移动运算（<<左移位、>>右移位）。

（6）其他运算符。sizeof 是单目运算符，返回指定表达式或指定类型在内存所占空间的字节长度。sizeof 运算符具有右结合性。

（7）括号运算符()，主要用于控制表达式的计算顺序，括号内的表达式部分将作为一个整体被计算。C 语言中的括号运算符只有圆括号一种，可以嵌套使用。括号运算符具有左结合性。

3．数据与数据类型

基本数据类型：整型数据、实型数据、字符型数据和枚举型数据。

构造数据类型：数组类型、结构体类型和共用体类型。

其他数据类型：指针类型和无类型。

4．常量和变量

常量：指在程序运行过程中，其值不可以改变的量。它包括两种类型：直接出现在语句中的值和符号常量。

变量：指在程序运行过程中，其值可以改变的量。变量必须"先声明，后使用"。程序在编译或执行的过程中，会根据变量的类型，给它们分配相应的内存地址空间来存放。

（1）整型数据。整型常量分十进制整数、八进制整数（以 0 开头）、十六进制整数（以 0x 或 0X 开头）3 种。

整型变量分为基本整型（int）、短整型（short int 或 short）、长整型（long int 或 long）、无符号型（unsigned）。各种无符号类型变量所占的内存空间字节数与相应的有符号类型变量相同。但由于省去了符号位，因此不能表示负数。

当整数的值超出该类型所能表示的范围时称为整数溢出。

（2）实型数据。实型常量有十进制小数形式和指数形式两种表示形式。十进制小数形式必须有小数点。指数形式由十进制数、阶码标志"e"或"E"以及阶码（只能为整数，可以带符号）组成。其一般形式为：a E n（a 为十进制数，n 为十进制整数），其值为 $a×10^n$。

实型常量分为单精度（float 型）、双精度（double 型）和长双精度（long double 型）3 类。

（3）字符型数据。字符常量是括在两个单引号之间的一个字符，大小写不等价。转义字符（常用的特殊字符）：以"\"开头的字符序列。

字符串常量是由一对双引号括起的字符序列。字符串里的空格是实际内容（"有意义"）。

字符常量占一个字节的内存空间。字符串常量占的内存字节数等于字符串中字符字节数加 1。增加的一个字节用于存放字符"\0"（ASCII 码为 0），这是字符串结束的标志。

宏常量必须先定义后使用，不可以重新赋值。它的作用有：①增加程序的可读性和可修改性；②少占用内存空间。

const 限定一个变量不允许被改变（故称为 const 常量），产生静态作用。使用 const 在一定程度上可以提高程序的安全性和可靠性。

5. 类型转换

C 语言提供了 3 种类型转换方式：自动类型转换、强制类型转换和赋值时的类型转换。

自动类型转换发生在不同数据类型混合运算时。这种类型转换先向其中数据类型长度增加的方向进行类型转换，然后再进行同类型运算，使整个表达式的类型转换为表达式中数据类型长度最长的运算对象类型。

强制类型转换也称显式类型转换，是用强制类型转换运算符将运算对象转换为用户所需要的数据类型。

在赋值运算符中已经提到过，当赋值运算符左右类型不一致时，需要进行类型转换，将右侧的类型转换为左侧的类型，这种转换是系统自动进行的。

3.6.2 常见错误小结

常见错误小结见表 3.16。

表 3.16 常见错误小结

实例	描述	类型
——	变量未定义就使用	编译错误
int max; Max=20;	忽视了变量区分大小写，使得定义的变量和使用的变量不同名	编译错误

续表

实例	描述	类型
scanf("%d",&a); int a;	在可执行语句之后定义变量	编译错误
int a=b=1;	在定义变量时，对多个变量进行连续赋初值	编译错误
2*π*r;	表达式中使用了非法的标识符	编译错误
4ac 或 4×a×c	将乘法运算符"*"省略，或者写为"×"	编译错误
$\dfrac{1}{2}+\dfrac{a-b}{a+b}$	表达式未以线性形式写出，即分子、分母、指数、下标等未写在同一行上	无法输入
1.0/2.0+[a-b]/(a-b)	使用"["和"]"以及"{"和"}"限定表达式运算顺序	编译错误
sinx	使用数学函数运算时，未将参数用圆括号括起来，且未注意其定义域要求和参数的单位	编译错误
3.5%2.0	对实数执行求余运算	编译错误
1/2	误将实数除法当作整数除法	逻辑错误
float(m)/2	强制类型转换表达式中类型名未用圆括号括起来	编译错误
	误以为(int)m 这种强制运算可以改变变量 m 的类型和数值	理解错误
#define PI=3.14;	将宏定义当作 C 语句来使用，在行末加上了分号，或者在宏名后加上"="	编译错误
+ =,- =,* =,/ =	在复合赋值运算符+=、-=、*=、/=的两个字符中间加入了空格	编译错误
(a+b)++,5++;	对一个算术表达式或常量使用自增/自减运算符	编译错误

第4章　选择结构程序设计

在程序设计过程中，经常会遇到需要计算机进行逻辑判断的情况。例如，比较两个数的大小并输出判断结果；一元二次方程的求根问题要根据判别式大于等于零或小于零的情况，采用不同的公式进行计算。对于这类问题，如果用顺序结构编程，显然力不从心，此时可以运用选择结构。

4.1　黄山门票价格问题

黄山位于安徽省南部黄山市境内。黄山是安徽旅游的标志，是中国十大风景名胜唯一的山岳风光，吸引了海内外众多的游客。由于管理成本不断提高，2018 年 9 月，黄山旅游发展有限公司公告，将对黄山景区门票价格进行调整，调整后的价格如下：

黄山景区门票价格：旺季门票价格为 190 元/人，淡季门票价格为 150 元/人。淡季时间为当年 12 月 1 日至次年 2 月 28 日，旺季时间为 3 月 1 日至 11 月 30 日 。

黄山优惠票：按规定享受一定优惠的门票，优惠票价格为 115 元/人。优惠对象：在校学生、现役军人、残疾人、60 岁以上老年人及军队退离休干部，请凭有效证件购买优惠票。

黄山免票：按规定不收取费用的门票。免票对象：1.2 米以下的儿童、70 周岁以上的老人，请凭有效证件获取免费门票。

一般来说，门票总价的计算应首先根据不同的日期、不同的游客类型和游客数量选择不同的价格，再求和。

【例 4-1】计算黄山门票价格。

例 4-1 视频讲解

```c
#include<stdio.h>
#define PRICE_PEAK 190
#define PRICE_LOW 150
#define DISCOUNT 115
int main()
{
    int num_std,num_disc,year,month,day;
    float price,price_std,price_disc,price_Sum;

    printf("欢迎来到美丽的黄山! \n");
    printf("请输入门票数量\n");
    printf("标准票（张）: ");
    scanf("%d",&num_std);
    printf("优惠票（张）: ");
    scanf("%d",&num_disc);
```

```
printf("请输入到访日期\n 格式为年 月 日: 2019 1 1\n");
printf("请输入: ");
scanf("%d %d %d",&year,&month,&day);

if(year > 2020 && year < 3000 && month >= 3 &&month <= 11)
    price=PRICE_PEAK;
else
    price = PRICE_LOW;
price_std = num_std * price;
price_disc = num_disc * DISCOUNT;
price_Sum = price_std + price_disc;

printf("\n 您购买的门票价格情况如下: \n");
printf("\n========================\n");
printf("您的到访日期: %d 年%2d 月%2d 日\n",year,month,day);
printf("%d 张标准票(%.2f)\n",num_std,price_std);
printf("%d 张优惠票(%.2f)\n",num_disc,price_disc);
printf("========================\n");
printf("总计: %.2f)\n",price_Sum);

return 0;
}
```

根据不同的日期、不同的游客类型等情况进行判断，实际上就是进行条件判断，再根据判断的结果选择不同的价格，最后计算票价总和。黄山门票价格问题实际上就是通过设计选择结构程序解决的。

课程思政：在人生道路的选择中，不同的选择会产生不同的结果，大学时代要树立正确的人生观、价值观和世界观。

4.2　条件的表示

如何表示各种条件？判断条件是否成立的依据是什么？例如，在购票时如何判断淡季或旺季？对于更复杂的条件如何表示？在 C 语言中主要使用关系运算和逻辑运算来表示各种条件。

4.2.1　关系运算

关系运算

在程序中经常需要比较两个数据的大小，以决定程序下一步的执行过程。关系运算的功能就是比较两个运算对象的大小关系。如果描述的大小关系成立，结果为"真"，用"1"表示；不成立则结果为"假"，用"0"来表示。在 C 语言中，将非 0 视为"真"，0 视为"假"。

C 语言提供了 6 种关系运算符，见表 4.1（设 a=1，b=2，c=3，d=4）。

表 4.1　关系运算符

运算符	含义	操作数要求	优先级	结合方向	运算实例	运算结果
<	小于	2 个（二元）	6	从左向右	a+b<c+d	1（(a+b)<(c+d)）
<=	小于等于				a<=2*b	1（a<=(2*b)）
>	大于				'a'>'b'	0（ASCII 值比较）
>=	大于等于				d>=c>=b	0（(d>=c)>=b）
==	等于		7		a>b==c>d	1（(a>b)==(c>d)）
!=	不等于				b==2!=c	1（(b==2)!=c）

注意

（1）在连续使用关系运算符时，要注意正确表达运算的含义，以及运算优先级和结合方向。例如，表 4.1 中 d>=c>=b 在数学上是成立的，运算的结果为 1，而在 C 语言中运算的过程是，先求出 d>=c 的结果，再将结果 1 做>=b 判断，最终表达式的结果为 0。如果要表达式 d>=c>=b 在数学上成立，就要运用下面介绍的逻辑运算符进行连接，即写为 d>=c&&c>=b。

（2）应避免对实数做相等或不等的判断，例如：

```
1.0/3.0*3.0==1.0
```

可改写为：

```
fabs(1.0/3.0*3.0-1.0)<1e-6。
```

4.2.2　逻辑运算

逻辑运算

在程序设计中，有时要求一些条件同时成立，有时只要求其中一个条件成立，这时就要用到逻辑运算符。C 语言提供了 3 种逻辑运算符，见表 4.2。逻辑运算真值表见表 4.3。

表 4.2　逻辑运算符

运算符	含义	操作数要求	优先级	结合方向	运算实例	运算结果
!	逻辑非	1 个（一元）	2	从右向左	!3	0
&&	逻辑与	2 个（二元）	11	从左向右	3&&4	1
					3&&0	0
					0&&0	0
||	逻辑或		12		3||4	1
					3||0	1
					0||0	0

表 4.3　逻辑运算真值表

a	b	!a	a&&b	a||b
非 0	非 0	0	1	1
非 0	0	0	0	1
0	非 0	1	0	1
0	0	1	0	0

（1）逻辑非（!）：单目运算符，对运算对象的值取反，运算对象为真时，结果为假；运算对象为假时，结果为真。

（2）逻辑与（&&）：双目运算符，两个运算对象同时为真时，运算结果才为真，否则为假。

（3）逻辑或（\|\|）：双目运算符，两个运算对象任意一个为真时，运算结果即为真，同时为假时，结果为假。

如何判断一个字符是否为英文字母？我们知道英文字母包括大写字母和小写字母共 52 个。对应的逻辑表达式为：

```
ch>='A'&&ch<='Z'||ch>='a'&&ch<='z'
```

其中 ch 表示要判断的字母。用表达式 ch>='A'&&ch<='Z'判断字符变量 ch 的值是否为大写字母，用 ch>='a'&&ch<='z'判断字符变量 ch 的值是否为小写字母，那么表达式 ch>='A'&&ch<='Z'||ch>='a'&&ch<='z'判断字符变量 ch 的值是否为大写或者小写字母，即是否为任意字母。

从逻辑运算真值表可以看出，逻辑与、逻辑或有如下特点：

（1）a&&b，当 a 为 0 时，无论 b 为何值，结果均为 0。

（2）a\|\|b，当 a 为 1 时，无论 b 为何值，结果均为 1。

C 语言利用上述性质，在进行逻辑与运算时，如果左侧运算对象为 0，则不需计算右侧的运算对象，直接判断逻辑运算的结果为 0；而进行逻辑或运算时，如果左侧运算对象为 1，则不需计算右侧的运算对象，直接判断逻辑运算的结果为 1。

也就是说，逻辑与、逻辑或这两个运算符有很特别的"短路"功能，即无论进行单个还是连续的逻辑运算，都严格按照从左到右的方向进行。当根据左侧的运算对象已经能判断整个逻辑表达式的结果时，则不再计算右侧的运算对象。

【例 4-2】写出下面程序的运行结果（逻辑运算的"短路"功能示例）。

```
#include<stdio.h>
int main()
{
    int a=3,b=4,m=5,n=5,x,y;

    x=(a>b)&&(m=1);
    y=(a<b)||(n=0);

    printf("x=%d,y=%d\n",x,y);
    printf("m=%d,n=%d\n",m,n);

    return 0;
}
```

例 4-2 视频讲解

程序运行结果：

```
x=0,y=1
m=5,n=5
```

在上面的程序中，表达式为(a>b)&&(m=1)，根据"&&"的特点，当左侧的运算对象为 0 时，因为"&&"运算的两个对象只要有一个为 0，则结果为 0，这时已经能够判断出表达式的结果为 0，不再需要继续计算右侧的运算对象(m=1)，那么 m 没有被重新赋值，依然是原来的值 5。同理，表达式(a<b)||(n=0)的结果仅根据第 1 个运算对象(a<b)即可判断为 1，n 也没有被重新赋值，依然是原来的值 5。熟练掌握 C 语言的关系运算符和逻辑运算符后，可以巧妙地用一个逻辑表达式表示一个复杂的条件。

例如，要判别某一年 year 是否是闰年。闰年的条件是符合下面二者之一：①能被 4 整除，但不能被 100 整除；②能被 400 整除。描述这一条件用下面的表达式即可：

```
((year%4==0)&&(year%100!=0))||(year%400==0)
```

它与 year%4==0&&year%100!=0||year%400==0 是等价的，但后者需要明确各种运算符的优先级才能对其进行正确计算，而前者加上括号后计算的先后顺序一目了然，即使忘记了各种运算符的优先级，也能对其进行正确计算。这是因为在 C 语言中，圆括号也是一种运算符，而且它的优先级永远是最高的。因此，如果表达式中的运算符较多，可用圆括号来明确表达式的计算顺序，这样可避免使用默认的优先级。

4.3 单分支结构

在 C 语言程序设计中，表达选择某种条件的典型控制结构是 if 语句和 switch 语句。本节先讨论 if 的单分支结构，后面两节再讨论 if 的双分支结构和多分支结构。

if 单分支结构的语句格式如下：

```
if (表达式)
{
    语句
}
```

注意，表达式两边的圆括号是必需的，它们是 if 语句的组成部分。

if 单分支结构的执行流程如下：

（1）计算圆括号内表达式的值。

（2）如果表达式的值为非 0（C 语言把非 0 值解释为"真"值），则执行圆括号后边的语句（复合语句），然后退出选择控制结构。

（3）如果表达式的值为 0（C 语言把 0 值解释为"假"值），则直接退出选择结构。

if 单分支结构流程图如图 4.1 所示。

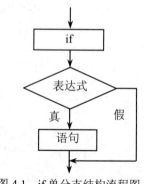

图 4.1 if 单分支结构流程图

注意

（1）条件表达式的运算结果只有"真"（用1表示）和"假"（用0表示）两个值。

（2）条件表达式必须放在圆括号中，圆括号不能省略。

（3）条件表达式一般为关系表达式或逻辑表达式。例如，if(a==b)、if(a>b&&c>d)、if(a+b>c)等。在C语言中，用数值"0"表示"假"、非"0"表示"真"。因此以常量和变量表达式作为条件表达式也是合法的，但不推荐初学者使用。例如，if(a)如果a值非0，则为真。

（4）"{"和"}"必须成对出现，构成复合语句。如果复合语句中只有一条语句，则可省略"{"和"}"；否则，"{"和"}"不能省略。

【例4-3】从键盘输入两个整数，将它们按从小到大的顺序排列。

程序的伪代码如下：

例4-3 视频讲解

```
#include <stdio.h>
int main()
{
    （1）定义3个整型变量x、y、temp；
    （2）从键盘输入x、y的值；
    （3）如果x>y，则交换x、y的值；
    （4）输出变量x、y的值；
    return 0;
}
```

根据例3-24和上述伪代码，编写的程序代码如下：

```
#include<stdio.h>
int main()
{
    int x,y,temp;                //（1）定义3个整型变量x、y、temp
    scanf("%d,%d",&x,&y);        //（2）从键盘输入x、y的值

    /*（3）如果x>y，则交换x、y的值*/
    if(x>y)
    {
        temp=x;
        x=y;
        y=temp;
    }
    printf("%d<%d\n",x,y);       //（4）输出变量x、y的值
    return 0;
}
```

程序运行结果：

```
85,83✓
83<85
```

4.4 双分支结构

根据判断条件是否成立有两种选择，而且要在这两种选择中选择其一执行，就是双分支结构。

4.4.1 if…else 语句

if双分支结构的语句格式如下：

```
if(表达式)
    {语句1}
else
    {语句2}
```

if…else 双分支结构执行流程如下：

（1）计算表达式的值。

（2）如果表达式值为非 0，则执行语句（复合语句）1，然后退出选择控制结构。

（3）如果表达式的值为 0，则执行语句（复合语句）2，然后退出选择控制结构。

if…else 双分支结构流程图如图 4.2 所示。

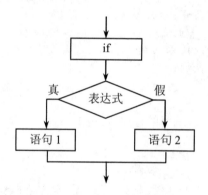

图 4.2 if…else 双分支结构流程图

【例 4-4】从键盘输入两个整数，求其中的最大值。

程序伪代码如下：

```
#include <stdio.h>
int main()
{
    （1）定义变量x、y、max;
    （2）输入两个整数到x、y中;
    （3）求最大值;
    （4）输出最大值;
    （5）return 0;
}
```

例 4-4 视频讲解

上述伪代码中除第（3）步外，其余的很容易实现。但其实第（3）步可以用 if…else 双分支结构来实现，求精后的伪代码如下：

```
/*（3）求最大值*/
if(x>y)
    x 赋给 max;
else
    y 赋给 max;
```

程序流程图如图 4.3 所示。

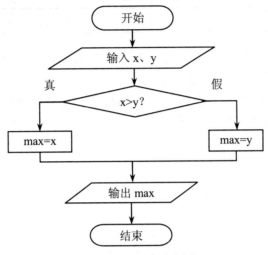

图 4.3　例 4-4 程序流程图

根据上述伪代码，编写的程序代码如下：

```
#include<stdio.h>
int main()
{
    int x,y,max;              //（1）定义变量 x、y、max
    scanf("%d,%d",&x,&y);     //（2）输入两个整数到 x、y 中

    /*（3）求最大值*/
    if(x>y)
        max=x;
    else
        max=y;

    printf("max=%d\n",max);   //（4）输出最大值
    return 0;
}
```

程序运行结果：

```
64,75
max=75
```

思考：如何计算并输出 3 个整数中的最大值？如何对这 3 个整数进行排序？

4.4.2　条件运算

条件运算符是 C 语言中唯一的一个三目运算符，由两个符号"?"和":"组成，需要 3 个运算对象，见表 4.4。其使用格式如下：

表达式 1?表达式 2:表达式 3

求解过程：若表达式 1 的值为真（非 0），则执行表达式 2，将其结果作为整个条件表达式的值，否则执行表达式 3，将其结果作为整个条件表达式的值。

表 4.4 条件运算符

运算符	含义	操作数要求	优先级	结合方向	运算实例	运算结果
:?	条件运算符	3 个（三元）	13	从右向左	a>b?a:c>d?c:d	a>b?a:(c>d?c:d)

【例 4-5】输入一个字符，判别它是否为小写字母，如果是，将它转换成大写字母；如果不是，则不转换，然后输出最后得到的字符。

分析：从 ASCII 代码表中可以看到，每一个大写字母的 ASCII 码值比它的小写字母的 ASCII 码值小 32。C 语言允许字符数据与整数直接进行算术运算。即'a'-32 会得到整数 65，'A'+32 会得到整数 97。

程序代码如下：

```
#include <stdio.h>
int main()
{

    char ch;                          //（1）声明变量 ch

    scanf("%c",&ch);                  //（2）输入字符

    ch=(ch>='a'&&ch<='z')?(ch-32):ch;  //（3）将小写字符转换为大写字符

    printf("%c",ch);                  //（4）输出字符
    return 0;
}
```

例 4-5 视频讲解

程序运行结果：

a✓
A

条件表达式"ch=(ch>='a'&&ch<='z')?(ch-32):ch"的作用是：如果字符变量 ch 的值为小写字母，则条件表达式的值为(ch-32)，即相应的大写字母；如果 ch 的值不是小写字母，则条件表达式的值为 ch，即不进行转换。

4.4.3 if…else 嵌套

if 语句的嵌套是指在 if 或 else 子句中又包含一个或多个 if 语句。内层的 if 语句既可以嵌套在 if 子句中，也可以嵌套在 else 子句中。内嵌 if 语句的一般格式如下：

```
if(表达式 1)
    if(表达式 2)        语句 1
    else               语句 2
else
    if(表达式 3)        语句 3
    else               语句 4
```

这种基本形式嵌套的 if 语句也可以进行以下几种变化。

（1）只在 if 子句中嵌套 if 语句，格式如下。

```
if(表达式1)
    if(表达式2)
        语句1
    else
        语句2
else
    语句3
```

（2）只在 else 子句中嵌套 if 语句，格式如下：

```
if(表达式1)
    语句1
else
    if(表达式2)
        语句2
    else
        语句3
```

（3）不断在 else 子句中嵌套 if 语句，形成多层嵌套，格式如下：

```
if(表达式1)
    语句1
else
    if(表达式2)
        语句2
    else
        ……
        if(表达式n)
            语句n
        else
            语句n+1
```

此种情况形成了多分支的 if 语句，此时的语句可以用以上语句格式表示，语句的层次比较分明。

4.4.4　if…else 配对

嵌套的 if 语句可能又是 if…else 语句，这将会出现多个 if 和多个 else 重叠的情况，这时要特别注意 if 与 else 的配对关系规则。if 与 else 配对的规则如下所述。

（1）缺省"{ }"时，else 总是与它上面的最近的未配对 if 配对。假如：

```
if()
    if() 语句1
else
    if() 语句2
    else 语句3
```

编程者把 else 写在第一个 if（外层 if）的同一列上，希望 else 与第一个 if 对应，但实际上 else 是与第二个 if 配对的，因为它们相距最近。

（2）if 和 else 数目不一样时，为实现编程者的意图，可以加花括号（{}）来确定配对关系。

```
if()
    {if() 语句 1}
else
    if()    语句 2
    else    语句 3
```

这时"{ }"限定了内嵌 if 语句的范围。

【例 4-6】简单的猜数字游戏。输入所猜的整数（假定 1～10 内），与计算机产生的被猜数比较，然后输出猜测的结果。

有以下几个程序，请读者判断哪个是正确的。

程序 1：

```
#include <stdio.h>
#include <stdlib.h>
#include <time.h>
int main()
{
    int c_number,y_number;
    char op;

    srand((unsigned)time(NULL));        //随机数种子
    c_number = rand() %10+1;            //产生 1~10 之间的随机数

    printf("Input your number:");
    scanf("%d",&y_number);

    if(y_number< c_number)
        op='<';
    else if(y_number==c_number)
        op='=';
    else op='>';

    printf("your number %c computer\'s number!\n",op);

    return 0;
}
```

程序 2：

```
#include <stdio.h>
#include <stdlib.h>
#include <time.h>
int main()
{
        int c_number,y_number;
        char op;

        srand((unsigned)time(NULL));        //随机数种子
        c_number = rand() %10+1;            //产生 1~10 之间的随机数

        printf("Input your number:");
        scanf("%d",&y_number);
```

例 4-6 视频讲解

```
            if(y_number >= c_number)
                if(y_number > c_number)
                    op='>';
                else
                    op='=';
            else op='<';

            printf("your number %c computer\'s number!\n",op);

            return 0;

    }
```

程序 3：
```
    #include <stdio.h>
    #include <stdlib.h>
    #include <time.h>
    int main()
    {
            int c_number,y_number;
            char op;
            srand((unsigned)time(NULL));        //随机数种子
            c_number = rand() %10+1;            //产生 1~10 之间的随机数

            printf("Input your number:");
            scanf("%d",&y_number);

            op='<';
            if(y_number!= c_number)
                if(y_number > c_number)
                    op='>';
                else
                    op='=';

            printf("your number %c computer\'s number!\n",op);

            return 0;
    }
```

程序 4：
```
    #include <stdio.h>
    #include <stdlib.h>
    #include <time.h>
    int main()
    {
        int c_number,y_number;
        char op;
        srand((unsigned)time(NULL));        //随机数种子
        c_number = rand() %10+1;            //产生 1~10 之间的随机数

        printf("Input your number:");
```

```
    scanf("%d",&y_number);

    op='=';
    if(y_number>= c_number)
        if(y_number > c_number)
            op='>';
    else
        op='<';

    printf("your number %c computer\'s number!\n",op);
    return 0;
}
```

程序分析：

有多个 if 和 else 语句时要先分析配对关系，else 总是与它上面最近的未配对的 if 配对。

程序 1 中，第一个 else 与第一个 if 配对，第二个 else 与第二个 if 配对。嵌套的 if 语句放在 else 子句中，内嵌的 else 不会被误认为和外层的 if 配对，只能与内嵌的 if 配对。

程序 2 中，第一个 else 与第二个 if 配对，第二个 else 与第一个 if 配对。嵌套的 if 语句放在 if 子句中，内嵌的 else 前面有两个 if，可能会被误认为和外层的 if 配对。为了使逻辑关系看起来更清晰，一般提倡把嵌套的 if 语句放在外层的 else 子句中，如程序 1 的书写形式，也就是后面将要提到的 if 语句的级联。也可以用复合语句的方法使程序的结构更为清晰，如程序 2 的可以改为如下形式，使结构更为清晰，减少误会。

```
    if(y_number>= c_number)
    {
        if(y_number >c_number)
            op='>';
        else
            op='=';
    }
    else
        op='<';
```

程序 3 中，有一个 else、两个 if，按照 else 总是与它上面最近的未配对的 if 配对的规则，else 和第二个 if 配对，这样会出现 y_number < c_number 时 op='='，逻辑上有错误。为改变逻辑上的错误，同时使 else 配对关系清晰，可使用 "{ }" 来改变 else 的配对关系，更改后的结构如下面程序所示。

```
    op='<';
    if(y_number!= c_number)
    {
        if(y_number > c_number)
            op='>';
    }
        else
            op='=';
```

程序 4 中，也只有一个 else、两个 if，else 与第二个 if 配对，这样会出现 y_number ==

c_number 时 op='<'，逻辑上有错误。同样，为改变逻辑上的错误，同时使 else 配对关系清晰，使用"{ }"来改变 else 的配对关系，更改后的结构如下面程序所示。

```
op='=';
if(y_number>= c_number)
{
    if(y_number > c_number)
            op='>';
}
    else
        op='<';
```

4.5　多分支结构

4.5.1　if 语句的级联

if 多分支结构语句的格式如下：

```
if(表达式 1)            语句 1
else if(表达式 2)       语句 2
else if(表达式 3)       语句 3
……
else if(表达式 n)       语句 n
else                   语句 n+1
```

其执行过程：首先判断表达式 1 的条件是否成立，若成立则执行语句 1，否则判断表达式 2 的条件是否成立，若成立则执行语句 2，……，依此类推，若 n 个表达式的条件都不成立，则执行语句 n+1，然后退出选择语句。

其流程图如图 4.4 所示。

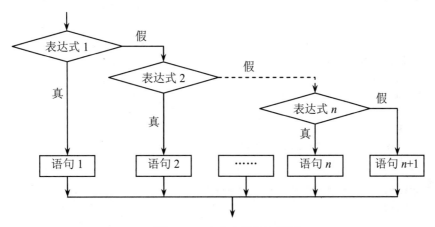

图 4.4　if 多分支结构流程图

【例 4-7】某城市为鼓励节约用水，对居民用水量做如下规定：若一户居民每月用水量不超过 30 吨（含 30 吨），则按每吨 0.6 元收费；若大于 30 吨但不超过 50 吨（含 50 吨），则其中 30 吨按 0.6 元收费，剩余部分按每吨 0.9 元收费；若超过 50 吨，则不超过 50 吨的部分按前面方法收费，剩余部分按每吨 1.5 元收费。设计一个程序实现输入一户居民的月用水量时，输出应缴纳的水费。

根据题目的要求，程序的伪代码如下：

```
#include <stdio.h>
int main()
{
    （1）定义变量 weight、water_rate，存放用水量和水费；
    （2）输入用水量 weight；
    （3）计算水费 water_rate；
    （4）输出水费 water_rate；
    return 0;
}
```

例 4-7 视频讲解

现在利用 if 多分支结构对步骤（3）进行进一步细化，细化后的代码如下：

```
/*（3）计算水费 water_rate*/
if(weight<=30)
    water_rate=weight*0.6;
else if(weight<=50)
    water_rate=30*0.6+(weigh-30)*0.9;
else
    water_rate=30*0.6+20*0.9+(weigh-50)*1.5;
```

根据上述伪代码，编写的程序代码如下：

```
#include<stdio.h>
int main()
{
    float weight,water_rate; //（1）定义变量 weight、water_rate，存放用水量和水费

    /*（2）输入用水量 weight*/
    printf("input weight:");
    scanf("%f",&weight);

    /*（3）计算水费 water_rate*/
    if(weight<=30)
        water_rate=weight*0.6;
    else if(weight<=50)
        water_rate=30*0.6+(weight-30)*0.9;
    else
        water_rate=30*0.6+20*0.9+(weight-50)*1.5;

    /*（4）输出水费 water_rate*/
    printf("weight=%f,water_rate=%f\n",weight,water_rate);
    return 0;
}
```

程序运行结果：

```
input weight:145✓
weight=145.000000,water_rate=178.500000
```

4.5.2　switch 语句

if 语句一般用于两个分支的选择执行，尽管可以通过 if 语句的嵌套形式实现多选择，但这样往往会使 if 语句的嵌套层次太多，降低了程序的可读性。而 C 语言中的 switch 语句也是一种多分支选择结构，它提供了更方便的选择功能。

switch 多分支选择语句的一般格式如下：

```
switch(表达式)
{
    case 常量表达式 1:语句 1
    case 常量表达式 2:语句 2
    ……
    case 常量表达式 n:语句 n
    default:        语句 n+1
}
```

执行过程：首先计算 switch 表达式的值，然后与各个 case 的"常量表达式"进行比较，若相等，则从其下的语句块开始，依次向下执行各语句块的语句，直至遇到强制中断语句 break 或执行完最后一个语句块为止；若所有 case 都不符合要求，则执行 default 下面的语句块。

说明

（1）switch 语句后面的表达式必须用圆括号括起来，其取值必须是整型、字符型或枚举类型。switch 语句后面用花括号括起来的部分称为 switch 语句体，其中的"{}"不能省略。

（2）case 后面必须是常量或常量表达式，不能是变量。case 与其后面的常量表达式合称为 case 语句标号，由它来判断该执行哪条 case 后面的语句。case 和其后面的常量表达式中间应该有空格。常量表达式的类型必须与 switch 后面的表达式的类型相同。

（3）各 case 语句标号值应该互不相同。case 语句标号后的语句 1、语句 2 等可以是一条语句，也可以是若干条语句。

（4）default 也起标号的作用，代表所有 case 标号之外的标号，即 default 可以出现在语句体中任何标号的位置上，而不会影响程序的执行结果。在 switch 语句体中可以没有 default 标号。

【例 4-8】从键盘输入一个学生的成绩，按优秀（90～100）、良好（80～89）、中等（70～79）、及格（60～69）、不及格（0～59）5 个等级划分其成绩，判断其成绩等级并输出。

程序伪代码如下：

```
#include <stdio.h>
int main()
{
    （1）定义变量 score，用于保存学生的成绩；
    （2）输入成绩 score；
    （3）利用 switch 语句将学生成绩分类，并输出其对应的成绩等级；
    return 0;
}
```

例 4-8 视频讲解

对步骤（3）进行细化，采用 switch 语句编程时，应注意精选 switch 语句后的表达式：①若采用 score 将有 101 种可能，即 0～100；②若采用 score/10 则只有 11 种可能，即 0～10，其中 score<60 时都为不及格，即 score/10 为 0～5 时都为不及格，经过合并后，仅剩下 5 种可能。

步骤（3）细化后的伪代码如下：

```
/*（3）利用 switch 语句将学生成绩分类，并输出其对应的成绩等级*/
switch((int)(score/10))
{
    case 10:
    case 9 :输出"优秀";break;
    case 8 :输出"良好";break;
    case 7 :输出"中等";break;
    case 6 :输出"及格";break;
    default:输出"不及格";
}
```

根据上述伪代码，编写的程序代码如下：

```
#include<stdio.h>
int main()
{
    /*（1）定义变量 score，用于保存学生的成绩*/
    float score;

    /*（2）输入成绩 score*/
    printf("请输入成绩: ");
    scanf("%f",&score);

    /*（3）利用 switch 语句将学生成绩分类，并输出其对应的成绩等级*/
    switch((int)(score/10))
    {
        case 10:
        case 9:printf("优秀\n");break;
        case 8:printf("良好\n");break;
        case 7:printf("中等\n");break;
        case 6:printf("及格\n");break;
        default:printf("不及格\n");
    }
    return 0;
}
```

程序运行结果：

```
请输入成绩: 95✓
优秀
```

在上例中，对程序做如下改动：

```
#include<stdio.h>
int main()
{
    float score;
```

```
    printf("请输入成绩: ");
    scanf("%f",&score);
    switch((int)(score/10))
    {
        case 10:
        case 9:printf("优秀\n");
        case 8:printf("良好\n");
        case 7:printf("中等\n");
        case 6:printf("及格\n");
        default:printf("不及格\n");
    }
    return 0;
}
```

程序运行结果：

```
请输入成绩: 95.0↙
优秀
良好
中等
及格
不及格
```

通过此例，可以看出 break 语句在程序中所起的作用。

课程思政：综合素质评价是对学生全面发展状况的观察、记录和分析，是发现和培育学生良好个性的重要手段，是深入推进素质教育的一项重要制度。全面实施综合素质评价，有利于促进学生认识自我、规划人生，积极主动地发展；有利于促进学校把握学生成长规律，切实转变人才培养模式；有利于促进评价方式改革，转变以考试成绩为唯一标准评价学生的做法，为高校招生录取提供重要参考。——教基二[2014]11 号

4.6　选择结构程序举例

【例 4-9】根据空气中细颗粒物含量判断空气质量等级。细颗粒物又称细粒、细颗粒、PM2.5。与较粗的大气颗粒物相比，PM2.5 粒径小，面积大，活性强，易附带有毒、有害物质（如重金属、微生物等），且在大气中的停留时间长、输送距离远，因而对人体健康和大气环境质量的影响很大。

根据 PM2.5 检测网的空气质量新标准，24 小时 PM2.5 平均值标准值分布见表 4.5。

表 4.5　24 小时 PM2.5 平均值标准值分布

空气质量等级	24 小时 PM2.5 平均值标准值
优	$0\sim35\mu g/m^3$
良	$35\sim75\mu g/m^3$
轻度污染	$75\sim115\mu g/m^3$
中度污染	$115\sim150\mu g/m^3$

续表

空气质量等级	24 小时 PM2.5 平均值标准值
重度污染	150～250μg/m³
严重污染	>250μg/m³

分析：根据 24 小时 PM2.5 平均值标准值判断空气质量的等级，可使用 if 语句的级联进行判断。程序的伪代码如下：

```
#include <stdio.h>
int main()
{
    （1）定义变量 pm，存放空气中每立方米中细颗粒物的含量；
    （2）输入空气中 PM2.5 的含量到变量 pm 中；
    （3）判断空气质量等级并输出；
    return 0;
}
```

例 4-9 视频讲解

现在利用 if 多分支结构对步骤（3）进行进一步细化，程序伪代码如下：

```
/* （3）判断空气质量等级并输出*/
if(pm<=35)
    输出"优";
else if(pm<=75)
    输出"良";
else if(pm<=115)
    输出"轻度污染";
else if(pm<=150)
    输出"中度污染";
else if(pm<=250)
    输出"重度污染";
else
    输出"严重污染";
```

根据上述伪代码，编写的程序代码如下：

```
#include<stdio.h>
int main()
{
    float pm;                          // （1）声明变量 pm
    printf("input pm:");
    scanf("%f",&pm);                   // （2）输入 pm 的值

    /* （3）判断空气质量等级并输出*/
    if(pm<=35)
        printf("优");
    else if(pm<=75)
        printf("良");
    else if(pm<=115)
        printf("轻度污染");
    else if(pm<=150)
```

```
        printf("中度污染");
    else if(pm<=250)
        printf("重度污染");
    else
        printf("严重污染");

    return 0;
}
```

程序中使用多分支的 if 语句时，可以按照判断的数据从小到大依次进行判断，也可以按照判断数据从大到小依次判断。在上述程序中，按照 PM2.5 含量从小到大依次判断空气质量等级，if 语句中的条件表达可以省略条件的下限。

课程思政：2005 年 8 月 15 日，时任浙江省委书记的习近平同志在浙江湖州安吉考察时，首次提出了"绿水青山就是金山银山"的科学论断，后来，他又进一步阐述了绿水青山与金山银山之间三个发展阶段的问题。习近平同志的"两山"重要思想，充分体现了马克思主义的辩证观点，系统剖析了经济与生态在演进过程中的相互关系，深刻揭示了经济社会发展的基本规律。

【例 4-10】用贪心算法高效求解纸币支付问题。

提出问题：有 1 元、5 元、10 元及 100 元纸币各 cny1、cny5、cny10、cny100 张，现在要求用这些纸币来支付 x 元，求最少需要多少张纸币？

分析：纸币支付问题是最贴近生活的一种简单问题，凭感觉得出的支付算法为：首先，尽可能多地使用 100 元纸币进行支付；其次，剩余部分尽可多地使用 10 元纸币进行支付；再次，将剩余部分尽可能多地使用 5 元纸币进行支付；最后，用 1 元纸币进行支付。实际上就是优先使用面值大的纸币进行支付，这是一种贪心算法的最简单的示例。

贪心算法遵循的思想是不断选取当前最优策略，本例的策略就是"优先使用面值大的纸币进行支付"，并且只考虑"尽可能多地使用面值大的纸币"这一种最优策略，而不考虑其他限制条件。贪心算法是一种非常高效的简洁算法，只有在不能使用贪心算法解决问题时才考虑使用其他算法。

程序伪代码如下：

```
#include<stdio.h>
int main()
{
    （1）声明变量；
    （2）输入1元、5元、10元和100元纸币的数量；
    （3）输入需要支付的金额；
    （4）计算需要100元纸币的数量；
    （5）计算需要10元纸币的数量；
    （6）计算需要5元纸币的数量；
    （7）计算需要1元纸币的数量；
    （8）输出结果；
    return 0;
}
```

例 4-10 视频讲解

根据上述分析和伪代码，编写的程序代码如下：

```
#include<stdio.h>
int main()
```

```
{
    unsigned long cny1,cny5,cny10,cny100;              //（1）声明变量
    unsigned long x,temp,answer = 0;

    printf("请输入1元、5元、10元和100元纸币的数量: ");   //（2）输入1元、5元、
                                                        //10元和100元纸币的数量
    scanf("%lu%lu%lu%lu",&cny1,&cny5,&cny10,&cny100);

    printf("请输入需要支付的金额: ");                    //（3）输入需要支付的金额
    scanf("%lu",&x);

    temp=(x / 100 < cny100) ? x / 100 : cny100;//（4）计算需要100元纸币的数量
    x = x - temp*100;
    answer += temp;

    temp=(x / 10 < cny10) ? x / 10 : cny100; //（5）计算需要10元纸币的数量
    x = x - temp*10;
    answer += temp;

    temp = (x/5 < cny10) ? x / 5 : cny100;   //（6）计算需要5元纸币的数量
    x = x - temp * 5;
    answer += temp;

    temp = x;                                //（7）计算需要1元纸币的数量
    answer += temp;

    if(answer <= cny100 + cny10 + cny5 + cny1)        //（8）输出结果
        printf("\n最少需要 %lu 张纸币进行支付! \n",answer);
    else
        printf("\n没有相应的支付方案! \n");

    return 0;
}
```

程序中用 if...else 语句判断需要支付纸币的数量与现有纸币数量之间的关系，如果需要支付纸币的数量少于现有纸币数量，输出支付纸币数量，否则输出"没有相应的支付方案!"。

【例 4-11】输入 3 个数，按从小到大的顺序输出这 3 个数。

分析：这是一个简单的排序问题。前面学过如何交换两个数，通过有条件的交换可以实现排序。我们可以对其进行模仿：首先，定义 4 个整型变量，其中 3 个变量用来存入输入的 3 个数，另一个整型变量作为交换两个数时用到的临时变量；其次，输入 3 个整数；再次，对这 3 个数进行两两比较，使之从小到大排序；最后，输出到屏幕上。根据分析，程序的伪代码如下：

```
#include <stdio.h>
int main()
{
    （1）声明变量a、b、c、t;
    （2）输入a、b、c的值;
    （3）对这3个数进行两两比较，使之从小到大排序;
    （4）输出a、b、c的值;
```

例 4-11 视频讲解

```
    return 0;
    }
```

根据分析，对步骤（3）进行进一步细化，细化的伪代码如下：

```
/*（3）对这 3 个数进行两两比较，使之从小到大排序*/
if(a>b)
{    交换 a、b 的值；    }
if(a>c)
{    交换 a、c 的值；    }
if(b>c)
{    交换 b、c 的值；    }
```

根据上述伪代码，编写的程序代码如下：

```
#include <stdio.h>
int main()
{
    int a,b,c,t;                      //（1）声明变量 a、b、c、t

    printf("请输入 3 个整数: ");
    scanf("%d%d%d",&a,&b,&c);        //（2）输入 a,b,c 的值

    /*（3）对这 3 个数进行两两比较，使之从小到大排序*/
    if(a>b)
    {    t=a;a=b;b=t;    }            //交换 a、b 的值
    if(a>c)
    {    t=a;a=c;c=t;    }            //交换 a、c 的值
    if(b>c)
    {    t=b;b=c;c=t;    }            //交换 b、c 的值

    printf("排序后的 3 个整数为: ");
    printf("%d %d %d",a,b,c);        //（4）输出 a、b、c 的值

    return 0;
    }
```

程序用了 3 个 if 语句。前两个 if 语句把最小数放在 x 位置，第 3 个 if 语句将次小的数放在 y 的位置，剩下的 z 必然是最大的数了。如果是 4 个数，用此排序算法，将要用到 6 条 if 语句，随着数据的增加，程序将变得很复杂。如何优化排序算法，可利用第 6 章介绍的冒泡排序和选择排序。若要了解其他更多的排序算法，可以参阅其他相关资料。

4.7 本章小结

4.7.1 知识点小结

1. 关系运算符

关系运算符有<、<=、>、>=、==、!= 6 个。关系表达式的值只有"真"和"假"两种，分别用"1"和"0"表示。

2．逻辑运算符

C 语言提供了 3 种逻辑运算符：&&、||、!。其中，&&和||为双目运算符，具有左结合性，!为单目运算符，具有右结合性。

逻辑运算符的优先级：!→&&→||。

C 语言编译系统在给出逻辑运算结果值时，以"1"代表"真"，"0"代表"假"。但在判断一个量是"真"还是"假"时，以非"0"的数值作为"真"，以"0"代表"假"。

运算符&&严格按照结合性从左向右计算。当遇到某个子表达式的结果为"假"时，不再计算其他的子表达式，直接产生结果"假"。

运算符||严格按照结合性从左向右计算。当遇到某个子表达式的结果为"真"时，不再计算其他的子表达式，直接产生结果"真"。

3．条件运算符

条件运算符?:是一个三目运算符，即有 3 个参与运算的量，具有右结合性。其形式为：表达式 1?表达式 2:表达式 3。其求值规则为：如果表达式 1 的值为真，则以表达式 2 的值作为整个条件表达式的值，否则以表达式 3 的值作为整个条件表达式的值。

条件运算符?:是一对运算符，不能分开单独使用。

4．选择结构（分支结构）

选择结构是指在程序执行时，根据条件的不同，选择执行不同的程序语句，用于解决有选择、有转移的问题。

if 语句根据给定的条件进行判断，以决定执行某个分支，有 3 种形式。

（1）if(表达式) 语句；

（2）if(表达式)　语句 1; else　语句 2；

（3）if…else 语句，其中 if 语句用于实现多个分支选择的情况。

if 关键字之后的括号中均为表达式。该表达式通常是逻辑表达式或关系表达式，但也可以是其他表达式，如赋值表达式等，甚至也可以是一个变量。

如果想要在满足条件时执行多个语句，则必须把这一组语句用"{}"括起来组成一个复合语句。但要注意的是在"}"之后不能再加分号。

switch 语句是另一种用于多分支选择的语句，其一般形式如下。

```
switch(表达式)
{
    case 常量表达式1:语句1
    case 常量表达式2:语句2
    ……
    case 常量表达式n:语句n
    default:        语句n+1
}
```

在 switch 语句中，"case 常量表达式"只相当于一个语句标号，表达式的值和某标号相等则转向该标号执行。不能在执行完该标号的语句后自动跳出整个 switch 语句，所以继续执行所有后面的 case 语句。break 语句用于跳出 switch 语句。在每一条 case 语句之后增加 break 语句，可使程序在每执行一条 case 语句后均可跳出 switch 语句。switch 后面的表达式必须是整数类型表达式，如整型、字符型。case 后必须是整常量表达式，如整数常量、字符常量，并且整常量表达式的值不能相同，否则会出现错误。在 case 后，允许有多条语句，并且可以不用"{}"括起来。各 case 和 default 子句的先后顺序可以变动，并且 default 子句可以省略。

4.7.2　常见错误小结

常见错误小结见表 4.6。

表 4.6　常见错误小结

实例	描述	类型
`if(a>b);` 　`max=a;`	在 if 单分支选择语句的条件表达式的圆括号之后写了一个分号	逻辑错误

`if(a>b);`
　`max=a;`
`else`
　`max=b;`
	在 if...else 分支选择语句的条件表达式的圆括号之后写了一个分号	编译错误

`if(a>b)`
　`max=a;`
　`printf("max=%d\n",a);`
`else`
　`max=b;`
　`printf("max=%d\n",b);`
	在界定 if...else 语句后的复合语句时，没有使用花括号。由于 if 或 else 子句中只允许有一条语句，因此需要多条语句时必须用复合语句，即把需要执行的多条语句用一对花括号括起来	编译错误

`if(a=b)` 　`printf("a=b\n");`	if 语句的条件表达式中，表示相等条件时，将关系运算符"=="误用为赋值运算符"="	逻辑错误
`if(a= =b)` 　`printf("a=b\n");`	在关系运算符<=、>=、==和!=的中间加了空格	编译错误
`if(a=<b)` 　`printf("a=b\n");`	将关系运算符<=、>= 和!=的两个组成符号写反了，写成了=<、=>、=!	编译错误
`float x=1.1;` `if(x==1.1)`	用==或者!=测试两个浮点数是否相等，或者判断一个浮点数是否等于 0	逻辑错误
`if('a'<=ch<='z'`	误以为语法上合法的关系表达在逻辑上一定正确	逻辑错误

`switch(mark)`
`{`
　`case10:`
　`case9: printf("a\n");`
　　`break;`
　`case8: printf("b\n");`
　　`break;`
　`……`
`}`
	在 switch 语句中，case 和其后的常量中间缺少空格	编译错误

续表

实例	描述	类型
``switch(mark)
{
case 10:
case 9: printf("A\n");
case 8: printf("B\n");
……
}```	在 switch 语句中，当需要每个 case 分支单独处理时，缺少 break 语句	逻辑错误
``switch(mark)
{
case 100;
case 90~100:
printf("A\n");break;
case maker<90:
printf("B\n");break;
……
}```	在 switch 语句中，case 后的常量表达式用一个区间表示，或者出现了运算符（如关系运算符等）	编译错误

第 5 章 循环结构程序设计

在实际问题中，常常需要进行大量的重复处理，而循环结构可以让计算机反复执行同一段代码，从而完成大量雷同的计算。利用循环结构进行程序设计，一方面降低了问题的复杂性，减少了程序设计的难度；另一方面也充分发挥了计算机自动执行程序、运算速度快的特点。

5.1 猜数字游戏

上一章的例 4-6 只是简单地判断输入的数据与已知数据的大小，如果需要猜中给定的数据，必须多次执行程序。现增加游戏的可玩性，即由计算机产生一个随机数，我们根据计算机的提示重复多次猜测数据，直到猜对为止。

【例 5-1】升级版猜数字游戏。

```
#include <stdio.h>
#include<stdlib.h>
#include<time.h>
int main()
{
    int c_number,y_number;

    srand((unsigned)time(NULL));      //随机数种子
    c_number = rand() %10+1;          //产生 1~10 之间的随机数

    printf("Input your number:");
    scanf("%d",&y_number);

    while(c_number!=y_number)         //重复输入猜测数据，直到猜测成功
    {
        if(c_number>y_number)
            printf("<\n");
        else
            printf(">\n");
        printf("Input your number again:");
        scanf("%d",&y_number);
    }
    printf("You succeeded! .\n");
    return 0;
}
```

例 5-1 视频讲解

在上面的程序中，语句 while(c_number!=y_number)表示的意思是当 c_number!=y_number 时，重复执行 while 语句后大括号内的程序段（循环体），直到 c_number==y_number，程序才终止执行 while 语句后大括号内的程序段。这就是本章介绍的循环结构。

课程思政：循环的本质是重复，但不是简单无意义的重复，这其中有"量变引起质变"的马克思哲学观。通过循环结构程序设计的实例，学生切实感受到了"重复和坚持的力量"，增强了学习兴趣，并有所感悟。

循环是计算机解题的一个重要特征，由于计算机运行速度快，适合做重复性的工作，当进行程序设计时，可以把复杂的不易理解的求解过程转换为容易理解的多次重复的操作，降低问题的复杂度，同时也减少程序书写及输入的工作量。

5.2 3 种循环结构

实际应用中的许多问题都会涉及重复执行一些操作，如级数求和、穷举或迭代求解等。若需重复处理的次数是已知的，则为计数控制循环（counter controlled loop）。若重复处理的次数是未知的，是由给定条件控制的，称为条件控制循环（condition controlled loop）。

循环结构通常有两种类型：一种是当型循环结构，另一种是直到型循环结构。C 语言提供了 for、while、do…while 3 种循环语句来实现循环结构。

5.2.1 while 语句

由 while 语句构成的循环称为 while 循环，while 循环是当型循环结构。它的一般格式如下：

```
while(表达式)
   {循环体语句}
```

执行过程：首先计算控制表达式的值。如果值不为"0"（即真值），那么执行循环体，接着再次判定表达式的值。这个过程（先判定控制表达式，再执行循环体）持续进行，直到控制表达式的值为"0"才停止。

其循环结构的基本流程如图 5.1 所示。

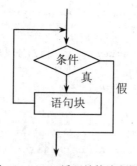

图 5.1 while 循环结构流程图

 说明

（1）while 后一对圆括号中的表达式称为循环条件，由它来控制循环是否执行，它可以是 C 语言中任意合法的表达式。

（2）循环体语句可以是一条语句，也可以是由"{}"括起来的多条语句。

【例 5-2】从键盘输入 n，然后计算并输出 1+2+3+…+n 的值。

分析：将 n 个数相加，用 n 个变量存储 n 个数值再进行相加的方法显然是不现实的。首先，不知道 n 的值是多少，因此不知道该定义多少个变量；其次，即使 n 的值是确定的，如果 n 的值较大，那么需要定义的变量就会很多。而且当 n 的值增大时，需要定义变量的数目也要增加。如果采用循环的办法，每次循环都是在前一次求和的基础上继续累加下一个数，那么循环 n 次就能实现 n 个数相加，此时只需要定义 3 个变量就够了，这种累加求和的方法的程序伪代码如下：

例 5-2 视频讲解

```
#include <stdio.h>
int main()
{
    （1）定义变量 n 和累加器 sum；
    （2）定义累加次数计数器 i，置初值为 1；
    （3）累加器 sum 清零；
    （4）输入 n 的值；
    （5）累加求和，从 1 一直加到 n，结果存入 sum 中；
    （6）输出累加器 sum 的值；
    return 0;
}
```

步骤（5）可以用一个循环过程来实现，细化后的伪代码如下：

```
/* （5）累加求和，从 1 一直加到 n，结果存入 sum 中 */
循环 n 次
{
    sum=sum+i；     //做累加运算
    i++；           //累加计数器 i 加 1
}
```

根据上述伪代码，编写的程序代码如下：

```
#include<stdio.h>
int main()
{
    int n,sum;              //（1）定义变量 n 和累加器 sum
    int i=1;                //（2）定义累加计数器 i，置初值为 i=1
    sum=0;                  //（3）累加器 sum 清零
    printf("Input n:");
    scanf("%d",&n);         //（4）输入 n 的值

    while(i<=n)             //（5）累加求和，从 1 一直加到 n，结果存入 sum 中
    {
        sum=sum+i;          //做累加运算
        i++;                //累加计数器加 1
    }

    printf("sum=%d\n",sum); //（6）输出累加器 sum 的值
    return 0;
}
```

程序运行结果：

```
Input n:100✓
sum=5050
```

这里赋值运算符两侧的 sum 虽然是同一个变量名，但对右侧的 sum 是读操作，对左侧的 sum 是写操作，即先读取变量 sum 的当前值，加上 i 后，再写回到变量 sum 中，而原来 sum 中的值被新写入的值所覆盖。令 sum 初值为 0，并让 i 值从 1 变化到 n，这样经过 n 次循环递推即可得到结果。上面的程序中，sum 被定义为整型变量，要求输入 n 的值时不能太大，否则在求和时 sum 的值会溢出。

课程思政：循环语句在一定的条件下总会结束，否则就形成了无限循环，也就是死循环。人生不要一条道走到底，要抬头看路，一定要在适当的时候退出。

5.2.2 do...while 语句

由 do...while 语句构成的循环称为 do...while 循环，这是一种直到型循环结构。do...while 语句的特点是先执行循环体，后判断循环条件是否成立。其一般格式如下：

```
do
{
    循环体语句
}while(表达式);
```

do...while 循环结构执行的过程：先执行循环体语句一次，然后判断条件表达式是否成立，若为"真"（非 0），则表示循环条件满足，继续执行循环体语句块。如此重复循环，直至表达式的值为"假"（0），退出循环，再执行后继语句。

其执行的流程图如图 5.2 所示。

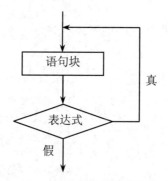

图 5.2 do...while 循环结构流程图

 说明

（1）do 是 C 语言的关键字，必须与 while 联合使用。

（2）与 while 语句不同，do...while 语句从 do 开始，到 while 结束。因此，while(表达式)后的分号（；）不能缺少。而 while 语句中 while(表达式)后若加分号，则表示循环体为空语句。

【例5-3】从键盘输入 n，然后计算并输出 1+2+3+…+n 的值。

程序伪代码参见例 5-2，用 do…while 语句实现的代码如下：

例 5-3 视频讲解

```c
#include<stdio.h>
int main()
{
    int n,sum;                  //（1）定义变量 n 和累加器 sum
    int i=1;                    //（2）定义累加计数器 i，置初值为 1
    sum=0;                      //（3）累加器 sum 清零
    printf("Input n:");
    scanf("%d",&n);             //（4）输入 n 的值

    do                          //（5）累加求和，从 1 一直加到 n，结果存入 sum 中
    {
        sum=sum+i;              //做累加运算
        i++;                    //累加计数器加 1
    } while(i<=n);

    printf("sum=%d\n",sum);     //（6）输出累加器 sum 的值
    return 0;
}
```

【例5-4】分别用 while 和 do…while 语句求 n+(n+1)+…+10。从键盘输入不同的 n，观察输出结果。

源程序 a（用 while 语句实现）的程序代码如下：

例 5-4 视频讲解

```c
/*用 while 语句求 n+(n+1)+…+10*/
#include<stdio.h>
int main()
{
    int n,sum=0;                //定义整型变量 n 和 sum
    printf("please input n=");  //输入 n 的值
    scanf("%d",&n);

    while(n<=10)                //当表达式成立时执行循环体
    {
        sum=sum+n;              //累计求和
        n++;                    //循环变量增加 1
    }

    printf("sum=%d\n",sum);     //输出数列求和结果
    return 0;
}
```

源程序 b（用 do…while 语句实现）的程序代码如下：

```c
/*用 do…while 语句求 n+(n+1)+…+10*/
#include<stdio.h>
int main()
{
    int n,sum=0;                //定义整型变量 n 和 sum
    printf("please input n=");  //输入 n 的值
```

```
        scanf("%d",&n);

        do
        {
            sum=sum+n;              //累计求和
            n++;                    //循环变量增加 1
        }while(n<=10);              //当表达式成立时执行循环体

        printf("sum=%d\n",sum);  //输出数列求和结果
        return 0;
    }
```

　　由以上两例可以看到，对同一个问题可以使用 while 语句，也可以使用 do...while 语句。do...while 语句可以看作是由一个复合语句加上一个 while 结构构成的。在一般情况下，用 while 语句和用 do...while 语句处理同一问题时，若两者的循环部分一样，则它们的结果也一样。例如，当输入 n=1 时，程序 a、程序 b 运行结果都为 sum=55。但是如果 while 后面的表达式一开始就为"假"（0），那么两种循环的结果就不相同了。例如，当输入 n=11 时，程序 a 的结果为 sum=0；程序 b 的结果为 sum=11。

　　由此可以得到结论：当 while 后面的表达式的第一次的值为"真"时，两种循环得到的结果相同；否则，两者结果不相同（指两者在具有相同的循环体的情况下）。

　　课程思政：循环边界值的变化导致程序运行结果相差巨大。因此，学习一定要脚踏实地，养成一丝不苟、严谨细致、反复推敲思考的习惯。

5.2.3　for 语句

　　由 for 语句构成的循环结构通常被称为 for 循环，它是一种当型循环结构。C 语言中的 for 语句是使用最灵活的，不仅可以用于循环次数已经确定的情况，还可以用于循环次数不确定而只给出循环结束条件的情况。它完全可以代替 while 语句。for 循环语句的一般格式如下：

```
        for(表达式 1;表达式 2;表达式 3)
        {
            循环体语句
        }
```

　　其中，for 是 C 语言的关键字，其后圆括号内通常有 3 个表达式，主要用于 for 循环控制。表达式之间用分号隔开，表达式是 C 语言中任何合法的表达式。一般情况下，表达式 1 为循环变量赋初值；表达式 2 是循环条件；表达式 3 用于修改循环变量值。for 下面的语句为循环体。循环体多于一个语句时，要用复合语句表示。

　　for 循环语句的执行过程如下：

　　（1）计算表达式 1 的值。

　　（2）计算表达式 2 的值。若表达式 2 的值为"真"（非 0），则执行步骤（3）；若表达式 2 的值为"假"（0），则执行步骤（5）。

　　（3）执行循环体语句。

　　（4）执行表达式 3，然后返回步骤（2）。

　　（5）for 循环结束，执行循环结构后面的语句。

　　for 循环结构流程图如图 5.3 所示。

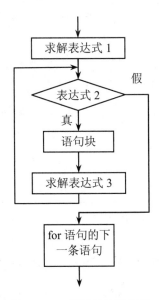

图 5.3　for 循环结构流程图

【例 5-5】从键盘输入 n，然后计算并输出 1+2+3+…+n 的值。

根据例 5-2 的伪代码进行修改，修改后的伪代码如下：

```
#include <stdio.h>
int main()
{
    （1）定义变量 n、累加器 sum 和累加计数器 i；
    （2）累加器 sum 清零；
    （3）输入 n 的值；

    /*累加求和，从 1 一直加到 n，结果存入 sum 中*/
    （4）for(累加计数器 i=1;i<=n;累加计数器加 1)
    {
        sum=sum+i;    //累加求和
    }

    （5）输出累加器 sum 的值；
    return 0;
}
```

例 5-5 视频讲解

根据上述伪代码，编写的程序代码如下：

```
#include<stdio.h>
int main()
{
    int n,sum,i;                 //（1）定义变量 n 和累加器 sum
    sum=0;                       //（2）累加器 sum 清零

    /*（3）输入 n 的值*/
    printf("Input n:");
    scanf("%d",&n);
```

```
/*（4）累加求和，从1一直加到n，结果存入sum中*/
for( i=1;i<=n;i++)
{
    sum=sum+i;                      //累加求和
}
printf("sum=%d\n",sum);             //（5）输出累加器sum的值
return 0;
}
```

 说明

（1）for循环中的表达式1、表达式2和表达式3都是可选项，可以省略，但";"不能省略。如for(;;)。

（2）省略表达式1，表示不对循环控制变量赋初值，例如：
```
i=1;
for( ;i<=n;i++)
sum=sum+i;
```

（3）若省略表达式2，则取消了结束循环的条件。此时，如果循环体中没有终结循环的处理，便形成死循环，例如：
```
for(i=1; ;i++)
sum=sum+i;
```

（4）若省略表达式3，则不对循环控制变量进行操作，这时可在循环体语句中加入修改循环控制变量的语句，例如：
```
for(i=1;i<=n;)
{
    sum=sum+i;
    i++;
}
```

（5）表达式1可以是设置循环变量初值的赋值表达式，也可以是其他表达式，例如：
```
i=1;
for(sum=0;i<=n;i++)
    sum=sum+i;
```

（6）表达式1和表达式3可以是逗号表达式，例如：
```
for(i=1,sum=0;i<=n;sum=sum+i,i++);
```

（7）表达式2也可以是数值表达式或字符表达式，只要其值非零，就可以执行循环体，例如：
```
for(;(c=getchar())!='\n';)
    printf("%c",c);
```

循环次数事先已知的循环称为计数控制的循环。习惯上，用for语句编写计数控制的循环更简洁方便。如例5-5就是一个计数控制的循环，除了累加求和问题外，累乘求积问题也通常需要使用计数控制的循环来编程解决。

【例 5-6】 编写一个程序，从键盘输入 n，然后计算 n!并输出。

分析：这是一个循环次数已知的累乘求积问题。当 n 已知时，为了计算 n!，首先需计算 1!，然后用 1!*2 得到 2!，再用 2!*3 得到 3!，以此类推，直到(n-1)!*n 为止。

```
#include <stdio.h>
int main()
{
    int i,n;                    //（1）声明整型变量 i、n
    long f=1;                   //（2）声明长整型变量 f

    printf("please input n:");
    scanf("%d",&n);             //（3）输入变量 n 的值

    for(i=1;i<=n;i++)           //（4）累乘，从 1 一直乘到 n，结果存入 f 中
    {   f=f*i;    }

    printf("%d!=%ld\n",n,f);//（5）输出 n!

    return 0;
}
```

例 5-6 视频讲解

程序中，f 声明为长整型，如果声明为整型或短整型，容易出现溢出现象。

5.2.4　3 种循环语句的比较

while、do…while、for 3 种循环语句都可以实现循环结构程序设计，这 3 种语句有哪些区别呢？我们在设计循环结构程序时应该怎样选择恰当的循环语句呢？

（1）3 种循环语句都可以用于处理同一个问题，一般情况下它们可以互相代替。

（2）当使用 while 和 do…while 循环语句时，循环变量初始化的操作应该在 while 和 do…while 语句之前完成，而 for 循环语句可以在表达式 1 中实现循环变量的初始化。

（3）while 和 do…while 循环语句只在 while 后面指定循环条件，在循环体中应包含使循环结束的语句。

（4）do…while 循环语句和 while 循环语句的区别在于：do…while 是先执行后判断，因此 do…while 至少要执行一次循环体；而 while 是先判断后执行，如果条件不满足，则可能一次循环体语句也不执行。

（5）for 循环语句可以在表达式 3 中包含使循环趋于结束的语句，甚至可以将循环体中的操作放到表达式 3 中。因此，for 语句的功能最强，凡用 while 和 do…while 循环语句完成的操作，均可以用 for 循环语句实现。

5.3　循环的嵌套

一个循环体内又包含另一个完整的循环结构，称为循环的嵌套。所谓"包含"是指一个循环结构完全在另一个循环结构的里面。通常把里面的循环称为"内循环"，外面的循环称为"外循环"。3 种循环结构可以互相嵌套，但是层次要清楚，不能出现交叉。例如，以下几种都是合法的形式。

```
(1)
while()
{
    while()
    {…}
}
```

```
(2)
do
{
    while()
    {…}
}while();
```

```
(3)
for(;;)
{
    for(;;)
    {…}
}
```

```
(4)
while()
{
    do
    {…}while();
}
```

```
(5)
for(;;)
{
    while()
    {…}
}
```

```
(6)
do
{
    for(;;)
    {…}
}while();
```

【例5-7】输出10行，每行都输出"1、2、3、4、5"5个数字。

分析：可以用一个循环语句，实现输出5个数字，然后将这项工作重复10次，即在循环外面加一个循环。

根据题意，程序的伪代码如下：

例5-7 视频讲解

```
#include<stdio.h>
int main()
{
    (1)定义变量i、j作循环控制变量；
    (2)循环10次；
    {
        使用循环语句，输出"1、2、3、4、5"5个数字；
        printf("\n");
    }
    return 0;
}
```

现在对步骤（2）进行进一步细化，细化后的伪代码如下：

```
/*（2）循环10次*/
for(i=1;i<=10;i++)
{
    for(j=1;j<=5;j++)          //使用循环语句，输出"1、2、3、4、5"5个数字
        printf("%3d",j);
    printf("\n");
}
```

根据上述伪代码，编写的程序代码如下：

```
#include<stdio.h>
int main()
{
    int i,j;                   //（1）定义变量i、j作循环控制变量
    /*（2）循环10次*/
    for(i=1;i<=10;i++)
    {
        for(j=1;j<=5;j++)      //使用循环语句，输出"1、2、3、4、5"5个数字
            printf("%3d",j);
```

```
        printf("\n");
    }
    return 0;
}
```

上例中，在一个 for 循环语句的循环体中又包含了另一个 for 循环语句，组成了一个嵌套循环。执行嵌套循环时，先由外层循环进入内层循环，并在内层循环终止之后接着执行外层循环，再由外层循环进入内层循环，如此重复，直到外层循环全部终止时，程序结束。

在涉及嵌套循环时，为了保证其逻辑上的正确性，嵌套的各层循环体中应使用复合语句，即用一对花括号将循环体语句括起来，并且在一个循环体内必须完整地包含另一个循环。

【例 5-8】演示嵌套循环的执行过程。

例 5-8 视频讲解

```
#include <stdio.h>
int main()
{
    int i,j;

    for(i=0;i<3;i++)          //控制外层循环执行 3 次
    {
        printf("i = %d: ",i);
        for(j=0;j<4;j++)      //控制内层循环执行 4 次
        {
            printf("j= %d ",j);
        }
        printf("\n");
    }

    return 0;
}
```

程序运行结果：

```
i = 0: j= 0 j= 1 j= 2 j= 3
i = 1: j= 0 j= 1 j= 2 j= 3
i = 2: j= 0 j= 1 j= 2 j= 3
```

输出结果中的第 1 列表明了外层循环控制变量 i 的变化情况和执行次数，即外层循环执行了 3 次，循环变量 i 由 0 变化到 2；而第 2～5 列则表明了在每一次执行外层循环时，内层循环控制变量 j 的变化情况和执行次数，即内层循环执行了 4 次，循环控制变量 j 由 0 变化到 3。由于外层循环被执行了 3 次，因此"j=0 j=1 j=2 j=3"也被输出了 3 次。可以看出，对于双重嵌套的循环，其总的循环次数等于外层循环次数和内层循环次数的乘积。

如果将上述程序中内层循环的控制变量 j 改为 i，那么程序将输出如下运行结果：

```
i = 0: i= 0 i= 1 i= 2 i= 3
```

这是因为当外层循环控制变量 i 为 0 时，程序开始执行内层循环，由于内、外层循环控制变量同名，因此当内层循环结束后外层循环的控制变量 i 变成了 4，不再满足 i<3 这个条件，从而导致外层循环仅被执行一次就结束了。因此，为避免造成混乱，嵌套循环的内层和外层的循环控制变量不应同名。

请读者自己动手，用 while 语句作外循环、do...while 语句作内循环改写上面程序。

5.4 流程的转移控制

C 语言提供的转移控制语句，除了前面介绍的 if...else 语句、switch 语句、while 语句、do...while 语句、for 语句外，还有 goto 语句、break 语句和 continue 语句，它们主要用于控制程序的转向。在结构化程序设计中，要限制 goto 语句的使用。对于 break 语句和 continue 语句，要深刻理解它们在循环语句中的应用。

5.4.1 goto 语句

goto 语句为无条件转向语句，它使系统转向标号所在的语句行执行。其一般格式如下：

```
goto 语句标号;
```

语句标号用标识符表示，它的命名规则与变量的命名规则相同，即由字母、数字和下划线组成。其第一个字符必须为字母或下划线，不能用整数来作标号。

结构化程序设计方法主张限制使用 goto 语句，因为滥用 goto 语句将使程序流程无规律、可读性差。但是，也不会绝对禁止使用 goto 语句。一般来说，goto 语句有以下两种用途。

（1）与 if 语句一起使用，构成循环结构。

【例 5-9】用 if 语句和 goto 语句构成循环结构，求 1+2+3+…+100。

此问题的算法比较简单，可以直接写出程序，程序代码如下：

```c
#include<stdio.h>
int main()
{
    int i,fum=0;
    i=1;

    loop: if(i<=100)
    {
        fum=fum+i;
        i++;
        goto loop;
    }
    printf("%d",fum);
    return 0;
}
```

程序运行结果：

```
5050
```

（2）从循环体中跳转到循环体外，但在 C 语言中可以使用 break 语句和 continue 语句跳出本层循环和结束本次循环。goto 语句的使用机会已大大减少，只有需要从多层循环的内层循环直接跳出时才用到 goto 语句。但是这种用法不符合结构化原则，一般不宜采用。

5.4.2 break 语句

break 语句可以使流程跳出 switch 结构，继续执行 switch 语句下面的一个语句。实际上，

break 语句还可以用于从循环体内跳出循环体，即提前结束循环，然后继续执行循环体后面的语句。

break 语句的一般格式如下：

```
break;
```

break 语句在循环结构中的功能是终止当前的循环，转向后续语句执行。下面给出各种循环语句中 break 语句的执行流程，如图 5.4 所示。

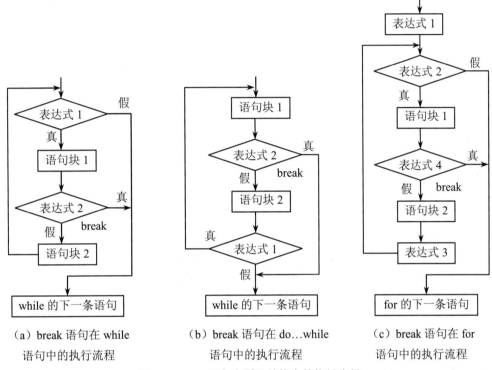

（a）break 语句在 while　　　（b）break 语句在 do...while　　　（c）break 语句在 for
　语句中的执行流程　　　　　　语句中的执行流程　　　　　　语句中的执行流程

图 5.4　break 语句在循环结构中的执行流程

```
while(表达式 1)
{
    语句 1
    if(表达式 2) break;
    语句 2
}
do
{
    语句 1
    if(表达式 2) break;
    语句 2
}while(表达式 1);
for(表达式 1;表达式 2;表达式 3)
{
    语句 1
```

```
            if(表达式4) break;
            语句2
    }
```

【例5-10】break语句的使用。程序代码如下：

```
#include<stdio.h>
int main()
{
    int i,counter=0;
    for(i=1;i<100;i++)
    {
        if(i%3==0&&i%5==0)
        {
            printf("%3d",i);
            counter++;
        }
        if(counter==3)
            break;
    }
    return 0;
}
```

例5-10视频讲解

这个程序将在屏幕上显示15 30 45，然后中止。因为break语句迫使循环立即结束，虽然条件i<100还没有达到，但是其余的循环将不再继续执行。需要注意的是，在多重循环中使用break语句时，程序流程将仅退出break语句所在的那层循环，即一条break语句不能使程序流程退出一层以上的循环。

break语句不能用于循环语句和switch语句之外的任何其他语句中。

5.4.3　continue语句

continue语句的一般格式如下。

```
continue;
```

continue语句只能用在循环结构中，其作用是结束本次循环，即不再执行循环体中continue语句之后的语句，而是立即转入对循环条件的判断与执行。

```
while(表达式1)
{
    语句1
    if(表达式2)continue;
    语句2
}

do
{
    语句1
    if(表达式2)continue;
    语句2
}while(表达式1);
```

```
for(表达式1;表达式2;表达式3)
{
    语句1
    if(表达式4) continue;
    语句2
}
```

continue 语句和 break 语句的区别：continue 语句只能结束本次循环，而不是终止整个循环的执行；而 break 语句则是结束整个循环过程，不再判断执行循环的条件是否成立。下面给出了 continue 语句用于各种循环结构的情况及执行流程，如图 5.5 所示。

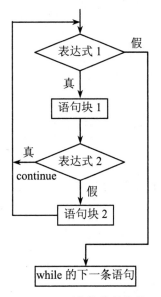

（a）while 语句块执行流程

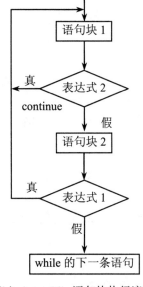

（b）do...while 语句块执行流程

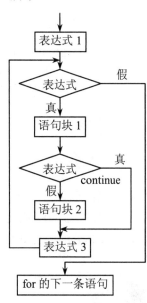

（c）for 语句块执行流程

图 5.5　continue 语句执行流程

【例 5-11】求下面程序中 while 循环的循环次数。

```c
#include<stdio.h>
int main()
{
    int i=0;
    while(i<10)
    {
        if(i<1)
            continue;
        if(i==5)
            break;
        i++;
    }
    return 0;
}
```

例 5-11 视频讲解

分析：形成循环必须有循环开始和终止条件，这个程序用 i 作为循环变量，意图通过 i 自增来使循环达到终止条件，第一次循环时 i=0，满足循环条件，进入循环体，i 又满足 if 条件，执行 continue 语句，结束本次循环；然后，回到判断循环条件，这时的 i 值仍然是 0，条件成立，仍然重新执行上述过程。但这个程序最大的问题在于，控制循环次数的变量 i 始终没有得到执行的机会，i 的值不发生变化，所以这是一个死循环，不能确定循环的次数。

【例 5-12】以下程序的功能是输出 1～20 之间能被 3 整除的数。

```c
#include<stdio.h>
int main()
{
    int i;
    for(i=1;i<=20;i++)
    {
        if(i%3!=0)
            continue;
        printf("%3d",i);
    }
    return 0;
}
```

程序运行结果：

```
3 6 9 12 15 18
```

程序开始运行时，i=1，i%3!=0 成立，执行 continue 语句结束本次循环；执行 i++修改循环变量，i=2，i%3!=0 的表达式值为 1，再执行 continue 语句，跳转到下一次循环；当 i=3 时，i%3!=0 的表达式的值为 0，则执行 printf("%d",i)函数，依次执行，凡遇到 i%3!=0 就跳过当前循环。

注意

break 语句与 continue 语句的区别：

（1）break 语句终止当前循环，执行循环体外的第一条语句；而 continue 语句是终止本次循环，继续执行下一次循环。

（2）break 语句可以用于 switch 语句，而 continue 语句不可以。

5.4.4 exit 函数

除了 goto、break、continue 流程控制语句外，C 语言中的标准库函数 exit 函数也可用于控制程序的流程。为了在程序中调用该函数，需要在程序开头包含头文件<stdlib.h>。exit 函数的一般调用格式如下：

```c
exit(int state);
```

exit 函数的作用是终止程序的执行，强制返回操作系统，并将 int 型参数 state 的值传送给调用进程（一般为操作系统）。当 state 值为 0 或为宏常量 EXIT_SUCCESS 时，表示程序正常退出；当 state 值为非 0 值或为宏常量 EXIT_FAILURE 时，表示程序出现某种错误后退出。

5.5　循环结构程序举例

循环结构是程序设计的基本结构之一。运用循环结构时，通常会设计一些常见的算法，下面通过一些应用举例来说明穷举法、迭代法、累加累乘法、打印有规律的图形和综合运用中是如何使用循环结构的。在实际的应用中，这些方法没有严格的界限，常常互相融合，可根据具体的问题灵活使用。

5.5.1　枚举法

枚举法又称为列举法、穷举法。枚举法是蛮力策略的具体体现，故又称为蛮力法，是一种简单而直接地解决问题的方法。其基本思路是逐一列举问题的所有情形，并根据问题提出的条件逐一检查哪些是问题的解。枚举法常用于解决"是否存在"或"有多少种可能"等问题。其中许多实际应用问题靠人工推算求解是不可想象的，而应用枚举法可以充分发挥计算机运算速度快、擅长重复操作的优点，且简洁明了。

枚举法的特点是算法设计比较简单，只要一一列举问题所涉及的所有情形即可。应用枚举法时，应注意对问题所涉及的有限种情形进行一一列举，既不能重复，又不能遗漏。重复列举不仅耗费时间，还会引发增解，影响解个数的准确性；而列举的遗漏可直接导致问题解的遗漏。

密码破译可以通过枚举法来完成，简单地说，就是将密码进行一个一个的尝试，直到找出真正的密码为止。比如一个三位且全部是由数字组成的密码共有 1000 种可能。也就是说，最多尝试 1000 次就能找到真正的密码，而运用计算机来破解密码，只是时间的问题。

一个几十位且可能由大、小写字母，数字以及一些特殊符号组成的密码，其组合方法可能有几千万亿种组合。普通的家用计算机可能需用几个月甚至更多的时间来破译，此时需要更高性能的计算机。

课程思政：网络信息安全问题是一个关系国家安全和主权、社会稳定、民族文化继承和发扬的重要问题。其重要性正随着全球信息化步伐的加快日益凸显。网络信息安全是一门涉及计算机科学、网络技术、通信技术、密码技术、信息安全技术、应用数学、数论、信息论等多种学科的综合性学科。

【例 5-13】如果一个箱子的密码为 3 位数字，密码随机生成，试编写程序进行密码破译。

分析：随机生成的 3 个数都是 0~9，对所有满足条件的 3 个数进行逐一验证。程序伪代码如下：

例 5-13 视频讲解

```
#include <stdio.h>
int main()
{
    （1）定义变量 m、n、k、x、y 和 z，分别表示密码和所猜的密码；
    （2）随机生成 3 个数赋值给 m、n、k；
    （3）使用循环，x 从 0 变化到 9；
    {
        使用循环，y 从 0 变化到 9
        {
```

```
使用循环，z 从 0 变化到 9
{
    如果 x==m，y==n 且 z==k
    {   输出破解的密码    }
}
}
}
（4）return 0;
}
```

根据上述伪代码，编写的程序代码如下：

```
#include<stdio.h>
#include<stdlib.h>
#include<time.h>
int main()
{
    int m,n,k,x,y,z;    //（1）定义变量m、n、k、x、y和z，分别表示密码和所猜的密码
    srand(time(NULL));

    /*（2）随机生成3个数赋值给m、n、k */
    m=rand()%10;
    n=rand()%10;
    k=rand()%10;

    for(x=0;x<=9;x++)                       //（3）使用循环，x 从 0 变化到 9
    {
        for(y=0;y<=9;y++)                   //使用循环，y 从 0 变化到 9
        {
            for(z=0;z<=9;z++)               //使用循环，z 从 0 变化到 9
            {
                if(x==m&&y==n&&z==k)        //如果 x==m，y==n 且 z==k
                {
                    printf("密码破解成功! \n");   //输出破解的密码
                    printf("密码为%d%d%d",x,y,z);
                }
            }
        }
    }
    return 0;
}
```

程序采用三重循环的办法列举所有可能的解，总共需要列举 $10\times10\times10=1000$ 次，但是当我们猜中密码时，程序可以使用 goto 语句提前结束三重循环，减少程序的执行时间，提高程序的效率。

```
for(x=0;x<=9;x++)
{
    for(y=0;y<=9;y++)
    {
        for(z=0;z<=9;z++)
```

```
        {
            if(x==m&&y==n&&z==k)
            {
                printf("密码破解成功！\n");
                printf("密码为%d%d%d",x,y,z);
                goto Loop;          //goto语句结束三重循环
            }
        }
    }
}
Loop:
```

【例 5-14】我国古代数学家张丘建在《算经》一书中曾提出过著名的"百钱买百鸡"问题，该问题叙述如下：鸡翁一，值钱五；鸡母一，值钱三；鸡雏三，值钱一；百钱买百鸡，则翁、母、雏各几何？

翻译过来，意思是公鸡一个五块钱，母鸡一个三块钱，小鸡三个一块钱，现在要用一百块钱买一百只鸡，问公鸡、母鸡、小鸡各多少只？

分析：如果用数学的方法解决百钱买百鸡的问题，可将该问题抽象成方程式组。设公鸡 x 只，母鸡 y 只，小鸡 z 只，得到以下方程组：

A：$5x+3y+z/3 = 100$

B：$x+y+z = 100$

C：$0 \leqslant x \leqslant 100$

D：$0 \leqslant y \leqslant 100$

E：$0 \leqslant z \leqslant 100$

例 5-14 视频讲解

如果用解方程的方式解这道题需要进行多次猜解，计算机的一个优势就是计算速度特别快。因此我们用枚举法的方式来解题。

```
#include<stdio.h>
int main()
{
    （1）声明变量x、y、z，分别表示公鸡、母鸡和小鸡的数量；
    （2）使用循环，x 从 0 变化到 100
    {
        使用循环，y 从 0 变化到 100
        {
            使用循环，z 从 0 变化到 100
            {
                如果 x+y+z==100 且 5*x+3*y+z/3==100 且 z%3==0
                    输出 x、y、z 的值；
            }
        }
    }
    （3）return 0;
}
```

根据上述伪代码，编写的程序代码如下：

```
#include <stdio.h>
int main()
{
    int x, y, z;                //（1）声明变量 x、y、z，分别表示公鸡、母鸡和小鸡的数量

    printf("百元买百鸡的问题所有可能的解如下: \n");
    for( x=0; x <= 100; x++ )        //（2）使用循环，x 从 0 变化到 100
    {for( y=0; y <= 100; y++ )       //使用循环，y 从 0 变化到 100
        {for( z=0;z <= 100; z++ )        //使用循环，z 从 0 变化到 100
            {  if( 5*x+3*y+z/3==100 && z%3==0 && x+y+z==100 )
                {  printf("公鸡 %2d 只，母鸡 %2d 只，小鸡 %2d 只\n", x,y,z); }
            }
        }
    }

    return 0;
}
```

程序运行结果：

```
百元买百鸡的问题所有可能的解如下:
公鸡  0 只，母鸡 25 只，小鸡 75 只
公鸡  4 只，母鸡 18 只，小鸡 78 只
公鸡  8 只，母鸡 11 只，小鸡 81 只
公鸡 12 只，母鸡  4 只，小鸡 84 只
```

程序中采用三重循环的办法列举所有可能的解，总共需要列举 $101 \times 101 \times 101$ 次，但是根据题目的要求知 $x \leqslant 20$、$y \leqslant 33$，同时当知道 x 和 y 的数量时，根据 $z=100-x-y$ 可以求出 z 的数量，程序的执行效率可以得到优化。

```
for( x=0; x <= 20; x++ )            //（2）使用循环，x 从 0 变化到 100
    {for( y=0; y <= 33; y++ )       //使用循环，y 从 0 变化到 100
        {z=100-x-y;
            if( 5*x+3*y+z/3==100 && z%3==0  )
            {
                printf("公鸡 %2d 只，母鸡 %2d 只，小鸡 %2d 只\n", x,y,z);
            }
        }
    }
```

此算法只列举了 $20 \times 33=660$ 次，大大缩短了程序运行时间。

课程思政：中国自古就有著书立说的传统，唐代以前的数算著作大多冠以"算经"二字，故统称为《算经》。唐代曾在国子监设立算学馆，以汉唐年间出现的十部数学著作作为教材，称为"算经十书"。这十部书分别为《周髀算经》《九章算术》《孙子算经》《五曹算经》《夏侯阳算经》《张丘建算经》《海岛算经》《五经算术》《缀术》和《缉古算经》。算经十书基本囊括了唐代及唐代以前的数学成就，其中《周髀算经》和《九章算术》是最重要的两部著作。

【例 5-15】 输出 100～200 之间所有的素数。

分析：素数是除 1 和它本身之外不能被其他任何整数整除的正整数。由素数的定义很容易确定判定素数的方法：对于自然数 m，只要依次测试其能否被 2，3，…，m-1 整除即可，

例 5-15 视频讲解

在测试中，若遇到能够整除的情况，则 m 不是素数，测试过程即可停止，否则 m 是素数（事实上，如果 m 不能被 $2\sim\sqrt{m}$ 之间的所有整数除尽，则 m 必是素数）。程序伪代码如下：

```
#include<stdio.h>
int main()
{
    (1)定义变量m、n、k、i;
    (2)for(m=101;m<=200;m=m+2)      //偶数不是素数，所以 m 每次增加 2
    {
        判断m是否为素数;
    }
    return 0;
}
```

根据分析进一步细化步骤（2），细化的伪代码如下：

```
for(m=101;m<=200;m=m+2)          //偶数不是素数，所以 m 每次增加 2
{
    /*判断m是否为素数*/
    (2.1)for(i=2;i<=√m ;i++)
            if(m能被i整除)，则 m 不是素数，结束内循环，此时 i<=√m ;
    (2.2)if(i>=√m +1)
            m是素数，输出;
}
```

根据上述伪代码，编写的程序代码如下：

```
#include<stdio.h>
#include <math.h>
int main()
{
    int m,k,i,n=0;
    for(m=101;m<=200;m=m+2)          //偶数不是素数，所以 m 每次增加 2
    {
        k=sqrt(m);                   //求 m 的开方

        /*判断m是否为素数*/
        for(i=2;i<=k;i++)
        {
            if(m%i==0)               //m 不是素数，结束内循环
                break;
        }
        if(i>=k+1)
        {
            printf("%4d",m);
            n=n+1;
        }

        if(n%10==0)                  //每行输出 10 个数
            printf("\n");
```

```
    }
    printf("\n");
    return 0;
}
```

程序运行结果：

```
101 103 107 109 113 127 131 137 139 149
151 157 163 167 173 179 181 191 193 197
199
```

 说明

素数是 RSA 算法最基础的部分。RSA 算法是一种非对称加密算法。在公开密钥加密和电子商业中，RSA 算法被广泛使用。RSA 算法是 1977 年由罗纳德·李维斯特（Ron Rivest）、阿迪·萨莫尔（Adi Shamir）和伦纳德·阿德曼（Leonard Adleman）一起提出的。当时他们三人都在麻省理工学院工作。RSA 是由他们三人姓氏开头的字母拼在一起组成的。

5.5.2 迭代法

迭代法也称辗转法，其基本思想是把一个复杂的计算过程转化为简单的计算过程的多次重复。每次重复都是在旧值的基础上递推出新值，并由新值代替旧值，这是一种不断用变量的旧值递推新值的过程。

例 5-16 视频讲解

【例 5-16】Fbonacci 数列问题是意大利数学家提出的一个问题：假定一对新出生的兔子一个月后成熟，并且再过一个月开始每个月都生出一对小兔子。按此规律，在没有死亡的情况下，一对初生的兔子，一年后可以繁殖多少对兔子？

分析：如果用 f1，f2，f3，…，fn 来表示兔子的数量，则有：

f1=1　最初的一对兔子。

f2=1　1 个月后，原来的兔子成熟。

f3=2　2 个月后，原有的 1 对兔子，有 1 对可以生育，出生 1 对兔子。

f4=3　3 个月后，原有的 2 对兔子，有 1 对可以生育，出生 1 对兔子。

f5=5　4 个月后，原有的 3 对兔子，有 2 对可以生育，出生 2 对兔子。

……

fn=f(n−1)+f(n−2)　n 个月后，原有的 f(n−1)对兔子，有 f(n−2)对可以生育，出生 f(n−2)对兔子。

可以这样理解：第 n 个月的兔子数量 fn 由两部分组成，第一部分是第(n−1)个月后的兔子数量 f(n−1)，第二部分是本月新出生的兔子数量 f(n−2)。因为一对兔子只要两个月就可以开始生育，因此，第 n 个月后新生的兔子应该是上上个月的兔子生育的。程序伪代码如下：

```
#include<stdio.h>
int main()
{
    （1）定义变量，部分变量初始化；
    （2）使用循环，i 从 1 变化到 N；
```

```
{
    (2.1) 输出 f1、f2;
    (2.2) 利用前两个月的 f1 和 f2 计算出本月的 f1;
    (2.3) 利用前一个月的 f2 和本月的 f1, 计算出下一个月的 f2;
    }
    return 0;
}
```

根据上述伪代码，编写的程序代码如下：

```
#include<stdio.h>
#define N 10
int main()
{
    int i;
    long int f1=1,f2=1;          //（1）定义变量 f1、f2 并初始化为 1

    for(i=1;i<=N;i++)            //（2）使用循环，i 从 1 变化到 N
    {
        printf("%8d%8d",f1,f2);  //（2.1）输出 f1、f2
        f1=f1+f2;       //（2.2）利用前两个月的 f1 和 f2 计算出本月的 f1
        f2=f1+f2;       //（2.3）利用前一个月的 f2 和本月的 f1, 计算出下一个月的 f2
        if(i%2==0)                //每行输出 4 个数据
            printf("\n");
    }
    return 0;
}
```

程序运行结果：

```
    1       1       2       3
    5       8      13      21
   34      55      89     144
  233     377     610     987
 1597    2584    4181    6765
```

【例 5-17】猴子第一天摘下若干个桃子，当天就吃了一半加一个。以后猴子每天就吃前一天剩下的一半加一个，第十天只剩下一个桃子了。求猴子在第一天所摘的桃子的总数。

分析：猴子吃桃问题是一个经典问题。猴子每天吃的桃子从后向前推断如下：第十天，只剩下一个桃子，用 $peach_{10}=1$ 表示；第九天的桃子数用 $p_9=2*(p_{10}+1)$ 表示；第八天的桃子数用 $p_8=2*(p_9+1)$ 表示。可以发现一个规律，即桃子的数目 $p_n=2*(p_{n+1}+1)$。程序伪代码如下：

```
#include <stdio.h>
int main()
{
    (1) 定义变量 day、peach, 表示天数和桃子的数量;
    (2) 第 10 天桃子数量为 1;

    (3) 使用循环, day 从 9 变化到 1;
        (3.1) 利用前一天桃子的数量计算当天桃子的数量;
    (4) 输出第一天桃子的总数;

    return 0;
}
```

例 5-17 视频讲解

根据上述伪代码，编写的程序代码如下：

```
#include <stdio.h>
int main()
{
    int day,peach;              //（1）定义变量 day、peach，表示天数和桃子的数量
    peach=1;                    //（2）第 10 天桃子的数量为 1

    for(day=9;day>=1;day--)   //（3）使用循环，day 从 9 变化到 1
        peach=(peach+1)*2;     //（3.1）利用前一天桃子的数量计算当天桃子的数量
    printf("猴子在第一天所摘桃子的总数为: %d\n",peach);//（4）输出第一天桃子的总数

    return 0;
}
```

5.5.3　累加累乘法

"s=s+a" 或者 "s=s*a" 的形式出现在循环中会被反复执行，从而实现累加累乘功能。a 通常是有规律变化的表达式，s 是在进行循环前必须获得的合适的初值，通常为 0 或 1。

【例 5-18】从键盘输入 n 值（$3 \leqslant n \leqslant 10$），然后计算并输出 $\sum_{i=1}^{n} i! = 1! + 2! + 3! + \cdots + n!$。

分析：计算 $1! + 2! + 3! + \cdots + n!$ 相当于计算 $1 + 1 \times 2 + 1 \times 2 \times 3 + \cdots + 1 \times 2 \times 3 \times \cdots \times n$。因此可以结合例 5-5 和例 5-6，用嵌套循环计算 $1 + 1 \times 2 + 1 \times 2 \times 3 + \cdots + 1 \times 2 \times 3 \times \cdots \times n$。其中，外层循环控制变量 i 的值从 1 变化到 n，则计算从 1 到 n 各个阶乘的累加和，而内层循环控制变量 j 的值从 1 变化到 i，则计算从 1 到 i 的累乘结果。程序伪代码如下：

```
#include <stdio.h>
int main()
{
    （1）声明变量;
    （2）输入 n 的值;

    （3）使用循环， i 从 1 变化到 n
    {

        （3.1）使用循环，j 从 1 变化到 i，计算 i!;
        （3.2）计算 i!的累加和;
    }

    printf("1!+2!+3!+...+%d!=%ld\n",n,sum);    //（4）输出

    return 0;
}
```

例 5-18 视频讲解

根据上述伪代码，编写的程序代码如下：

```
#include <stdio.h>
int main()
{
    int i,j,n;              //（1）声明变量
    long f,sum=0;
```

```
    printf("请输入n: ");
    scanf("%d",&n);              //（2）输入 n 的值

    for(i=1;i<=n;i++)            //（3）使用循环，i 从 1 变化到 n
    {
        f=1;
        for(j=1;j<=i;j++)        //（3.1）使用循环，j 从 1 变化到 i，计算 i!
        {    f=f*j;    }
        sum=sum+f;               //（3.2）计算 i!的累加和
    }

    printf("1!+2!+3!+...+%d!=%ld\n",n,sum);     //（4）输出

    return 0;
}
```

程序运行结果：

```
请输入n: 10
1!+2!+3!+...+10!=4037913
```

注意本例中累加和与累乘积变量的初始化位置，程序在外层循环语句将累加和变量 sum 初始化为 0，在外层循环的循环体内、内层循环语句之前对累乘积变量 f 赋初值为 1，也就是说，在内层循环每次计算 i 的阶乘之前都要对 f 重新赋初值 1，这样才能保证每当 i 值变化后都是从 1 开始累乘来计算 i 的阶乘值。

编写累加求和程序的关键在于寻找累加项（即通项）的构成规律。通常，当累加的项较为复杂或者前后项之间无关时，需要单独计算每个累加项。而当累加项的前项与后项之间有关系时，则可以根据累加项的后项与前项之间的关系，通过前项来计算后项。

如本例中，前面的方法是单独计算每个累加项，事实上还可以根据待累加的后项与前项之间的关系，利用前项来计算后项，即将待累加的通项 f 表示为 f=f*i。其中，f 初值为 1，i 值从 1 变化到 n。赋值运算符右侧的 f 值代表前项的值，左侧的 f 值代表后项的值。程序如下：

```
#include <stdio.h>
int main()
{
    int i,n;
    long sum=0,f=1;          //累加和与累乘积变量分别初始化

    printf("请输入n: ");
    scanf("%d",&n);

    for(i=1;i<=n;i++)        //（3）使用循环，i 从 1 变化到 n
    {
        f=f*i;               //（3.1）根据后项和前项之间的关系计算累加项（即通项）
        sum=sum+f;           //（3.2）计算 1 到 n 的各个阶乘的累加和
    }

    printf("1!+2!+3!+...+%d!=%ld\n",n,sum);     //（4）输出

    return 0;
}
```

程序中，如果将 sum 初值设置为 1，即将累加项的第 1 项作为累加的变量的初值，那么 for 语句还可以从 i=2 开始循环，即从第 2 项开始计算并累加。显然，用单重循环实现的程序比多重循环执行的效率更高，这是因为程序所需的总的循环次数大大减少了。

5.5.4　打印有规律的图形

日常生活中，人们可以看到很多有规律的图形和花纹的排列组合，尤其是在现代的艺术设计中，这其中有着很多重复的动作，即循环的思想。

【例 5-19】编写程序，打印如下平行四边形图案。

```
**********
 **********
  **********
   **********
```

分析：由图案看出，输出的为 4 行*字符，每行字符个数相同，但起始位置随行号的增加而增加，从而形成平行四边形。利用二重循环，内循环控制每一行输出的空格和*字符数；利用外循环控制换行。程序伪代码如下：

```
#include<stdio.h>
int main()
{
    （1）定义变量 i、j 作循环控制变量；
    （2）输出 4 行符号；
    return 0;
}
```

例 5-19 视频讲解

现在对步骤（2）进行进一步细化，细化后的伪代码如下：

```
/*（2）输出 4 行符号*/
使用循环，i 从 1 变化到 4
{
    （2.1）输出"空格"，"空格"个数与"行数"相等；
    （2.2）使用循环，输出 10 个"*"；
    （2.3）输出"换行"；
}
```

根据上述伪代码，编写的程序代码如下：

```
#include<stdio.h>
int main()
{
    int i,j;            //（1）定义变量 i、j 作循环控制变量

    /*（2）输出 4 行符号*/
    for(i=1;i<=4;i++)
    {
        for(j=1;j<=i;j++)        //（2.1）输出"空格"，"空格"个数与"行数"相等
            printf(" ");
        for(j=1;j<=10;j++)       //（2.2）使用循环，输出 10 个"*"
            printf("*");
```

```
        printf("\n");                // (2.3) 输出 "换行"
    }
    return 0;
}
```

【例 5-20】 在显示器屏幕上输出九九乘法表。

分析：输出九九乘法表。要求输出 9 行，每行输出乘法运算表达式的个数与行号有关，第 1 行输出 1 个乘法运算表达式，第 2 行输出 2 个乘法运算表达式，…，第 9 行输出 9 个乘法运算表达式。可用二重循环语句实现，外循环控制输出行数，内循环控制每行输出的个数，循环变量分别设为 i 和 j。程序伪代码如下：

```
#include<stdio.h>
int main()
{
    (1) 定义变量 i、j;
    (2) 使用循环语句输出九九乘法表;
    return 0;
}
```

例 5-20 视频讲解

步骤（2）需进一步细化，细化后的伪代码如下：

```
/* (2) 使用循环语句输出九九乘法表*/
使用循环, i 从 1 变化到 9
{
    (2.1) 使用循环, j 从 1 变化到 i
    {
        输出第 i 行的第 j 个乘法运算表达式;
    }

    (2.2) 输出换行;
}
```

根据上述伪代码，编写的程序代码如下：

```
#include<stdio.h>
int main()
{
    int i,j;                                // (1) 定义变量 i、j

    /* (2) 使用循环语句输出九九乘法表*/
    for(i=1;i<=9;i++)
    {
        /* (2.1) 使用循环, j 从 1 变化到 i*/
        for(j=1;j<=i;j++)
        {
            printf("%d*%d=%-3d ",j,i,j*i);   //输出第 i 行的第 j 个乘法运算表达式
        }
        printf("\n");                        // (2.2) 输出换行
    }

    return 0;
}
```

程序运行结果：

```
1*1=1
1*2=2   2*2=4
1*3=3   2*3=6   3*3=9
1*4=4   2*4=8   3*4=12  4*4=16
1*5=5   2*5=10  3*5=15  4*5=20  5*5=25
1*6=6   2*6=12  3*6=18  4*6=24  5*6=30  6*6=36
1*7=7   2*7=14  3*7=21  4*7=28  5*7=35  6*7=42  7*7=49
1*8=8   2*8=16  3*8=24  4*8=32  5*8=40  6*8=48  7*8=56  8*8=64
1*9=9   2*9=18  3*9=27  4*9=36  5*9=45  6*9=54  7*9=63  8*9=72  9*9=81
```

5.6　本章小结

5.6.1　知识点小结

1．3种循环控制语句

在 C 语言中可实现循环结构的有 3 种控制语句，即 while 语句、do…while 语句、for 语句。

（1）由 while 语句构成的循环是当型循环，由 do…while 语句构成的循环是直到型循环。"表达式"（即判断条件）可以是任意的表达式，但一般为关系表达式或逻辑表达式（作为循环条件）。循环体如果包含一个以上的语句，应该用花括弧（{}）括起来，以复合语句形式出现。在循环体中应有使循环趋向于结束的语句，以免形成死循环。允许循环体为空语句。

（2）for 语句的使用最为灵活，其循环语句的一般形式为：for(表达式 1;表达式 2;表达式 3)。for 循环中的表达式 1、表达式 2 和表达式 3 都是可选项，可以缺省，但"；"不能缺省。若省略"表达式 1"，表示不对循环控制变量赋初值；若省略"表达式 2"，则不做其他处理时便成为死循环；若省略"表达式 3"，则不对循环控制变量进行操作。这时可在循环体中加入修改循环控制变量的语句。循环体如包含一条以上的语句，必须用"{}"括起来，以构成复合语句。for 循环中的"表达式 1"也可以是与循环变量无关的其他表达式；"表达式 2"一般是关系表达式或逻辑表达式，但也可以是其他表达式，只要其值非零，就执行循环体；"表达式 1"和"表达式 3"可以是一个简单表达式，也可以是逗号表达式。

2．几种循环的比较

（1）3 种循环都可以用来处理同一个问题，一般可以互相代替。其中 for 循环功能最强。

（2）用 while 和 do…while 循环时，循环变量初始化的操作应在 while 和 do…while 语句之前完成，而 for 循环可以在"表达式 1"中实现循环变量的初始化。

（3）while 和 do…while 循环的循环体中应包含使循环趋于结束的语句。而 for 循环可以在"表达式 3"中实现。

3．转向语句

C 语言中，转向语句有四种，即 break、continue、goto、return 语句，用于控制程序流程的转移。

break 语句通常用在循环语句和 switch 语句中。在 switch 语句中，使用 break 语句可使程序跳出 switch 语句而执行之后的语句。break 语句用于 do...while、for、while 循环语句中时，可使程序终止循环而执行循环后面的语句。

continue 语句的作用是跳过循环体中剩余的语句而强行执行下一次循环。continue 语句只用在循环体中，常与 if 条件语句一起使用，用来加速循环。

goto 语句可以跳转到函数中任何有标号的语句处，但在结构化程序设计中限制使用。

return 语句使用在非 void 函数中，通过 return 语句将指定的值返回。

5.6.2 常见错误小结

常见错误小结见表 5.1。

表 5.1 常见错误小结

实例	描述	类型

`while(i<=n)`
`{`
   `sum=sum+i;`
   `i++;`
`}`
	在循环开始前，未将计数器变量、累加求和变量或者累乘求积变量初始化，导致运行结果出现乱码	逻辑错误

`i=1;`
`while(i<=n)`
   `fum=fum+i;`
   `i++;`
	在界定 while 和 for 语句后面的复合语句时，没有使用花括号	逻辑错误

`for(i=1;i<=n;i++);`
`{`
   `fum=fum+i;`
`}`
	在紧跟 for 语句表达式圆括号外写了一个分号。位于 for 语句后面的分号使循环体变成空语句，即循环体不执行任何操作	逻辑错误

`i=1;`
`while(i<=n);`
`{`
   `fum=fum+i;`
   `i++;`
`}`
	在紧跟 while 语句表达式圆括号外写了一个分号。位于 while 语句后面的分号使循环体变成空语句，从而引起死循环	逻辑错误

`n=1;`
`while(n<100)`
`{`
   `printf("n=%d",n);`
`}`
	在 while 循环语句的循环体中，没有能够将条件改变为假的操作，导致死循环	逻辑错误

`i=1;`
`do{`
   `fum=fum+i;`
   `i++;`
`}while(i<=n)`
	do...while 语句的 while 后面没有加分号	编译错误

实例	描述	类型

`for(i=1,i<=n,i++)`
`{`
`   p=p*i;`
`}`
	用逗号分隔 for 语句圆括号中的 3 个表达式	编译错误

	嵌套循环中的左花括号（{}）与右花括号（}）不配对	编译错误
	嵌套循环的内层和外层的循环控制变量同名	逻辑错误

第 6 章 数组

在实际问题中，常常需要对相同类型的一批数据进行处理，例如输出表格、数据排序、矩阵运算等。对于这类问题，如果采用简单变量来设计程序，那么对每个数据项都要设置相应的变量名，并且变量名不能相同，但整个程序将因此变得冗长烦琐。如果数据量很大，采用这种方式几乎无法解决问题。在这种情况下，可采用数组来存储和处理数据。

6.1 成绩统计问题

为什么使用数组（array）？因为，在许多应用中，需要存储和处理大量数据。到目前为止，前面涉及的问题中，能够利用少量的存储单元处理大量的数据，这是因为系统先处理一个单独的数据项，然后再重复使用存储该数据项的存储单元。例如，求一个班学生的平均成绩，每个成绩被存储在一个存储单元中，完成对该成绩的处理后，在读入下一个成绩时，原来的成绩消失。这种办法允许处理大量成绩，而不必为每一个成绩分配单独的存储单元。然而，一旦某个成绩被处理了，后续就不能再重新使用它。

在有些应用中，为了其后数据的处理，需要保存数据项。例如，要计算和打印一个班学生的平均成绩以及每个成绩与平均成绩的差。这种情况下，在计算每个差之前，必须先算出平均成绩，因此，必须能够访问学生成绩两次。由于不想输入学生成绩两次，因此希望在第一步时，将每个学生的成绩存储在单独的存储单元中，以便在第二步时重新使用它们。但输入数据时，用不同的名称引用每一个存储单元是很烦琐的。下面以例 6-1 为例说明这个问题。

【例 6-1】输入 10 个学生的成绩，要求输出所有高于平均分的学生的成绩。程序代码如下：

```
#include <stdio.h>
int main()
{
  float a1,a2,a3,a4,a5,a6,a7,a8,a9,a10,average;
  printf("please input 10 number:");
  scanf("%f%f%f%f%f%f%f%f%f%f",&a1,&a2,&a3,&a4,&a5,&a6,&a7,&a8,&a9,&a10);
  average =(a1+a2+a3+a4+a5+a6+a7+a8+a9+a10)/10;

  if(a1>average)  printf("%.2f\n",a1);
  if(a2>average)  printf("%.2f\n",a2);
  if(a3>average)  printf("%.2f\n",a3);
  if(a4>average)  printf("%.2f\n",a4);
  if(a5>average)  printf("%.2f\n",a5);
  if(a6>average)  printf("%.2f\n",a6);
  if(a7>average)  printf("%.2f\n",a7);
  if(a8>average)  printf("%.2f\n",a8);
```

例 6-1 视频讲解

```
        if(a9>average)  printf("%.2f\n",a9);
        if(a10>average)  printf("%.2f\n",a10);
        return 0;
    }
```

在程序中，为了存储 10 个学生的成绩使用了 a1~a10 共 10 个变量，而输出高于平均分的成绩时则使用了 10 条类似的 if 语句。程序看起来简单但很烦琐，而且不易扩展，如果有 100 个或 1000 个学生的成绩应如何处理？

在程序设计中，为了处理方便，把具有相同类型的若干变量按一定的顺序组织起来，这些有序排列的同类型数据元素的集合称为数组。数组属于构造数据类型。一个数组可以分解为多个数组元素，用一个统一的数组名和下标来唯一地确定数组中的元素。数组元素可以是基本数据类型或构造类型。因此按数组元素的类型不同，数组可分为数值数组、字符数组、指针数组、结构体数组等各种类型的数组。数组一般与循环语句结合起来使用，这样可以有效地处理大批量的数据，大大提高了工作效率，十分方便。

课程思政：物以类聚、人以群分，近朱者赤、近墨者黑。要多跟具有正能量的朋友交往，交友能在很大程度上影响一个的发展轨迹。

例如，要读入 60 个学生的成绩，可利用循环语句共用一个 scanf 函数和一个 printf 函数输入和输出数据。程序代码如下：

```
    for(i=0;i<60;i++)
    {
        scanf("%f",&score[i]);
        sum=sum+score[i];
    }

    for(i=0;i<60;i++)
    {
        if(score[i]>average)
            printf("%.2f\n",score[i]);
    }
```

上述程序中定义了一个新数据类型 score，它包含了 score[0],score[1],…,score[59]，共 60 个分量。一旦数据存于数组 score 中，可随时引用数组中的任一数据，而不必重新输入该数据。

6.2　一维数组

前面我们了解了数组的概念，以及使用数组的好处，下面先来学习一维数组。

6.2.1　一维数组的定义

在 C 语言中，使用数组前必须先对行数组进行定义。数组要占用内存空间，定义时需要指定数组有多少个元素以及数组类型，以便分配相应的内存空间。一维数组的定义格式如下：

　　　　数据类型　*数组名*[常量表达式];

例如，"int a[5];"表示数组名为 a，此数组有 5 个元素。

说明

（1）"数据类型"定义数组中各个数组元素的类型。在任何一个数组中，数组元素的数据类型都是一致的。

（2）"数组名"定义数组的名称。数组名的命名规则与变量名的命名规则相同。

（3）"常量表达式"放在一对方括号（[ ]）中。注意，必须是方括号，而不能是花括号或圆括号。常量表达式用于表示数组中拥有的元素个数。

（4）"常量表达式"必须是由常量或符号常量组成的表达式，而不能是由变量组成的。因为在 C 语言中，所有的变量都必须先定义，后使用。定义了一个变量之后，允许对这个变量进行修改。所以在定义数组时，一旦数组中元素的个数确定，就绝对不允许改变。

（5）数组中各元素是按照下标规定的顺序存放在内存中的。如前文所述，内存是以字节为单位来表示存储空间的，并且在内存中只按照顺序的方式存放数据。假设定义了一个整型的一维数组"int a[5];"，其在内存中存放的顺序如下（假设内存地址从 0x60fed4 开始，在 Code::Blocks 编译系统中，整型数据占 4 个字节）：

各元素起始地址	0x60fed4	0x60fed8	0x60fedc	0x60fee0	0x60fee4
各数组元素	a[0]	a[1]	a[2]	a[3]	a[4]

6.2.2　一维数组的初始化

程序每次运行时，若数组元素的初始值是固定不变的，则可在数组定义的同时，给出数组元素的初值。这种表示形式称为数组的初始化。

对一维数组的初始化有以下几种方法。

（1）顺序列出数组全部元素的初值。当数组初始化时，将数组元素的初值依次写在一对花括号内。例如：

```
int m[10]={1,2,3,4,5,6,7,8,9,10};
```

经过上面的定义和初始化之后，m[0]、m[1]、…、m[9]的初值分别为 1、2、…、10。

（2）可以只为部分元素赋值。例如：

```
int a[10]={0,1,2,3,4};
```

这表示只对前 5 个元素赋值，后 5 个元素的值全部为 0。C 语言系统规定，当一个数组的部分元素被初始化时，对于数值型数组，其余各元素的初值自动被设置为 0。但是，当定义数组时未对它指定初值，则内部的数组元素的值是不确定的。如果一个数组中全部元素值都为 0，则可以写成

```
int a[10]={0,0,0,0,0,0,0,0,0,0};
```

或

```
int a[10]={0};
```

（3）在对所有数组元素赋初值时，可以不指定数组长度。例如：

```
int a[5]={1,2,3,4,5};
```

也可以写成

```
int a[]={1,2,3,4,5};
```

在第二种写法中，花括号中有 5 个数，系统会据此自动确定 a 数组的长度为 5。但如被定义的数组长度与提供初值的个数不相同，则数组长度不能省略。

（4）当数组指定的元素个数少于初值的个数时，按语法错误处理。例如：

```
int a[3]={1,2,3,4,5};
```

这是不合法的，因为 a 数组只能有 3 个元素却有 5 个初值。

6.2.3　一维数组元素的引用

数组元素是组成数组的基本单元。对数组的引用最终都是通过对其元素的引用来实现的。C 语言规定，只能逐个引用数组中的元素，而不能直接引用整个数组。数组元素可以通过数组名加上方括号（[]）括起来的下标表达式来引用。一维数组的引用格式如下：

```
数组名[下标]
```

引用时应该注意如下问题：

（1）数组名表示要引用哪一个数组中的元素，这个数组必须已定义。

（2）下标用方括号（[]）括起来，表示要引用数组中的第几个元素，可以是变量表达式也可以是常量表达式。例如：

```
x[3]=b1[10-i]+b1[0];
```

（3）在 C 语言中，下标的取值范围是 0～（N-1）（假定数组中有 N 个元素）。

例如，"int b[3];" 定义了含有 3 个元素的数组。b[3]是错误的，因为它表示有第 4 个元素，而这个数组中只有 3 个元素。

又如，若有 "int a[10];"，则对 a 数组元素的引用 a[10]、a[3.5]、a(5)和 a[10-10]是否都正确？

分析：由于定义数组的大小为 10，应当注意，数组元素的下标从 0 开始，即 a[10]这个元素根本不存在，因此引用 a[10]错误；在引用数组元素时，数组元素的下标只能是整型常量或整型表达式，不能是其他情况，当然不能是小数，因此引用 a[3.5]错误；对数组元素进行引用时，常量或整型表达式只能放在一对方括号中，不能是小括号或其他符号，因此引用 a(5)错误；整型表达式 10-10，也就是说要引用元素 a[0]，是合法的。

C 语言中只能逐个引用数组元素，而不能一次引用整个数组。程序设计时，通常用循环变量控制数组元素的下标，来实现数组元素的引用。

【例 6-2】一维数组元素的引用。程序代码如下：

```
#include<stdio.h>
int main()
{
    int i, a[10];

    for(i=0;i<10;i++)        //使用循环语句，逐个引用数组元素
        a[i]=i;
    for(i=9;i>=0;i--)        //使用循环语句，逐个引用数组元素
        printf("%d ",a[i]);

    return 0;
}
```

程序运行结果：

```
9 8 7 6 5 4 3 2 1 0
```

在上面的程序中，引用数组元素时的下标表达式为循环变量 i。在 for 循环中，通过循环变量 i 从 0～9 逐步改变，依次对 a[0]～a[9]共 10 个数组元素赋值。从这个例子可以看到，利用循环变量 i 可以用统一的方式 a[i]访问一批数组元素。而能以这种统一的方式处理一批数据正是数组和一批独立命名的变量之间的主要区别。

【例 6-3】从键盘输入 10 个有序整数，将它们按相反的顺序重新排列，然后输出。

分析：输入 10 个有序整数存入整型数组 a 后，依次将第一个数组元素 a[0]和最后一个数组元素 a[9]的值交换、第二个数组元素 a[1]和倒数第二个数组元素 a[8]的值交换，…，依次两两值交换后按顺序输出数组 a 中每个数组元素的值。程序伪代码如下：

```
#include<stdio.h>
int main()
{
    （1）定义变量；
    （2）使用循环语句，输入数组中各元素的值；
    （3）使用循环语句，对应数组元素的值两两交换；
    （4）使用循环语句，输出数组中各元素的值；
    return 0;
}
```

例 6-3 视频讲解

根据上述伪代码，完整的程序代码如下：

```
#include<stdio.h>
#define N 10
int main()
{
    int a[N],i,temp;          //（1）定义变量，a 为整型数组，含 10 个元素
    for(i=0;i<N;i++)          //（2）使用循环语句，输入数组中各元素的值
        scanf("%d",&a[i]);
    printf("\n");

    /*（3）使用循环语句，对应数组元素的值两两交换*/
    for(i=0;i<N/2;i++)        //注意下标 i 不能完全遍历，否则交换两次等于还原
    {
        temp=a[i];
        a[i]=a[N-i-1];
        a[N-i-1]=temp;
    }

    for(i=0;i<N;i++)          //（4）使用循环语句，输出数组中各元素的值
        printf("%d ",a[i]);
    return 0;
}
```

程序运行结果：

```
1 2 3 4 5 6 7 8 9 10↙
10 9 8 7 6 5 4 3 2 1
```

在上例中有宏定义"#define N 10"，用常量 N 定义数组的长度，当需要修改数组的长度时，只要修改宏定义即可，简单而且不会出现遗漏。

【例 6-4】利用数组求出 Fibonacci（斐波那契）数列的前 20 个数，即 1、1、2、3、5、8……

并按每行打印 5 个数的格式输出。

分析：根据 Fibonacci（斐波那契）数列的特点，可定义一个一维数组 fib[20]且为前两个数组元素 fib[0]和 fib[1]赋值为 1，从第 3 个数组元素 fib[2]开始计算数组元素的值为前两个数组元素值之和，即 fib[2]=fib[1]+fib[0]、fib[3]=fib[2]+fib[1]……依次求出前 20 个数组元素的值，然后输出前 20 个数组元素的值，即输出数列的前 20 项，并控制每输出 5 个数就输出一个换行符。程序伪代码如下：

例 6-4 视频讲解

```
#include<stdio.h>
#define N 20
int main()
{
    （1）定义变量并初始化；
    （2）使用循环语句，计算数组中其余元素的值；
    （3）用循环语句输出数组各元素的值，每行输出 5 个数；
    return 0;
}
```

根据上述伪代码，编写的程序代码如下：

```
#include<stdio.h>
int main()
{
    /*（1）定义变量并初始化*/
    int i,fib[20]={1,1};
    /*（2）使用循环语句，计算数组中其余元素的值*/
    for(i=2;i<20;i++)
        fib[i]=fib[i-1]+fib[i-2];
    /*（3）用循环语句输出数组各元素的值*/
    for(i=0;i<20;i++)
    {
        printf("%6d",fib[i]);
        if((i+1)%5==0)                //每行输出 5 个数
            printf("\n");
    }
    return 0;
}
```

程序运行结果：

```
  1    1    2    3    5
  8   13   21   34   55
 89  144  233  377  610
987 1597 2584 4181 6765
```

【例 6-5】从键盘输入 10 个学生的成绩，然后求出平均成绩并输出所有高于平均成绩的学生成绩。

分析：输入 10 个学生成绩，存入实型数组 score[10]，然后将 10 个数组元素累加求和后除以 10 得到平均成绩 ave，再将 score 数组中每个数组元素的值与 ave 做比较，如果比 ave 大则输出。程序伪代码如下：

```
#include<stdio.h>
int main()
{
    （1）定义变量;
    （2）使用循环语句，输入 10 个学生的成绩，累加求和存入变量 sum 中;
    （3）计算平均成绩并存入变量 ave，输出平均成绩;
    （4）使用循环语句，遍历数组各元素，输出大于 ave 的元素值;
    return 0;
}
```

例 6-5 视频讲解

根据上述伪代码，编写的程序代码如下：

```
#include<stdio.h>
#define N 10
int main()
{
    /*（1）定义变量*/
    int i,n=0;
    float ave=0,sum=0,score[N];

    /*（2）使用循环语句，输入 10 个学生的成绩，累加求和存入变量 sum 中*/
    printf("please input 10 scores:\n");
    for(i=0;i<N;i++)
    {
        scanf("%f",&score[i]);
        sum+=score[i];                    //累加求和
    }

    /*（3）计算平均成绩并存入变量 ave，输出平均成绩*/
    ave=sum/N;
    printf("average=%f\n",ave);

    /*（4）使用循环语句，遍历数组各元素，输出大于 ave 的元素值*/
    for(i=0;i<N;i++)
        if(score[i]>ave)
        {
            printf("%f  ",score[i]);
            n++;
            if(n%4==0)   printf("\n");         //每行输出 4 个元素
        }

    return 0;
}
```

程序运行结果：

```
please input 10 scores:
65 75.5 85 90 60.5 95 65.5 70 80.5 75↙
ave=76.200000
85.000000   90.000000   95.000000   80.500000
```

在上面的程序中，定义了一个 float 型的数组 score，指定有 10 个元素，用于存放 10 个学生的成绩。在第一个 for 循环语句中，逐个从键盘输入 10 个学生的成绩，数组 score 中的每个数组元素 score[i]，从元素 score[0]开始依次从键盘上得到一个相应的数据，并求和。

在第二个 for 循环语句中，从数组元素 score[0]开始，依次判断数组 score 中的每一个元素 score[i]与平均成绩 ave 的大小关系，并输出所有高于平均成绩的学生成绩。

从例 6-5 的程序可以看出，该程序没有例 6-1 程序那么烦琐，并且容易扩展。如果有 100 或 1000 个学生成绩，则只要修改一个地方（将宏定义中的 10 改为 100 或 1000）即可，程序其他部分不变。

6.2.4 一维数组的应用举例

程序员在程序设计时常常需要对存储在数组中的大量数据进行处理，如统计、排序、查找、插入与删除等。

1. 统计

统计是指搜集、整理和分析客观事物总体数量方面资料的工作过程，这里的统计是指合计、总计。例如，无记名投票选班干部，统计每次考试的平均分、及格率、优秀率，某种品牌的啤酒厂家到市场进行消费情况调查，统计人口数量，统计在一定时间内过往车辆的次数，等等。

【例 6-6】某学院在学生会换届选举中由全体学生无记名投票选举学生会主席，共有 10 名候选人，每个人的代号分别是 1，2，3，…，10。每个学生填写一张选票，若同意某名候选人（只能选一个）则在其姓名后画圆圈。编写一个程序，根据所有选票统计出每位候选人所得票数，其中每张选票上所投候选人的代号从键盘输入，当输入完所有选票后，用-1 作为数据输入结束的标志。

分析：由于需要同时使用 10 个变量分别统计存储 10 位候选人的票数，为了方便处理，应该利用数组来存储和统计。这里可以定义一个具有 11 个元素的一维整型数组 vote 来统计每个候选人的票数，其中忽略第一个数组元素 vote[0]，因为用数组元素 vote[1]对应代号为 1 的候选人票数比用元素 vote[0]更好理解。这样用 10 个数组元素，即 vote[1]～vote[10]来分别统计对应代号为 1～10 的 10 位候选人的票数。当输入某一个代号 x（1≤x≤10）时，表示该候选人得一票，则数组元素 vote[x]加 1（直接用代号 x 作为数组元素的下标，即该候选人票数所对应的数组元素是 vote[x]）。从键盘输入一个代号序列（输入-1 表示结束），当程序运行结束后，每个数组元素 vote[x]的值就是代号为 x 的候选人最后所得的票数。程序代码如下：

```
#include<stdio.h>
int main()
{
    int x,vote[11]={0};
    printf("请依次输入每张选票上投选的候选人的代号（1~10）: \n");
    scanf("%d",&x);        //输入第一张选票信息

    while(x!=-1)           //当输入 x 的值为-1 时，程序结束
    {
        if(x>=1&&x<=10)
            vote[x]++;     //对应候选人的票数增加 1
        scanf("%d",&x);    //输入下一张选票信息
    }
```

例 6-6 视频讲解

```
    printf("\n");
    for(x=1;x<=10;x++)
        printf("%d 号候选人的票数为: %d\n",x,vote[x]);

    return 0;
}
```

2. 排序

排序是把一系列无序的数据按照特定的顺序（升序或降序）重新排列为有序序列的过程。对数据进行排序是数组重要的应用之一，如期末时要对学生成绩进行排序，以便了解学生的学习情况。实际生活中的很多问题都需要对数据进行排序。在计算机科学领域中，排序问题吸引了很多科学家的关注。至今已有许多比较成熟的排序算法，如交换法、选择法、插入法、冒泡法、快速排序等。本书只介绍冒泡法和选择法。

（1）冒泡法。

【例 6-7】从文本文件 money.txt（图 6.1）中读取微信红包金额，将其存入一个数组中，对红包金额由小到大进行排序，并输出排序后的结果。

图 6.1　money.txt 文件内容

分析：冒泡法的基本思想如下。

1）将 N 个无序的数放入一个数组 a 中，比较第一个数与第二个数，若为逆序（即 a[0]>a[1]），则交换；然后比较第二个数与第三个数；以此类推，直至第（N-1）个数和第 N 个数比较为止——第一轮冒泡排序，结果最大的数被安置在最后一个元素位置上。

2）对前（N-1）个数进行第二轮冒泡排序，结果是使次大的数被安置在第（N-1）个元素位置上。

3）重复上述过程，共经过（N-1）轮冒泡排序后，排序结束。

例如，以数组 int a[5]={9,8,3,7,2}为例，重复 4 轮比较后就可以完成对数组 a 中的 5 个数从小到大的排序，排序过程如图 6.2 所示。

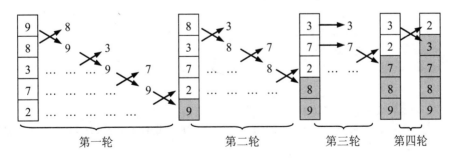

图 6.2　冒泡法示例

第一轮比较中，第一个元素 9 为最大值，因此它在每次比较时都会发生位置交换，最后被放到最后一个位置；第二轮比较与第一轮过程类似，元素 8 被放到倒数第二个位置；第三轮比较中，第一次比较没有发生位置的交换，在第二次比较时才发生位置交换，元素 7 被放到倒数第三个位置。后面的以此类推，直到数组中的所有元素完成排序。

通过上面的算法描述和实例分析可知，这种排序算法之所以称为冒泡法，是因为在排序的过程中，较小的数好像气泡一样逐渐往前冒，大的数逐渐往后沉，最终完成排序。如果按从大到小排序，只需要将算法实现中每次比较两数时，前者大于后者改为前者小于后者即可。程序伪代码如下：

```
#include<stdio.h>
#define N 10

int main()
{
    （1）声明数组及变量；
    （2）从文件中读取数据；
    （3）使用双重循环，对数组进行冒泡排序；
    （4）使用循环，输出排序后的数据；
    return 0;
}
```

例 6-7 视频讲解

根据上述伪代码，对步骤（2）和（3）做进一步细化，细化后的伪代码如下：

```
/*（2）从文件中读取数据*/
（2.1）调用 fopen 函数，以"r"方式打开文件；
（2.2）使用循环语句，调用 fscanf 函数读取文件中的每个数据，并存放到数组中，直到文件末尾；

/*（3）使用双重循环，对数组进行冒泡排序*/
for(i=0;i<N-1;i++)              //N 个数排序，共需进行（N-1）轮排序
{
    for(j=0;j<N-1-i;j++)       //循环（N-1-i）次
    {相邻两个数进行比较，若为逆序则交换}
}
```

根据上述伪代码，编写的程序代码如下：

```
#include<stdio.h>
#include<stdlib.h>
#define N 10

int main()
{
    /*（1）声明数组及变量*/
    double a[N],temp;
    int i,j,n;
    FILE *fp;

    /*（2）从文件中读取数据*/
    fp=fopen("money.txt","r");   //（2.1）调用 fopen 函数，以"r"方式打开文件
    if(fp==NULL)
    {
        puts("can't open money.txt");
        exit(0);
    }
```

```
    i=0;
    printf("1:The original data are as follows:\n");
```

/* (2.2) 使用循环语句，调用 fscanf 函数读取文件中的每个数据，并存放到数组中，直
到文件末尾*/

```
    while(!feof(fp))
    {
        fscanf(fp,"%lf",&a[i]);
        printf("%.2f ",a[i]);
        i++;
    }
    n=i;
```

/* (3) 使用双重循环，对数组进行冒泡排序*/

```
    for(i=0;i<n-1;i++)               //n 个数排序，共需进行 (n-1) 轮排序
    {
        for(j=0;j<n-1-i;j++)         //循环 (n-1-i) 次
        {
            /*相邻两个数进行比较，若为逆序则交换这两个数*/
            if(a[j]>a[j+1])
            { temp=a[j]; a[j]=a[j+1]; a[j+1]=temp; }
        }
    }
```

/* (4) 使用循环语句，输出排序后的数据*/

```
    printf("\n\nThe sorted data are as follows:\n");
    for(i=0;i<n;i++)
        printf("%.2f ",a[i]);
    return 0;
}
```

程序运行结果：

```
    The original data are as follows:
    11.50 12.60 43.70 45.80 5.62 6.78 9.33 7.54 2.69 0.33

    The sorted data are as follows:
    0.33 2.69 5.62 6.78 7.54 9.33 11.50 12.60 43.70 45.80
```

（2）选择法。

【例 6-8】用选择法将 N 个数从小到大排序后输出。

分析：选择法是从算法优化的角度对冒泡法的改进。冒泡法排序要将数组中的数两两比较，每次比较时将较小的数向前"冒"，如此进行 (N-1) 次操作后将 N 个数中最大的数移动到数组最后一个位置上。选择法排序改进和实现的思想是：经过两两比较后，并不马上交换数的位置，而是找到最小的数后，记下最小的数所在的位置，待一轮比较完后，再将最小的数一次交换到位。选择法的基本思想如下：

1）将 N 个无序的数放入一维数组 a 中，找到数组中最大（小）元素，将该最大（小）元素与数组中第一个元素交换位置。此为第一轮选择排序，结果最大（小）的数被安置在数组中第一个元素位置上。

2）对后（N-1）个数进行第二轮选择排序，结果是使次大（小）的数被安置在第二个元素位置上。

3）重复上述过程，共经过（N-1）轮选择排序后，排序结束。

以数组 int a[5]={9,8,3,7,2}为例，其排序过程如图 6.3 所示

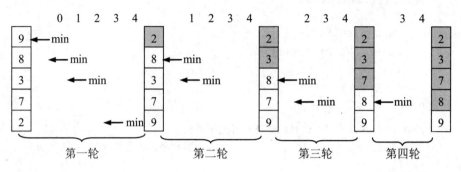

图 6.3　选择排序

选择排序法的程序伪代码如下：

```
#include<stdio.h>
#define N 5

int main()
{
    （1）声明数组及变量；
    （2）从文件中读取数据；
    （3）使用双重循环，对数组进行选择排序；
    （4）使用循环，输出排序后的数据；
    return 0;
}
```

例 6-8 视频讲解

根据上述伪代码，对步骤（3）做进一步细化，细化后的伪代码如下：

```
/*（3）使用双重循环，对数组进行选择排序*/
for(i=0;i<N-1;i++)              //N个数排序，共需进行（N-1）轮排序
{
    （3.1）找到乱序元素中的最小元素
    （3.2）将该最小元素与乱序中下标最小的元素交换
}
```

根据上述伪代码，编写的程序代码如下：

```
#include <stdio.h>
#include <stdlib.h>
#define N 10

int main()
{
    /*（1）声明数组及变量*/
    double a[N],temp;
    int i,j,n,min;
    FILE *fp;
```

```
/*（2）从文件中读取数据*/
fp=fopen("money.txt","r");    //（2.1）调用 fopen 函数，以 "r" 方式打开文件
if(fp==NULL)
{
    puts("can't open money.txt");
    exit(0);
}
i=0;
printf("The original data are as follows:\n");

/*使用循环语句，调用 fscanf 函数读取文件中的每个数据，并存放到数组中，直到文件末尾*/
while(!feof(fp))
{
    fscanf(fp,"%lf",&a[i]);
    printf("%.2f ",a[i]);
    i++;
}

n=i;

/*（3）使用双重循环，对数组进行选择排序*/
for(i=0;i<n-1;i++)                //n 个数排序，共需进行（n-1）轮排序
{
    /*（3.1）找到乱序元素中的最小元素*/
    min=i;                        //假设 i 为最小元素的下标
    for(j=i+1;j<n;j++)
      if(a[j]<a[min])
        min=j;                    //更新最小元素的下标

    /*（3.2）将该最小元素与乱序中下标最小的元素交换*/
    if(min!=i)                    //若最小数不在下标为 i 的位置，交换数组元素
    { temp=a[min];   a[min]=a[i];   a[i]=temp;    }
}

 /*（4）使用循环，输出排序后的数据*/
printf("\n\nThe sorted date are as follows:\n");
for(i=0;i<n;i++)
    printf("%.2f ",a[i]);
return 0;
}
```

程序运行结果：

```
The original data are as follows:
11.50 12.60 43.70 45.80 5.62 6.78 9.33 7.54 2.69 0.33

The sorted data are as follows:
0.33 2.69 5.62 6.78 7.54 9.33 11.50 12.60 43.70 45.80
```

同一个问题可以用不同的算法解决，评价算法的主要指标有时间复杂度和空间复杂度，即执行算法所需工作量和算法需要消耗的内存空间。在冒泡排序中，每次比较时，如果是逆序

则交换数据，要得到一个有序数据，可能需要多次交换；而在选择排序中，先找到所需要的数据，然后一次交换就可以得到一个有序数据。就时间复杂度来说，选择排序的效率要高于冒泡排序。

3. 查找

使用数据库时，用户可能需要频繁地通过输入关键字来查找相应的记录。在数据中搜索一个特定元素的处理过程称为查找。本节介绍两种查找算法：顺序查找和二分查找。

（1）顺序查找。顺序查找使用查找的关键字逐个与数组元素进行比较以实现查找。其查找的基本过程：利用循环顺序遍历整个数组，依次将数组中每个元素与待查找的数进行比较；若找到，则停止循环，输出其位置；若所有元素比较后仍未找到指定的数据，则结束循环，输出"未找到"的提示信息。

【例6-9】从键盘输入 10 个数存入数组，然后在数组中查找一个给定的数。

分析：输入 10 个整数存入数组 a，再输入一个要查找的数 x，然后从数组中第一个元素开始，依次访问数组中的每个元素，把它与要查找的数 x 进行比较，如果相等则查找成功，输出相应数组元素的下标；否则，输出"Not Found!"。程序伪代码如下：

```
#include<stdio.h>
int main()
{
    （1）定义变量；
    （2）使用用循环语句，输入数组中各元素的值；
    （3）输入待查找的数 x；
    （4）使用循环语句，遍历数组元素，在数组中查找 x；
    （5）输出查找结果；
    return 0;
}
```

例 6-9 视频讲解

根据上述伪代码，编写的程序代码如下：

```
#include<stdio.h>
#define N 10
int main()
{
    /*（1）定义变量，flag 为查找标记，初值为 0，查找成功为 1*/
    int a[N],i,x,flag=0;

    /*（2）使用循环语句，输入数组中各元素的值*/
    printf("Please input 10 integers: ");
    for(i=0;i<N;i++)
        scanf("%d",&a[i]);

    /*（3）输入待查找的数 x*/
    printf("Input x:");
    scanf("%d",&x);

    /*（4）使用循环语句，遍历数组元素，在数组中查找 x*/
    for(i=0;i<N;i++)
        if(a[i]==x)                    //查找成功，flag 值赋 1，退出循环
        {
```

```
            flag=1;
            break;
        }

    /*（5）输出查找结果*/
    if(flag==1)                //查找成功时，循环变量 i 即为查找到的数组元素的下标
        printf("Index is %d\n",i);
    else
        printf("Not Found!\n");

    return 0;
}
```

程序运行结果：

```
Please input 10 integers:3 6 11 24 55 7 12 22 48 110✓
Input x:11✓
Index is 2
```

（2）二分查找。当待查找的信息有序排列时，二分查找法比顺序查找法的速度要快。二分查找也称为折半查找，其基本思想：首先选取位于数组中间的元素，将其与查找键进行比较。如果相等，则查找键被找到，返回数组中间元素的下标。否则，查找的区间缩小为原来区间的一半，即在一半的数组元素中查找。假设数组元素已按升序排序，如果查找键小于数组的中间元素值，则在前一半数组元素中继续查找，否则在后一半数组元素中继续查找。如果在该子数组（原数组的一个片断）中仍未找到查找键，则算法将在原数组的 1/4 大小的子数组中继续查找。每次比较之后，都将目标数组中一半的元素排除在比较范围之外。不断重复这样的查找过程，直到查找键等于某个数组中间元素的值（找到查找键），或者子数组只包含一个不等于查找键的元素（即没有找到查找键）时为止。

【例 6-10】用二分查找法实现在有序数组中查找某一指定的数。

分析：输入 10 个有序整数存入数组 a，再输入一个要查找的数 x，按二分查找法查找值为 x 的数组元素，如果查找成功，输出相应数组元素的下标；否则，输出"Not Found!"。程序伪代码如下：

```
#include<stdio.h>
#define N 10
int main()
{
    （1）定义变量，find 为查找标记，初值为 0，查找成功为 1，low 和 high 是查找区间的起点和终点下标；
    （2）用循环语句输入升序数据并存入数组中；
    （3）输入待查找的数；
    （4）使用二分查找法，在数组中查找 x；
    （5）输出查找结果；
    return 0;

}
```

例 6-10 视频讲解

根据上述伪代码，对步骤（4）做进一步细化，细化后的伪代码如下：

```
/*（4）使用二分查找法，在数组中查找 x*/
while(low<=high)
```

```
    {
        mid=(low+high)/2;    //待查区间中间元素的下标
        如果x等于a[mid]，则查找完毕，结束查找过程；
        如果x大于a[mid]，则只需再查找a[mid]后面的元素，修改区间下界low=mid+1；
        如果x小于a[mid]，则只需再查找a[mid]前面的元素，修改区间上界high=mid-1；
    }
```

根据上述伪代码，编写的程序代码如下：

```
#include<stdio.h>
#define N 10
int main()
{
    /*（1）定义变量，find为查找标记，初值为0，查找成功为1，low和high是查找区间
    的起点和终点下标*/
    int a[N],i,x,find=0;
    int low=0,high=N-1,mid;

    /*（2）用循环语句输入升序数据并存入数组中*/
    printf("Please input 10 integers: ");
    for(i=0;i<N;i++)
        scanf("%d",&a[i]);

    /*（3）输入待查找的数x*/
    printf("Input x:");
    scanf("%d",&x);

    /*（4）使用二分查找法，在数组中查找x*/
    while(low<=high)
    {
        mid=(low+high)/2;    //待查区间中间元素的下标
        if(x==a[mid])        //如果x等于a[mid]，则查找完毕，结束查找过程
        {
            find=1;        break;
        }
        else if(x>a[mid])    //如果x大于a[mid]，则只需再查找a[mid]后面的元素，
                             //修改区间下界low=mid+1
            low=mid+1;
        else                 //如果x小于a[mid]，则只需再查找a[mid]前面的元素
                             //修改区间上界high=mid-1
            high=mid-1;
    }
    /*（5）输出查找结果*/
    if(find==1)              //查找成功时,循环变量mid即为查找到的数组元素的下标
        printf("Index is %d\n",mid);
    else
        printf("Not Found!\n");

    return 0;
}
```

此程序在输入数据时要满足升序条件，如果输入了无序数据，程序将无法得到正确的结果。

思考： 若在递减排列的数组中使用二分查找法，如何修改程序？

4. 插入与删除

在数组中，经常要对数组中的元素进行插入和删除操作。例如，在学生成绩管理系统中，班级有学生转入、转出；在手机通讯录中，增加或删除联系人。数组在内存中的连续存储的特点，决定了有元素增删时需要移动部分元素。

插入就是把待插入的数据插入数据序列的指定位置，其基本思想：首先在数据序列中找到待插入的位置，然后从后向前把插入点后面的数据依次向后移动一个位置，最后把待插入的数据插入指定位置。

删除就是在数据序列中删除指定位置元素，其基本思想：首先在数据序列中找到指定的元素位置，然后把指定位置后面的元素逐一向前移动一个位置。

【例 6-11】数组 score 中递增存入 10 个学生的成绩，在数组中插入一个新成绩 x，使得插入后的数组中数据有序。

分析：定义一个数组 score 用于存放 10 个学生的成绩，输入待插入的成绩 x，查找待插入成绩 x 在数组 score 中应插入的位置 location，从最后一个元素开始向前直到下标为 location 的元素依次往后移动一个位置，将待插入的成绩 x 值赋给下标为 location 的数组元素，同时数组元素的个数增加 1，如图 6.4 所示。最后输出数组 score 中所有元素的值。

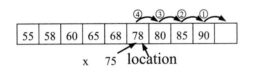

图 6.4　插入时元素移动示意图

程序伪代码如下：

例 6-11 视频讲解

```
#include<stdio.h>
#define SIZE 10
int main()
{
    （1）定义变量并初始化；
    （2）输入插入的成绩 x；
    （3）查找待插入成绩 x 在数组 score 中的位置；
    （4）将插入点后的每一个数组元素都向后移动一个位置；
    （5）插入成绩 x；
    （6）输出插入后所有学生的成绩；
    return 0;
}
```

根据上述伪代码，编写的程序代码如下：

```
#include<stdio.h>
#define SIZE 10
int main()
```

```
{
    /*（1）定义变量并初始化*/
    int i,x,location,score[SIZE]={55,58,60,65,68,78,80,85,90};

    /*（2）输入插入的成绩 x*/
    printf("Input the insert score value:");
    scanf("%d",&x);

    /*（3）查找待插入成绩 x 在数组 score 中的位置*/
    for(i=0;i<SIZE-1;i++)
        if(x<score[i])
            break;
    location=i;

    /*（4）将插入点后的每一个数组元素依次向后移动一个位置*/
    for(i=SIZE-2;i>=location;i--)
        score[i+1]=score[i];

    /*（5）插入成绩 x*/
    score[location]=x;

    /*（6）输出插入后所有学生的成绩*/
    printf("After insertion,the scores are:\n");
    for(i=0;i<SIZE;i++)
        printf("%4d",score[i]);
    printf("\n");

    return 0;
}
```

程序运行结果：

```
Input the insert score value:75
After insertion,the scores are:
  55  58  60  65  68  75  78  80  85  90
```

需要注意的是，如果一开始数组中的学生数据已达限制则无法再进行插入，所以定义数组长度时要比现有数组中数据元素的个数大 1。在数据移动时，如果从插入位置 location 开始向后移动，则后面的数据将丢失。

思考：在上述程序中，首先使用循环查找插入数据的位置，然后再使用循环将插入点后的每一个数组元素依次向后移动一个位置，能否只使用一次循环完成上述功能？

【例 6-12】在例 6-11 的基础上，查找某一给定的数，若存在则删除第一次出现的该数据，否则提示"Not Found!"。

分析：在数组中删除某特定数据的基本思想：查找待删除元素的位置 location，若找到要删除的数据，则从第 location+1 个元素开始到最后一个元素依次向前移一个位置，同时元素个数减少 1。删除仍然是若干元素的移动，与插入不同，删除时需要将被删除的元素覆盖，故需前移元素，移动时顺序恰好与插入时后移的顺序相反，如图 6.5 所示。

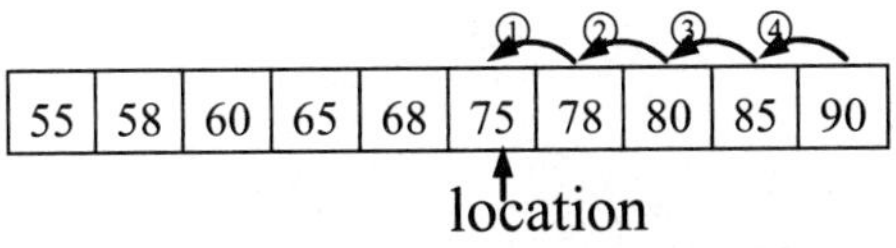

图 6.5　删除时元素移动示意图

程序伪代码如下：

```
#include<stdio.h>
#define SIZE 10
int main()
{
    （1）定义变量；
    （2）用循环语句输入数组中各元素的值；
    （3）输入待查找的数 x；
    （4）使用循环语句，遍历数组元素，在数组中查找 x；
    （5）如果查找成功，则在数组中删除此数，否则输出 "Not Found!"；
    return 0;
}
```

例 6-12 视频讲解

根据上述伪代码，编写的程序代码如下：

```
#include<stdio.h>
#define SIZE 10
int main()
{
    /*（1）定义变量及初始化*/
    int i,x,location,score[SIZE]={55,58,60,65,68,75,78,80,85,90};

    /*（2）输入插入的成绩值*/
    printf("Input the insert score value:");
    scanf("%d",&x);

    /*（3）用循环语句遍历数组元素，在数组中查找 x*/
    for(i=0;i<SIZE;i++)
        if(score[i]==x)
        { break; }
    location=i;

    /*（4）如果查找成功，则在数组中删除此数，否则输出 "Not found!" */
    if(location<SIZE)
    {
        for(i=location;i<=SIZE-1;i++)
        {    score[i]=score[i+1];    }

        printf("The deleted data are:\n");
        for(i=0;i<SIZE-1;i++)
        {   printf("%d ",score[i]);    }
    }
    else
    {   printf("Not found!\n");    }
```

```
        return 0;
    }
```
程序运行结果：
```
    Input the insert score value:75
    The deleted data are:
    55 58 60 65 68 78 80 85 90
```
程序中根据 location 的位置，判断是否查找成功。在数组中查找 x 时，如果查找成功，for 循环提前终止，i<SIZE，因此 location< SIZE 时，查找成功。

思考：若将所有重复出现的数据全部删除，如何改进程序？

6.3 二维数组

在 6.2 节中我们学习了一维数组，但是随着学习的深入，会发现只使用一维数组很多问题无法解决，在实际中有很多问题需要使用二维或多维数组来解决。当数组的下标为两个或两个以上时，该数组称为多维数组。

6.3.1 二维数组的定义

二维数组定义的一般格式如下：
```
    数据类型  数组名[常量表达式][常量表达式];
```
二维数组定义的格式和一维数组相同，只是多了一对方括号（[]）及其常量表达式。其中，第一个常量表达式表示第一维（行）的长度，第二个常量表达式表示第二维（列）的长度。例如：
```
    int a[4][5];          //定义了一个 4 行 5 列的整型数组 a
```
数据类型规定了这个数组所有元素的类型。

例如，"int a[4][5];"定义一个具有 4 行 5 列的整型数组 a。可以将数组 a 看作是由 4 个一维数组组成的，每个一维数组中又含有 5 个元素。这 4 个一维数组的名称是 a[0]、a[1]、a[2] 和 a[3]，第一个数组 a[0]的各元素为 a[0][0]、a[0][1]、a[0][2]、a[0][3]、a[0][4]。数组 a 的各成员如下：
```
    a[0][0], a[0][1], a[0][2], a[0][3], a[0][4]
    a[1][0], a[1][1], a[1][2], a[1][3], a[1][4]
    a[2][0], a[2][1], a[2][2], a[2][3], a[2][4]
    a[3][0], a[3][1], a[3][2], a[3][3], a[3][4]
```
C 语言规定，二维数组中各元素在存储时只能线性存放：先存放第一行的数据，再存放第二行的数据，即按行存放，每行数据按下标规定的顺序由小到大存放。

6.3.2 二维数组的初始化

二维数组的初始化有如下 3 种方式。

（1）按行分组赋值。例如：
```
    int a[3][4]={{1,2,3,4},{4,3,2,1},{1,2,3,4}};
```
这是最清楚的对二维数组的初始化。二维数组有几行，就有几个用逗号分隔的花括号；有几列，每个花括号中就有几个用逗号分隔的数值；最后将所有的初始化内容再用花括号括起来。

（2）按行连续赋值。例如：

```
int a[3][4]={1,2,3,4,4,3,2,1,1,2,3,4};
```

这种初始化就是将所有的数值都写在一对花括号中，系统按照规定的行列值对数组元素赋值，与前面讲述的方法赋值结果完全相同，但这种方法不够直观。

（3）只对部分元素赋值。例如：

```
int a[3][4]={{1},{4,3},{1,2}};
```

这种赋值方法相当于

```
int a[3][4]={{1,0,0,0},{4,3,0,0},{1,2,0,0}};
```

系统自动将没有赋值的元素赋值为 0。又如：

```
int a[3][4]={{1},{4}};
```

相当于

```
int a[3][4]={{1,0,0,0},{4,0,0,0},{0,0,0,0}};
```

对于没有对应花括号的，系统自动将此行元素赋值为 0。

注意

如果将数组的所有元素全部赋值，则可以省略第一维的长度，但列数在任何情况下都不能省略。例如：

```
int a[][4]={1,2,3,4,5,6,7,8,9,10,11,12};
```

系统在这种情况下会以 4 个数据为单位计数，第一维的长度由"4 个数据"的数目决定。还可以采用下面的方式指出要定义的二维数组的第一维的长度。

```
int a[][4]={{1},{},{1}};
```

有两个逗号分隔的 3 个花括号，第一维的长度就为 3。

为正确理解二维数组的定义和初始化，试分析以下对数组的定义。

（1）int a[2][3];

（2）int b[][3]={{0},{1},{2},{3}};

（3）int c[100][100]={0};

（4）int d[3][]={{1,2},{1,2,3},{1,2,3,4}};

分析：关于二维数组的初始化，要熟记问题中所提到的几种方法。第一条语句只是定义一个二维数组，没有初始化，没有错误；第二条语句因为有 3 个逗号，所以有 4 行元素，相当于省略了第一维数组长度，其中的 4 个初值是每行的第一个元素，在省略第一维数组时，大小也必须是编译系统能够明确知道或者计算出来的；第三条语句相当于整体赋值，把数组全部元素赋值为 0；第四条语句是错误的，不可以省略第二维的长度。

6.3.3　二维数组元素的引用

二维数组元素的引用格式如下：

```
数组名[行下标][列下标];
```

例如，a[3][4]，这里的下标用来标识数组元素在数组中的位置。下标可以是整型的常量、变量或表达式，如 a[2][2+3]、a[2][n+1]、a[i][j]等，但不能写成 a[2,2+3]、a[2,n+1]、a[i,j]的
形式。

 说明

> 　　二维数组的引用与一维数组的引用基本一致，只是二维数组的引用要使用两个下标。
> 需要注意 int a[4][5]和 a[4][5]的区别，前者定义了一个数组有 4 行 5 列，对这个数组的引用
> 最多用到 a[3][4]（因为下标从 0 开始）；而后者表示对元素的引用，能包含后者的最小数组
> 定义为 int a[5][6]。

　　二维数组只能逐个访问数组元素，而不能整体访问数组、整行或整列。程序设计时通常
用二重循环的循环变量分别控制数组元素的行下标和列下标，实现对二维数组元素的引用。

　　【例 6-13】输出 3 个同学 4 门课的成绩。程序代码如下：

```c
#include<stdio.h>
int main()
{
    int i,j;
    int a[3][4]={78,88,76,65,98,96,87,85,76,79,73,80};

    for(i=0;i<3;i++)            //行下标值变化
    {
        for(j=0;j<4;j++)        //列下标值变化
        {   printf("%3d",a[i][j]);    }
        printf("\n");           //输完一行后换行
    }

    return 0;
}
```

例 6-13 视频讲解

程序运行结果：

```
78 88 76 65
98 96 87 85
76 79 73 805
```

　　在上面的程序中，引用数组元素时，行下标是 i，列下标是 j，两个下标都为整型变量。
双重 for 循环的外层循环控制行下标的变化，行下标 i 的取值范围是 0～2，内层循环控制列下
标的变化，列下标 j 的取值范围是 0～3，依次将数组 a 中的所有元素赋值并输出。

6.3.4　二维数组的应用举例

　　【例 6-14】从键盘输入一个 3 行 4 列的矩阵，将其转置后以 4 行 3 列的形式输出。

　　分析：矩阵的转置是将矩阵的行和列进行互换，使其行成为列、列成为行，如图 6.6 所示。
定义两个整型数组 m[3][4]和 n[4][3]，按行优先的顺序依次访问数组 m，并使数组元素 n[j][i]
被 m[i][j]赋值。

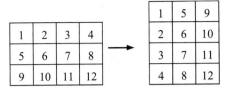

图 6.6　二维数组的转置

例 6-14 视频讲解

程序伪代码如下：

```
#include<stdio.h>
int main()
{
    （1）声明变量及数组 m[3][4]、n[4][3];
    （2）用二重循环语句输入 3 行 4 列的矩阵值，并存放在数组 m 中;
    （3）矩阵转置，二重循环语句将数组 m 中第 i 行第 j 列元素值赋给数组 n 第 j 行第 i 列;
    （4）用二重循环语句输出数组 m 中各元素的值;
    （5）用二重循环语句输出数组 n 中各元素的值;
    return 0;
}
```

根据上述伪代码，编写的程序代码如下：

```
#include<stdio.h>
int main()
{
    /*（1）定义变量及数组 m[3][4]、n[4][3]*/
    int m[3][4],n[4][3],i,j;

    /*（2）用二重循环语句输入 3 行 4 列的矩阵值，并存放在数组 m 中*/
    for(i=0;i<3;i++)              //行下标值变化
        for(j=0;j<4;j++)         //列下标值变化
            scanf("%d",&m[i][j]);

    /*（3）矩阵转置，二重循环语句将数组 m 中第 i 行第 j 列元素值赋给数组 n 第 j 行第 i 列*/
    for(i=0;i<3;i++)              //行下标值变化
        for(j=0;j<4;j++)         //列下标值变化
            n[j][i]=m[i][j];

    /*（4）用二重循环语句输出数组 m 中各元素的值*/
    printf("array m:\n");
    for(i=0;i<3;i++)
    {
        for(j=0;j<4;j++)
            printf("%3d",m[i][j]);
        printf("\n");        //输完一行后换行
    }

    /*（5）用二重循环语句输出数组 n 中各元素的值*/
    printf("array n:\n");
    for(i=0;i<4;i++)
    {
```

```
        for(j=0;j<3;j++)
            printf("%3d",n[i][j]);
        printf("\n");      //输完一行后换行
    }

    return 0;
}
```

程序运行结果：

```
1 2 3 4 5 6 7 8 9 10 11 12↙
array m:
1  2  3  4
5  6  7  8
9 10 11 12
array n:
1  5  9
2  6 10
3  7 11
4  8 12
```

思考：不借助另外的矩阵，如何将矩阵转置？

分析：不借助另外的矩阵将某个矩阵转置，要求该矩阵是一个方阵，即矩阵的行数与列数相等。可以将 i 行 j 列的元素与 j 行 i 列的元素互换。但应该注意下标 i、j 不能完全遍历，否则矩阵转置两次等于还原。算法描述如下：

```
for(i=0;i<3;i++)
    for(j=0;j<i;j++)         //条件 j<i 限制操作在下三角范围内
    {
        temp=m[i][j];
        m[i][j]=m[j][i];
        m[j][i]=temp;
    }
```

设 N 是正整数，定义一个 N 行 N 列的二维数组 a 后，数组元素表示为 a[i][j]，行下标 i 和列下标 j 的取值范围都是[0,N-1]。用该二维数组 a 表示 N×N 方阵时，矩阵的一些常用术语与二维数组行、列下标的对应关系见表 6.1。

表 6.1 矩阵的术语与二维数组下标的对应关系

术语	含义	下标规律
主对角线	从矩阵的左上角至右下角的连线	i==j
上三角	主对角线以上的部分	i<=j
下三角	主对角线以下的部分	i>=j
副对角线	从矩阵的右上角至左下角的连线	i+j==N-1

【例 6-15】期末成绩存放在 score.txt 文件中，有 m 个学生参加了 N 门课程的考试，编程求出每个学生的总成绩、平均成绩及每门课程的平均成绩。

分析：定义二维数组 score[M][N]用于存放从文件 score.txt 中读取的 m 个学生的 N 门课程

的成绩，定义一维数组 averS[M]用于存放 m 个学生的平均成绩，定义一维数组 averC[N]用于存放 N 门课程的平均成绩。首先，求出每一行的和后再除以 N 即得每个学生的平均成绩，并存入数组 averS[M]中；然后，求出数组 score[M][N]每列的和除以 m 即得每门课程的平均成绩。程序伪代码如下：

```
#include<stdio.h>
#define M 40
#define N 5
int main()
{
    （1）定义变量及数组；
    （2）调用 fopen 函数，以"r"方式打开 score.txt 文件；
    （3）使用循环语句，调用 fscanf 函数读取文件中的每个数据，并存放到数组中，直到文件末尾；
    （4）用二重循环遍历数组，计算每个学生的平均分；
    （5）用二重循环遍历数组，计算每门课程的平均分；
    （6）输出每个学生的各门课成绩、总成绩和平均成绩；
    （7）输出每门课程的平均成绩；
    return 0;
}
```

例 6-15 视频讲解

对上述伪代码中的步骤（4）和（5）进行细化，细化后的伪代码如下：

```
/*（4）用二重循环遍历数组，计算每个学生的平均成绩*/
for(i=0;i<m;i++)        //行优先访问
{
    for(j=0;j<N;j++)
        {计算每个学生的总分；}
    计算每个学生的平均成绩；
}

/*（5）用二重循环遍历数组，计算每门课程的平均成绩*/
for(j=0;j<N;j++)                    //列优先访问
{
    for(i=0;i<m;i++)
        {计算每门课程的总成绩；}
    计算每门课程的平均成绩；
}
```

根据上述伪代码，编写的程序代码如下：

```
#include<stdio.h>
#include<stdlib.h>
#define M 40
#define N 5
int main()
{
    /*（1）声明变量及数组*/
    int i,j, score[M][N],m;
    float sumS[M]={0},averS[M]={0},averC[N]={0};
    FILE *fp;

    /*（2）调用 fopen 函数，以"r"方式打开 score.txt 文件*/
```

```
        fp=fopen("score.txt","r");
        if(fp==NULL)
        {
            puts("can't open score.txt");
            exit(0);
        }
```
/*（3）使用循环语句，调用 fscanf 函数读取文件中的每个数据，并存放到数组中，直到文件末尾*/
```
    for(i=0;!feof(fp);i++)
        for(j=0;j<N;j++) {
            fscanf(fp,"%d",&score[i][j]);
        }

    m=i;
```
/*（4）用二重循环遍历数组，计算每个学生的平均成绩*/
```
    for(i=0;i<m;i++)                 //行优先访问
    {
        for(j=0;j<N;j++)
            sumS[i]+=score[i][j];       //计算每个学生的总分
        averS[i]= sumS[i]/N;            //计算每个学生的平均成绩
    }
```
/*（5）用二重循环遍历数组，计算每门课程的平均成绩*/
```
    for(j=0;j<N;j++)                 //列优先访问
    {
        for(i=0;i<m;i++)
            averC[j]+=score[i][j];      //计算每门课程的总成绩
        averC[j]=averC[j]/m;            //计算每门课程的平均成绩
    }
```
/*（6）输出每个学生的各门课成绩、总成绩和平均成绩*/
```
    printf("Counting Result:\n");
    printf("Student's ID\tscore_1\tscore_2\tscore_3\tscore_4\tscore_5\tSUM\tAVERAGE\n");
    for(i=0;i<m;i++)
    {
        printf("      NO.%d\t",i+1);
        for(j=0;j<N;j++)
            printf("%7d\t",score[i][j]);
        printf("%7.2f\t%7.2f\n",sumS[i],averS[i]);
    }
```
/*（7）输出每门课程的平均成绩*/
```
    printf("\nAverage of Course");
    for(j=0;j<N;j++)
        printf("%8.2f",averC[j]);
    printf("\n");
    return 0;
}
```

在上例中用了 3 次二重循环分别处理成绩的输入、计算每个学生的总成绩和每门课程的总成绩 3 个问题，程序的效率不是很高，我们可以采用一次二重循环和一次单重循环处理上述3 个问题，提高程序的效率。代码如下：

```
for(i=0;!feof(fp);i++)
{
    for(j=0;j<N;j++)
    {
        fscanf(fp,"%d",&score[i][j]);      //输入 m 个学生 N 门课程成绩
        sumS[i]+=score[i][j];              //计算每个学生的总分
        averC[j]+=score[i][j];             //计算每门课程的总成绩
    }
    averS[i]= sumS[i]/N;                   //计算每个学生的平均成绩
}
m=i;
for(j=0;j<N;j++)
    averC[j]= averC[j]/m;                  //计算每门课程的平均成绩
```

6.4　多维数组

学会了二维数组，就可以轻松实现多维数组了。多维数组定义的一般格式如下：

　　　　数据类型　数组名[长度 1][长度 2]…[长度 n];

三维以上的数组很少用，因为这些数组要占用大量的存储空间。程序一开始运行，就要为所有数组元素分配固定的存储空间。例如，长度为 10、6、9、4 的四维字符数组，要求有 10×6×9×4 即 2160 个字节的存储空间；如果该数组是 4 个字节的整型数组，则需要 8640 个字节的存储空间。随着数组的维数增加，对存储空间的需要是成指数增加的。下面分析多维数组的存储形式。例如，定义一个如下的三维数组。

```
int m[2][3][4];
```

其中，常量表达式由原来的两个变为三个，把这个三维数组按顺序展开，结果如下：

```
m[0][0][0],m[0][0][1],m[0][0][2],m[0][0][3]
m[0][1][0],m[0][1][1],m[0][1][2],m[0][1][3]
m[0][2][0],m[0][2][1],m[0][2][2],m[0][2][3]
m[1][0][0],m[1][0][1],m[1][0][2],m[1][0][3]
m[1][1][0],m[1][1][1],m[1][1][2],m[1][1][3]
m[1][2][0],m[1][2][1],m[1][2][2],m[1][2][3]
```

关于多维数组有一点需要说明，即计算机计算每个下标是需要时间的。这就意味着，访问多维数组中的某个元素要比访问一维数组的元素慢。

6.5　字符数组

日常生活中的信息都是通过文字来描述的，例如，发送电子邮件、在论坛上发表文章、记录学生信息等都需要用到文本。程序中也同样会用到文本，C 语言中文本信息都是通过字符串实现的，但是 C 语言中没有提供"字符串"这个特定类型，通常用字符数组的形式来存储

和处理字符串。存储字符数据的数组称为字符数组，每个数组元素中存放一个字符。下面详细介绍字符数组和字符串的相关知识。

6.5.1 字符串与字符数组

字符串可用字符数组来表示。当把字符串存储到内存中时，除了要将其中的每个字符存入内存外，还要在最后加一个'\0'字符存入内存。这个'\0'字符就是字符串的结束标志，它的ASCII 值为 0。系统在对一个字符串进行操作时，通常需要知道它的长度，可以根据字符串结束标志来判断其是否结束。首先系统要找到字符串的第一个字符，然后依次向后，在遇到'\0'时认为该字符串结束。有了这个概念后，任意一个字符串都可以看作是由若干字符和一个字符串结束标志组成的。例如"China"包括'C'、'h'、'i'、'n'、'a'和'\0' 6 个字符。

字符数组"char a[4]={'B','O','Y','\0'};"中存放的字符串为"BOY"。如果执行语句"a[1]='\0';"，a 数组的内容则变为'B'、'\0'、'Y'和'\0'，此时系统认为 a 数组中存放了一个字符串"B"，这是因为字符串以'\0'为结束标志。但不要认为现在数组中的内容只有'B'和'\0'，实际上，可以通过下标来引用数组 a 中的所有元素，如 a[2]中的内容依然是'Y'。

一个字符串可以用一个一维字符数组来存放。若干个字符串可以用二维字符数组来存放，即每行存放一个字符串。例如：

```
char s[3][4]={"123","ab","A"};
```

该语句表示，s[0][0]的值为'1'，s[0][1]的值为'2'，s[0][2]的值为'3'，s[0][3]的值为'\0'；s[1][0]的值为'a'，s[1][1]的值为'b'，s[1][2]的值为'\0'；s[2][0]的值为'A'，s[2][1]的值为'\0'。

6.5.2 字符数组的定义、初始化及引用

字符数组中每个元素存放的值都是单个字符。在 C 语言中，规定了用 ASCII 码值为 0 的字符作为结束符。ASCII 码值为 0 的字符称为 NULL，不可见，是字符串结束标记。

1. 字符数组的定义

字符数组的定义格式如下：

```
char  数组名[常量表达式][...]...;
```

字符数组的定义形式与前面介绍的数值数组的定义形式相同，例如：

```
char c1[80];
```

这样定义了一个名为 c1 的字符数组，它包含 80 个元素。由于字符型与整型通用，因此也可以定义为 short c1[80]，但这时每个元素占两个字节的内存单元，可以定义为 short c1[80]，但这时每个元素占两个字节的内存单元，而不是一个字节。和数值一样，字符数组也可以是二维或多维数组，例如：

```
char c2[8][80];
```

2. 字符数组的初始化

对字符数组进行初始化，即在定义一个字符数组时为它指定初值。字符数组初始化有以下两种方式。

（1）用字符常量初始化。可以通过将字符逐个赋值给数组中的每个元素的方式进行初始化，例如：

```
char c3[10]={'C','H','I','N','A'};
```

在上面的语句中，将每个字符常量（对应的 ASCII 码）依次存入到对应的数组元素中，如果没有足够的初值，则未赋初值的元素自动赋空字符'\0'，其 ASCII 码值为 0。

对所有元素赋初值时可以省略数组长度。例如：

```
char c4[ ]={'1','2','3'};
```

这时 c4 数组长度自动为 3。由于没有标记字符串结束的空字符'\0'，因此，这里 c4 只是一个字符数组而不是一个字符串。

```
char c5[ ]={'1','2','3','\0'};
```

这时 c5 数组长度自动为 4。由于添加了标记字符串结束的空字符'\0'，这里 c5 既是字符数组，又是字符串。

下面是对二维字符数组进行初始化的语句。

```
char c6[][4]={{'M'},{'a'},{'c'},{'a'},{'o'}};
```

（2）用字符串常量初始化。字符数组还允许用字符串常量直接进行初始化。在指定数组大小时，一定要确保数组元素个数比字符串长度至少多 1 个（多出来的 1 个元素用于存放空字符'\0'）。一种办法是指定一个足够大的数组来存放字符串，例如：

```
char c7[80]="Stay strong China!";
```

或

```
char c7[80]={"Stay strong China!"};
```

当然，进行初始化时也可以省略数组大小，由编译器决定数组的大小，例如：

```
char c8[]="stay strong China!";
```

在上面的初始化语句中，虽然字符串常量中只出现了 18 个字符，但初始化后字符数组 c8 的长度自动指定为 19。这是因为字符串常量总是以空字符'\0'作为结束符。因此当把一个字符串常量存入一个数组时，也要把空字符'\0'存入数组，并以此作为该字符串结束的标志。所以用字符串方式初始化比用字符逐个初始化要多占一个字节。

说明

> 不能用赋值语句将一个字符串常量或字符数组直接赋给一个字符数组。下面程序中的赋值语句都是不合法的。
>
> ```
> char str1[80];
> char str2[80]=" Stay strong China!";    //字符数组可以初始化
> str1="program";                          //不允许
> str1=" Stay strong China!";              //不允许
> ```

3. 字符数组的引用

字符数组的引用和其他类型数组一样，通过数组名和用方括号（[]）括起来的下标表达式来引用数组中的各个元素，得到一个字符。下面分析两个字符数组引用的实例。

【例 6-16】输出一个字符串。程序代码如下：

```
#include <stdio.h>
int main()
{
    char c1[18]={'S','t','a','y',' ','s','t','r','o','n','g','
            ','C','h','i','n','a','!'};
```

例 6-16 视频讲解

```
    char c2[]="Stay strong China!";
    int i;

    for(i=0;i<18;i++)
        printf("%c",c1[i]);
    printf("\n");
    for(i=0;c2[i]!='\0';i++)
        printf("%c",c2[i]);
    return 0;
}
```

程序运行结果：

```
stay strong China!
stay strong China!
```

在例 6-16 中，用字符 "'S','t','a','y',' ','s','t','r','o','n','g',' ','C','h','i','n','a','!'" 初始化字符数组 c1，字符数组所占的存储空间为 18 个字节，从第一个数组元素 c1[0]开始输出，循环结束的条件是判断 i 是否小于 18。用字符串"Stay strong China!"初始化字符数组 c2，字符数组所占的存储空间为 19 个字节。在 for 循环中，从第一个数组元素 c2[0]即字符's'开始，逐个输出元素（字符）。循环结束的条件是判断数组元素c2[i]是否为空字符（'\0'），即判断字符串是否结束。这是用字符数组处理字符串时最常采用的结束循环的方式。

6.5.3 字符串的输入和输出

1. 用 scanf 函数和 printf 函数实现字符数组的输入和输出

（1）按%c 的格式，使用 scanf 函数和 printf 函数逐个输入和输出字符数组中的各个字符。

【例 6-17】使用 scanf 函数和 printf 函数实现字符型数组的输入和输出。程序代码如下：

```
#include<stdio.h>
#define N 18
int main()
{
    int i;
    char str[N];

    printf("input string:");
    for(i=0;i<N;i++)
        scanf("%c",&str[i]);

    for(i=0;i<N;i++)
        printf("%c",str[i]);

    return 0;
}
```

例 6-17 视频讲解

程序运行结果：

```
input string:Stay strong China!
Stay strong China!
```

程序运行时，输入的字符串长度必须为 N，因为循环次数为 N。这种方式限制了程序的功能，不能输入任意长度的字符串。

（2）按%s 的格式，使用 scanf 函数和 printf 函数按字符串的方式输入和输出。

【**例 6-18**】使用 scanf 函数和 printf 函数实现字符型数组的输入和输出。程序代码如下：

```c
#include<stdio.h>
#define N 80
int main()
{
    char str[N];

    printf("input string:");
    scanf("%s",str);

    printf("%s",str);

    return 0;
}
```

例 6-18 视频讲解

程序运行结果：

```
input string: Stay strong China!↙
Stay
```

  注意

（1）由于数组名代表数组起始地址，因此在 scanf 函数中只需写数组名 str 即可，而不能写成 scanf("%s",&str)。

（2）%s 用于 scanf 中控制输入时，输入的字符串不能含有空格或制表符。因为 C 语言规定，用 scanf 函数输入字符串是以空格、制表符或回车作为字符串间隔符号的，所以当 %s 遇到空格、制表符或回车时，就认为输入结束。

如果有以下 scanf 函数：

```
scanf("%s%s%s",str1,str2,str3);
```

当输入

```
Stay strong China!↙
```

时，则将 Stay 和'\0'输入到字符数组 str1 中，将 strong 和'\0'输入到字符数组 str2 中，将 China! 和'\0'输入到字符数组 str3 中。

如果输入的字符串中包含空格，则认为字符串输入完毕，如例 6-18 中数组 str 的值为" Stay"而不是" Stay strong China!"。

%s 用于 printf 函数中时，不会因为遇到空格或制表符而结束输出，只有在遇到'\0'时才停止输出，否则，即使输出的内容已经超出数组的长度也不会停止。

2. 字符串输入函数 gets 和字符串输出函数 puts

用 gets 函数可以直接输入字符串，其一般格式如下：

```
gets(字符数组)
```

功能：从标准输入设备键盘读取一个字符串，存入指定的字符数组。gets 函数和使用%s 格式的 scanf 函数都可以接收字符串，但在输入时有区别：scanf 函数将回车和空格都看作字符串结束标志；而 gets 函数只将回车看作字符串结束标志，将空格看作字符串的一部分。

用 puts 函数可以输出字符串，其一般格式如下：

```
puts(字符数组)
```

功能：把字符数组中的字符串输出到显示器。其中，字符串的结束标志将转换成回车换行符。用于输入/输出的字符串函数，在使用前应包含头文件"stdio.h"。

【例6-19】 字符串输入/输出函数的使用。程序代码如下：

```
#include<stdio.h>
#define N 80
int main()
{
    char m[N];
    printf("input string: ");
    gets(m);
    puts(m);
    return 0;
}
```

程序运行结果：

```
input string: Stay strong China!✓
Stay strong China!
```

可以看出，当输入的字符串中含有空格时，输出的还是全部字符串。这说明 gets 函数并不以空格作为字符串输入结束标志，而只以回车作为输入结束标志。输出字符串时，puts 函数完全可以代替 printf 函数。但当需要按一定规格输出时，通常使用 printf 函数。

6.5.4 字符数组的应用举例

【例 6-20】 输入一个字符串，分别统计其中的大写字母、小写字母、数字字符和其他字符的个数。

分析：首先，定义一个足够大的字符数组 str，存放从键盘输入的一个字符串；其次，定义一个长度为 4 的整型数组 a 并将每个数组元素初始化为 0，数组 a 用来统计大写字母、小写字母、数字字符和其他字符的个数；再次，调用 gets 函数输入一个字符串，存入数组 str；最后，利用循环语句依次判断数组 str 中每个数组元素是否为大写英文字符、小写英文字符、数字字符或其他字符，并将 a 数组中对应的数组元素值加 1，从而统计出各种字符的个数。程序伪代码如下：

```
#include<stdio.h>
int main()
{
    （1）定义变量；
    （2）调用 gets 函数输入字符串；
    （3）使用循环语句，遍历数组中所有元素，判断是否为大写英文字符、小写英文字符、数字字符或其他字符；
    （4）输出以上各字符个数；
    return 0;
}
```

例 6-20 视频讲解

根据上述伪代码，编写的程序代码如下：

```
#include<stdio.h>
int main()
{
```

```
    /*（1）定义变量*/
    char str[254];
    int i,a[4]={0};            //数组 a 用来存放对应字符的个数

    /*（2）调用 gets 函数输入字符串*/
    printf("Input a string:");
    gets(str);

    /*（3）使用循环语句，遍历数组中所有元素，判断是否为大写英文字符、小写英文字符、数
字字符或其他字符*/
    for(i=0;str[i]!='\0';i++)
    {
        if(str[i]>='A'&&str[i]<='Z') a[0]++;        //判断是否为大写字符
        else if(str[i]>='a'&&str[i]<='z') a[1]++;   //判断是否为小写字符
        else if(str[i]>='0'&&str[i]<='9') a[2]++;   //判断是否为数学字符
        else a[3]++;                                //其他字符
    }

    /*（4）输出以上各字符个数*/
    printf("Upper:%d\nLower:%d\n",a[0],a[1]);
    printf("Digit:%d\nOther:%d\n",a[2],a[3]);

    return 0;
}
```

程序运行结果：

```
Input a string:CHINA 520 China great!↙
Upper:6
Lower:9
Digit:3
Other:4
```

从上面的例子可以看到，用字符数组处理字符串时，实际上是将对字符串的处理分解为对一个个字符的处理，即对一个个数组元素的处理。

【例 6-21】为保障微信信息的安全，需要对微信登录密码进行加密。

分析："凯撒密码"据传是古罗马凯撒大帝用来保护重要军情的加密系统。它通过将字母表中的字母后移一定位置而实现加密，其中 26 个字母循环使用，z 的后面可以看成 a。例如，当密钥为 k=4 时，即向后移动 4 位。若明文为 "Hello everyone!"，则密文为 "Lipps izivcsri!"。根据以上分析，程序的伪代码如下：

```
#include<stdio.h>
#define N 100

int main()
{
    （1）定义变量;
    （2）输入密钥;
    （3）输入明文;
    （4）使用密钥 k 对输入的明文进行加密;
    （5）输出密文;
```

例 6-21 视频讲解

```
        return 0;
    }
```

根据上述伪代码，对步骤（4）做进一步细化，细化后的伪代码如下：

```
/* (4) 使用密钥 k 对输入的明文进行加密 */
for(i=0;m[i]!='\0';i++)
{
    如果是小写字母，则执行 c[i]=(m[i]+k)>'z'?m[i]+k-26:m[i]+k;
    如果是大写字母，则执行 c[i]=(m[i]+k)>'Z'?m[i]+k-26:m[i]+k;
    其他字符保持不变；
}
```

根据上述伪代码，完整的程序代码如下：

```
#include<stdio.h>
#define N 100

int main()
{   /* (1) 定义变量 */
    char m[N], c[N];                    //m 表示明文数组，c 表示密文数组
    int k,i;

    printf("请输入密钥:\n");
    scanf("%d",&k);                     //输入密钥
    getchar();                          //吸收上次输入时的回车符
    printf("请输入明文:\n");
    gets(m);                            //输入明文

    /* (4) 使用密钥 k 对输入的明文进行加密 */
    for(i=0;m[i]!='\0';i++)
    {
        if(m[i]>='a'&&m[i]<='z')        //如果是小写字母
        {
            c[i]=(m[i]+k)>'z'?m[i]+k-26:m[i]+k;
        }
        else if(m[i]>='A'&&m[i]<='Z')   //如果是大写字母
        {
            c[i]=(m[i]+k)>'Z'?m[i]+k-26:m[i]+k;
        }
        else c[i]=m[i];                 //其他字符保持不变
    }
    c[i]='\0';

    /* (5) 输出密文 */
    printf("密文是: \n%s\n",c);
    return 0;
}
```

程序中使用了 getchar 函数吸收上次输入时的回车符，输入明文时使用 gets 函数。如果使用 scanf 函数输入，虽然不会出现语法错误，但运行时密文的内容会有所丢失，因为 scanf 函数在输入字符串时不能提取空白符（空格符、制表符和换行符）。在对明文进行加密的循环中，循环条件写成"m[i]!='\0'"比写成"i<N"效率更高，因为通过字符串实际长度控制循环更合理。

6.5.5　字符串处理函数

为了简化程序设计，C 语言提供了字符串处理函数，程序员需要时可以直接调用这些函数。需要指出的是，在使用这些函数之前，应包含头文件"string.h"。

1. 字符串长度函数

字符串长度函数的格式如下：

```
strlen(字符数组)
```

功能：测试指定字符串的实际长度（不含字符串结束标志），并返回字符串的长度，其中的参数可以是字符数组名或字符串常量。例如，调用 strlen("abcd\0ef\0g")的返回值是 4。

注意

'\0'在 C 语言的字符串中具有特殊的意义，标志字符串的结束。计算串长时，只计算'\0'之前的字符数据的个数，而不管'\0'之后是什么字符，所以调用后的返回值为 4。

【例 6-22】字符串长度函数的使用。程序代码如下：

```c
#include<stdio.h>
#include<string.h>
int main()
{
    int n;
    char str[]="Stay strong China!";
    n=strlen(str);
    printf("The lenth of the string is %d\n",n);
    return 0;
}
```

程序运行结果：

```
The lenth of the string is 18
```

2. 字符串连接函数

字符串连接函数的格式如下：

```
strcat(字符数组1,字符数组2)
```

功能：将存放在字符数组 1 和字符数组 2（也可是字符串常量）的两个字符串连接起来，并存入字符数组 1（字符数组 1 要足够大），同时删除字符串 1 后的结束标志'\0'，组成新的字符串。该函数返回值是字符串 1 的首地址。

【例 6-23】字符串连接函数的使用。程序代码如下：

```c
#include<stdio.h>
#include<string.h>
int main()
{
    char str1[30]="My name is ";
    char str2[10];
    printf("input your name:");
    gets(str2);
```

```
    strcat(str1,str2);
    puts(m1);
    return 0;
}
```

程序运行结果：

```
input your name:Xia Qishou↙
My name is Xia Qishou
```

3. 字符串比较函数

字符串比较函数的格式如下：

```
strcmp(字符数组1,字符数组2)
```

功能：对两个字符数组（或字符串）从左到右逐个字符相比较（按字符的 ASCII 码值的大小），直至出现不同的字符或遇到 '\0' 为止，并返回比较结果，见表 6.2。

表 6.2　字符串比较结果及返回值

字符串比较结果	返回值
字符串 1=字符串 2	0
字符串 1>字符串 2	大于 0
字符串 1<字符串 2	小于 0

 注意

对字符串不允许执行"=="和"!="运算，必须用字符串比较函数对字符串进行比较。

【例6-24】字符串比较函数的使用。程序代码如下：

例 6-24 视频讲解

```
#include<stdio.h>
#include<string.h>
int main()
{
    int n;
    char str1[15],str2[]="Hello Everyone";
    puts("input a string:");
    gets(str1);
    n=strcmp(str1,str2);
    if(n==0)  printf("str1=str2\n");
    if(n>0)   printf("str1>str2\n");
    if(n<0)   printf("str1<str2\n");
    return 0;
}
```

程序运行结果：

```
input a string:
Hello everyone↙
str1>str2
```

本程序将输入的字符串和数组 str2 中的字符串做比较,再将比较结果赋给 n,根据 n 值输出结果。

4. 字符串复制函数

字符串复制函数的格式如下:

```
strcpy(字符数组 1,字符数组 2)
```

功能:把字符数组(或字符串)2 中的字符复制到字符数组(不能是字符串)1 中,结束标志也一同复制。字符数组 1 中原有的信息被覆盖,注意字符数组 1 必须定义得足够大,以容纳被复制的字符串。

【例 6-25】 字符串复制函数的使用。程序代码如下:

```c
#include<stdio.h>
#include<string.h>
int main()
{
    char str1[15]="Good luck!",str2[]="Thank you!";
    strcpy(str1,str2);
    puts(str1);
    printf("\n");
    return 0;
}
```

程序运行结果:

```
Thank you!
```

 注意

不能用赋值语句将一个字符串常量或字符数组直接赋给一个字符数组。例如,设 str 是字符数组名,则 "str="Thank you!";" 是非法的,只能使用 strcpy 函数。

5. 小写字母转换为大写字母函数

小写字母转换为大写字母函数的格式如下:

```
strupr(字符串)
```

功能:将指定字符串中所有小写字母均换成大写字母。

6. 大写字母转换为小写字母函数

大写字母转换为小写字母函数的格式如下:

```
strlwr(字符串)
```

功能:将指定字符串中所有大写字母均换成小写字母。

6.5.6 字符处理函数的应用举例

【例 6-26】 编制简单程序,练习英文打字,当输入 "quit" 单词时,程序终止执行。

分析:先定义一个足够大的字符数组 str,然后在循环语句中利用 gets 函数从键盘输入一个字符串存入数组 str 中,再调用 strcmp 函数比较 str 数组中的字符串和 "quit" 是否相同,如果相同,则执行 break 语句结束循环。程序伪代码如下:

```
#include<stdio.h>
#include<string.h>
int main()
{
    (1) 定义变量;
    (2) for(; ;)
    {
        (2.1) 调用 gets 函数输入字符串;
        (2.2) 如果输入的字符串是"quit", 则退出循环;
    }
    return 0;
}
```

根据上述伪代码，编写的程序代码如下：

```
#include<stdio.h>
#include<string.h>
int main()
{
    char str[80];                    //(1) 定义变量

    for(; ;)
    {
        printf("enter a string:");
        gets(str);                   //(2.1) 调用 gets 函数输入字符串
        if(!strcmp("quit",str))      //(2.2) 如果输入的字符串是"quit", 则退出循环
            break;
    }

    return 0;
}
```

程序运行结果：

```
enter a string:I am a teacher✓
enter a string:You are a student✓
enter a string:quit✓
```

【例 6-27】由键盘输入若干字符串，输出其中最长的字符串。

分析：首先定义两个足够大的字符数组 inputline 和 outputline，并利用 gets 函数输入一个字符串存入数组 inputline 中；然后利用 strlen 函数求出该字符串的串长赋给变量 len，若 len 不为 0，则将 len 与 max（初值为 0）比较，若比 max 大，则将 len 赋给 max，并利用 strcpy 函数将该字符串复制到数组 outputline；再输入一个字符串存入数组 inputline，重复上面的操作，直到输入空串结束；最后输出数组 outputline 中的字符串。程序伪代码如下：

```
#include<stdio.h>
#include<string.h>
#define N 1000
int main()
{
```

例 6-27 视频讲解

```
    (1) 定义变量 inputline[N]、outputline[N]、max、len;
    (2) 使用循环语句输入字符串，并求最长字符串;
```

（3）调用 puts 函数输入最长字符串；

    return 0;

}

对步骤（2）进行进一步细化，细化后的伪代码如下：

/*（2）使用循环语句输入字符串，并求最长字符串*/

do{

   （2.1）调用 gets 函数输入字符串；

   （2.2）调用 strlen 函数求字符串长度 len；

   （2.3）if(len>max)

    {

      max=len;

      strcopy(outputline,inputline);

    }

}while(len>0);

根据上述伪代码，编写的程序代码如下：

```
#include<stdio.h>
#include<string.h>
#define N 1000
int main()
{
    char inputline[N],outputline[N];      //（1）定义变量
    int len,max=0;

    /*（2）使用循环语句输入字符串，并求最长字符串*/
    do {
            printf("input a string:");
            gets(inputline);
            len=strlen(inputline);
            if(len>max)
            {
                max=len;
                strcpy(outputline,inputline);
            }
    }  while(len>0);

    if(max>0)
        puts(outputline);

    return 0;
}
```

程序运行结果：

```
enter a string:I am a teacher↙
enter a string:You are a student↙
enter a string: ↙
You are a student
```

6.5.7 字符串数组

利用一维字符数组能够保存一个字符串，而利用二维字符数组能够同时保存多个字符串。

当用二维字符数组处理多个字符串时，通常被称为字符串数组。

【例6-28】字符串数组的定义与初始化。程序代码如下：

```
#include<stdio.h>
int main()
{
    char weekday[7][10]={"Monday","Tuesday","Wednesday","Thursday",
                        "Friday","Saturday","Sunday"};
    ……
    return 0;
}
```

这里定义了一个7行10列的字符串数组weekday（二维字符数组），并同时进行了初始化。它可以用于存储7个字符串，每个字符串的长度不超过9个字符，如图6.7所示。

M	o	n	d	a	y	\0	\0	\0	\0	weekday[0]
T	u	e	s	d	a	y	\0	\0	\0	weekday[1]
W	e	d	n	e	s	d	a	y	\0	weekday[2]
T	h	u	r	s	d	a	y	\0	\0	weekday[3]
F	r	i	d	a	y	\0	\0	\0	\0	weekday[4]
S	a	t	u	r	d	a	y	\0	\0	weekday[5]
S	u	n	d	a	y	\0	\0	\0	\0	weekday[6]

图 6.7　字符串数组 weekday 存放示意图

可以通过字符串数组的数组元素访问其中的每个字符。

【例6-29】通过数组元素访问某个字符。程序代码如下：

```
#include<stdio.h>
int main()
{
    char weekday[7][10]={"monday","tuesday","wednesday","thursday",
                        "friday","saturday"," sunday"};
    printf("%c\n",weekday[2][3]);
    return 0;
}
```

在上面的程序中，通过引用数组元素weekday[2][3]直接访问字符串"Wednesday"中一个字符'n'，程序运行结果为n。

由于二维数组可以看作其元素是一维数组的一维数组，因此可以利用只带一个行下标的一维字符数组访问每一行的字符串。

【例6-30】访问某一行的字符串。程序代码如下：

```
#include<stdio.h>
int main()
{
    char weekday[7][10]={"Monday","Tuesday","Wednesday","Thursday",
                        "Friday","Saturday"," Sunday"};
    printf("%s\n",weekday[2]);
    return 0;
}
```

程序运行结果：

```
Wednesday
```

在上面的程序中，注意 weekday[2]是数组名而不是数组元素。初始化后，字符数组 weekday[2]（一维数组）中存放的是字符串"Wednesday"，这样通过引用 weekday[2]可直接访问该字符串。

【例 6-31】字符串数组的输入和输出。程序代码如下：

```
#include<stdio.h>
#define  M  5
int main()
{
    char a[M][20];
    int i;

    /*输入字符串*/
    printf("Enter %d strings:",M);
    for(i=0;i<M;i++)
        scanf("%s",a[i]);

    /*输出字符串*/
    printf("Strings are:\n");
    for(i=M-1;i>=0;i--)
        printf("%s\n",a[i]);

    return 0;
}
```

例 6-31 视频讲解

程序运行结果：

```
Enter 5 strings:red yellow blue white black↙
Strings are:
black
white
blue
yellow
red
```

上面的程序从键盘依次输入 5 个字符串存放到字符串数组 a（二维字符数组）中，输入的每个字符串的长度不得超过 19。程序中出现的 a[i]是数组名而不是数组元素，其中数组 a[0]（一维字符数组）中存放输入的第一个字符串，以此类推。程序按与输入相反的顺序输出 5 个字符串。

6.6　本章小结

6.6.1　知识点小结

数组的基本概念：把具有相同类型的若干变量按有序的形式组织起来，这些按序排列的同类数据元素的集合称为数组。

1. 一维数组

一维数组定义的一般格式：

存储类型　数据类型　数组名[常量表达式];

定义数组时，不能在方括号中用变量来表示元素的个数，但是可以是符号常量或常量表达式。

一维数组初始化的一般格式：

类型说明符　数组名[常量表达式] = {数值表};

数值表中的初值个数不能超过数组定义时指定的长度。对数组进行初始化时，可以省略数组的长度，系统会根据花括号中初值的个数自动确定数组的长度。为数组中若干元素赋相同初值时，不能随意简化。

一维数组元素引用的一般格式：

数组名[下标表达式]

其中下标表达式可以为常量、变量或表达式，但要求必须为整型。下标表达式计算的结果是元素在数组中的下标。

2. 二维数组

二维数组定义的一般格式：

存储类型　数据类型　数组名[常量表达式1][常量表达式2];

二维数组初始化的一般格式：

类型说明符　数组名[常量表达式1][常量表达式2] = {数值表};

二维数组的初始化有按行分组赋值、按行连续赋值和只对部分元素赋值3种方式。

二维数组元素引用的一般格式：

数组名[下标表达式1][下标表达式2]

其中下标表达式可以为常量、变量或表达式，但要求必须为整型。

3. 字符数组和字符串

字符数组是元素为字符类型的数组。字符数组可用于表示字符串。在存储字符串时，总是以空字符'\0'作为串的结束符。允许用逐个字符常量赋值的方式对字符数组做初始化，也允许用字符串常量赋值的方式对数组做初始化。

用字符串常量赋值的方式初始化字符数组比用逐个字符常量赋值的方式初始化字符数组要多占一个字节，用于存放字符串结束标志'\0'。

常用字符串处理函数有 strlen、strcpy、strcat、strcmp 等。

4. 其他知识点

常用数组排序的算法有冒泡法、选择法等。常用数组查找的算法有顺序查找法、折半查找法等。

6.6.2　常见错误小结

常见错误小结见表6.3。

表 6.3　常见错误小结

实例	描述	类型
int n;int a[n];	使用变量而非整型常量来确定数组的长度	语法错误
a(10);	使用圆括号引用数组元素	语法错误
a(3,4)	使用圆括号，且将行下标和列下标写在一个圆括号内引用数组元素	语法错误
a[x,y]	将行下标和列下标写在一个方括号内引用数组元素，即用形如一维数组的形式来访问一个二维数组中的元素，C 语言编译器将会把 a[x,y]解释为 a[y]，且并不认为这是一个编译错误	逻辑错误
a={1,2,3,4,5};	试图用数组名接收对数组元素的整体赋值	语法错误
	没有对需要进行元素初始化的数组进行初始化，导致运行结果错误	逻辑错误
int a [4]={1,2,3,4,5};	在对数组元素进行初始化时提供的初值个数多于数组元素的个数	语法错误
	没有意识到数组的下标都是从 0 开始的，在访问数组元素时发生下标"多 1"或者"少 1"的操作，从而引发越界访问内存错误	
'abc'	用一对单引号将一个字符串括起来	语法错误
"a"	误以为用一对双引号将一个字符括起来表示字符常量	逻辑错误
	误以为用单个字符构成的字符串只占 1 个字节的内存	理解错误
char str[6]="secret";	没有确定一个足够大的字符数组来保存字符串结束标志'\0'	逻辑错误
char str[4]; strcpy(str,"secretacb");	在执行字符串处理操作时，没有提供足够大的空间用于存储处理后的字符串	语法错误
	在执行字符串处理操作时，没有在字符串的末尾添加字符串结束标志'\0'	逻辑错误
	在输入字符串时，没有提供空间足够大的字符数组来存储，即用户从键盘输入的字符个数超过了字符数组所含元素的个数	逻辑错误
	打印一个不包含字符串结束标志'\0'的字符数组	逻辑错误
scanf("%s",&a);	用 scanf 函数读取字符串时,代表地址值的数组名前添加了取地址符&	逻辑错误
	用 scanf 函数而非 gets 函数输入带空格的字符串	逻辑错误
	把字符串当作实参去调用形参是字符的函数，或者把字符当作实参去调用形参是字符串的函数	语法错误
if(str1==str2)	直接使用关系运算符而未使用 strcmp 函数来比较字符串大小	语法错误
str="secret"	直接使用赋值运算符而未使用 strcpy 对字符数组进行赋值	语法错误
	误以为 strcpy(str1,str2)函数是将字符串 str1 复制到字符串 str2 中	理解错误

第 7 章　函数

应用计算机求解复杂的实际问题时，总是把一个任务按功能分成若干个子任务，每个子任务还可进一步细分。一个子任务称为一个功能块，在 C 语言中用函数（function）实现。对于反复要用到的某些程序段，如果在每次需要时都重复书写，则十分烦琐。但如果把这些程序段写成函数，则当需要时直接调用即可，而不需要重新书写。

7.1　组合数计算问题

组合是数学的重要概念之一。从 n 个不同元素中每次取出 m 个不同元素（0≤m≤n），不管其顺序合成一组，称为从 n 个元素中不重复地选取 m 个元素的一个组合。所有这样的组合的种数称为组合数。组合数的计算公式为 $C_n^m = \dfrac{n!}{m!(n-m)!}$，此公式中用到了 3 次阶乘的计算，所以可以复用（reuse）阶乘计算函数。

【例 7-1】计算组合数。

```
#include<stdio.h>
unsigned long Factorial(unsigned int n);
int main()
{
    int n,m;
    unsigned long c;

    /*如果 n<m、n≤0 或 m<0，重新输入 n、m 的值*/
    do
    {
        printf("请输入 n、m (n≥m>0): ");
        scanf("%d,%d",&n,&m);
    }while(n<m||n<=0||m<0);

    /*调用阶乘函数 Factorial 计算组合数 C(n,m)*/
    c= Factorial(n)/( Factorial(m)* Factorial(n-m));

    printf("C(%d,%d)=%lu\n",n,m,c);
    return 0;
}

unsigned long Factorial (unsigned int n)
{
    unsigned int i;
    unsigned long result =1;
```

例 7-1 视频讲解

```
    for(i=2;i<=n;i++)
        result*=i;

    return result;
}
```

本程序中定义了一个 Factorial 函数，供 main 函数调用。C 语言中，函数定义后，可以根据需要调用一次或多次。一个 C 语言程序以 main 函数作为程序的主函数，程序运行时，从它开始执行，并根据需要调用其他函数，执行完函数后返回到 main 函数中，最后在 main 函数结束。一个 C 语言程序可由若干个源程序文件组成，每个源程序文件由程序代码组成。C 语言程序的一个源文件也可以看作一个程序"模块"，可以独立编译，所以 C 语言程序可以按源程序文件分别编写和编译。这就是模块化程序，以模块为指导思想的程序设计称为模块化程序设计。狭义地讲，模块化程序设计依赖于子程序，每个模块都是一个子程序，但本书不涉及真正意义上的模块化程序设计。在 C 语言中，子程序体现为函数，程序的每个模块都是一个函数。子程序技术是"自顶向下、逐步求精"程序设计技术的基础。"自顶向下、逐步求精"是一种思维方式，它的核心思想如下：

（1）对于某一个要解决的问题，在寻求它的解法时，首先从问题的整体（最顶层）出发，将它分解为独立且互不交叉的若干个子问题。每个子问题是整体问题的一部分或一种情况。这几个子问题若能正确解决，则它们的总和就是整体问题的解。

（2）当然每个子问题不一定马上就能解决。所以继续向下一个个具体考虑下一层的各个子问题，针对每个子问题，仍采用求整体问题的思路，继续对其进行分解（求精），得到该子问题解法的分解步骤，即更低一层次的子问题。

（3）如此下去，直到最底层的每个子问题都能明确写出解法为止，便可得到解决整体问题的算法。

本书中的例子都是采用这种"自顶向下、逐步求精"的思维方式求解的。这种程序设计技术将"做什么"与"怎么做"分离开来。在高一层次中，为了完成某一操作，程序员只需关心要"做什么"（调用一个子程序）即可，而对于怎样去完成这个操作，完全不必操心。这样可使程序员集中精力考虑高一层次的算法，不必被某一具体的微小细节缠绕住。然后，当程序员回过头来（或由别人）具体考虑相应的操作细节时，再关心"怎么做"（设计子程序本身），即设计具体算法，具体考虑怎样去达到总体上的要求。

"自顶向下、逐步求精"程序设计技术用子程序分离"做什么"与"怎么做"，使得程序的逻辑结构清晰、易定、易读、易懂，同时使得程序的设计、调试、维护变得容易。

课程思政："用人如器，各取所长。"函数讲究的是合作，把自己不擅长的拿给别人做。同伴之间互相帮助、各取所长，会使学习效率更高、进度更快。

7.2 函数的概念

函数是 C 语言程序的重要组成元素。C 语言中，把由相关的语句组织在一起、有自己的名称、可实现独立功能、能在程序中被调用的程序块称为函数。一个较大的程序一般由若干个程序模块组成，每个程序模块用于实现一个特定的功能。在高级语言中，用子程序来实现模块的功能；而在 C 语言中，子程序的功能用函数来实现。一个 C 语言程序由一个主函数和若干个其他的函数组成，主函数调用其他函数，而其他函数之间可以相互调用，同一个函数也可以被其他一个或若干个函数多次调用。像变量一样，函数也是先定义后使用。

7.2.1　函数的分类

在 C 语言中，函数（function）是构成程序的基本模块。程序的执行从 main 函数的入口开始，到 main 函数的出口结束，中间循环、往复、迭代地调用一个又一个函数。每个函数分工明确，各司其职。对这些函数而言，main 函数就像是一个总管。根据用户使用的情况，函数可分为标准函数和用户自定义函数。

（1）标准函数。标准函数即库函数，它是由系统提供的，用户不必自己定义，可以直接使用它们。需要注意的是，不同的 C 语言编译系统提供的库函数的数量和功能会有一些不同。C 语言标准库中提供了丰富的库函数，如标准输入/输出函数、数学函数等。为了正确使用库函数，应注意以下几点。

1）类别不同的库函数被包含在不同的头文件中。头文件是以".h"为扩展名的一类文件，如已经接触过的 stdio.h、math.h 等。这些头文件中包含了对应标准库中所有函数的函数原型和这些函数所需数据类型和常量的定义。库函数的函数原型说明了该库函数的名称、参数个数及类型、函数返回值的类型。例如，数学库函数 sin 的原型如下：

```
double sin(double x);
```

2）当需要使用某个库函数时，应在程序开头用"#include"预处理命令将对应的头文件包含进来。例如，在例 3-25 中为了使用数学库函数，在程序开头添加了以下预处理命令。

```
#include <math.h>
```

3）调用库函数时，应遵循下面的格式。

```
函数名(函数参数)
```

函数名通常代表了函数的功能。函数参数是要参与函数运算的数据，可以是常量、变量或者表达式。在调用函数时，函数名、函数参数以及参数的类型必须与函数原型一致。

（2）用户自定义函数。如果库函数不能满足程序设计者的编程需要，那么就需要程序设计者自己编写函数来完成所需要的功能，这类函数称为用户自定义函数。本章主要讨论用户自定义函数。

7.2.2　函数的定义

就像变量在使用前必须先定义一样，函数在使用前也必须先定义。在 C 语言中，函数定义的一般格式如下。

```
函数类型　函数名([形参列表])
{
    说明部分
    语句部分
}
```

说明

（1）"函数类型"指的是"函数返回值"的类型，省略时默认为 int 型，如果函数不需要返回值，可指定返回类型为 void。

（2）"形参列表"用于接收从函数外部传递来的数据。函数在定义时参数的值并不能确定，但它规定了参数的个数、次序和每个参数的类型，所以又称为形式参数，简称"形参"。函数名和形参都是用户命名的标识符，必须符合标识符的命名规则。

（3）函数类型、函数名和形参列表统称为函数头。一对花括号（{ }）内的部分称为函数体，函数体内包括变量说明和语句两部分。

（4）C 语言中所有函数都是平行的，一个函数并不从属于另一个函数，即 C 语言中不允许函数嵌套定义。

在第 1 章例 1-2 中，定义一个函数，以输出两个数中的最大数，现将函数的程序代码改写为：

```
int max(int a,int b)
{
    if(a>b)        return a;
    else           return b;
}
```

程序的第一行说明 max 函数是一个整型函数，其返回值是一个整数，形参 a、b 也都是整型变量。a、b 的具体值是由主函数在调用时传来的。在函数体"{}"内，通过 if...else 语句判断形参 a、b 的大小关系，然后用 return 语句把最大值返回给主调函数。

注意

有返回值的函数中至少有一个 return 语句。

在 C 语言程序中，一个函数的定义可以放在任意位置，既可以放在主调函数之前，也可以放在主调函数之后。

7.2.3 函数的声明

函数的声明是指利用它在程序的编译阶段对调用函数的合法性进行全面检查。它把函数名称、函数类型以及形参的类型、个数和顺序通知编译系统，以便在调用该函数时系统可按此声明进行对照检查。C 语言编译程序默认函数的返回值为 int 类型。对于返回值为其他类型的函数，若把函数的定义放在调用之后，应该在调用之前对函数进行声明。函数的声明是一条语句。C 语言中使用函数原型对函数进行说明。它标识了函数返回的数据类型、函数的名称、函数所需的参数个数及类型，但不包括函数体。函数原型的一般形式有两种，分别如下：

　　　　数据类型　函数名(参数类型 1,参数类型 2,…);

或

　　　　数据类型　函数名(参数类型 1　形参名 1,参数类型 2　形参名 2,参数类型 2 …);

说明

（1）实际上，如果被调函数的定义出现在主调函数之后，却没有对函数做声明，则编译系统会把第一次遇到的该函数形式作为函数的声明，并将函数类型默认为 int 型。

（2）如果被调函数的定义出现在主调函数之前，可以不加声明。因为编译系统已经知道了已定义的函数的类型，会根据函数首部提供的信息对函数的调用做正确性检查。

（3）如果在所有函数定义之前，在函数的外部已做了函数声明，则在各个主调函数中不必对所定义的函数再做声明。

为了便于阅读程序，一般采用第一种形式。但由于编译器不检查参数名，所以第二种形式和第一种形式实际上是等效的。

在程序中，提倡先声明函数、再使用函数。函数原型符合声明函数的形式，所以通常使用函数原型来声明函数，以便编译器对函数调用的合法性进行全面检查。

7.3 函数的调用和返回语句

7.3.1 函数的调用

一个函数被定义后，程序中的其他函数就可以使用这个函数了，这个过程称为函数的调用。调用一个已经定义的函数就意味着在程序的调用处完成该函数的功能。

1. 函数调用一般格式

函数调用的一般格式如下：

```
函数名(实际参数列表);
```

在实际参数列表中的参数称为实际参数（简称"实参"），实参可以是常数、变量或表达式，各参数之间用逗号隔开，若被调函数是无参函数，则实际参数列表消失，但一对圆括号不能省略。例如：

```
void Func(int a,int b)        //函数定义
{…}

int main()
{
    int a=2,b=1;
    …
    Func(a,b);                //调用 Func 函数
    return 0;
}
```

2. 函数调用方式

按函数在程序中的位置来分，函数调用方式有以下 3 种：

（1）函数语句。把函数作为一个语句。例如：

```
Printstar();
```

此时不要求函数带回返回值，只要求函数完成一定的操作。

（2）函数表达式。函数出现在一个表达式中，这种表达式称为函数表达式。这时，要求函数带回一个确定的值以参加表达式的运算。例如：

```
m=3*max(a,b);
```

函数 max 是表达式的一部分。

（3）函数参数。函数调用作为一个函数的参数。例如：

```
printf("%d", max(m,n));
```

3．函数调用过程

函数调用过程如下：

（1）程序从 main 函数开始执行，当遇到函数调用时，为被调函数分配存储空间，并将实参值赋值给形参变量。

（2）暂停执行主调函数，转而执行被调函数。

（3）执行完被调函数后（遇到 return 语句或函数右面的花括号），返回主调函数，释放被调函数占用的内存空间，程序从主调函数原来暂停的位置继续执行。

【例 7-2】用函数求 3 个整数的最大数。

分析：编写一个求两个数最大值的函数 max，调用此函数求前两个数中的较大者赋值给变量 maxNumber，再调用此函数求 maxNumber 和第 3 个数的较大值，即求出 3 个数中的最大数。根据题目的要求，程序伪代码如下：

```
#include<stdio.h>
（1）定义 max 函数，求两个整数的较大值；
int main()
{
    （2）声明变量 a、b、c 和 maxNumber；
    （3）输入 3 个整型变量 a、b、c 的值；
    （4）调用 max 函数，返回 a、b 中的较大值给 maxNumber；
    （5）调用 max 函数，返回 maxNumber、c 中的较大值给 maxNumber；
    （6）输出 3 个数中的最大值 maxNumber；
    return 0;
}
```

例 7-2 视频讲解

根据上述伪代码，编写的程序代码如下：

```
#include<stdio.h>
/*（1）定义 max 函数，求两个整数的较大值*/
int max(int x,int y)
{
    int m;
    if(x>y)
        m=x;
    else
        m=y;
    return m;
}

int main()
```

```
    {
        int a,b,c,maxNumber;        //（2）声明变量 a、b、c 和 maxNumber

        printf("请输入 3 个整数:");
        scanf("%d%d%d",&a,&b,&c);      //（3）输入 3 个整型变量 a、b、c 的值

        maxNumber=max(a,b);  //（4）调用 max 函数，返回 a、b 中的较大值给 maxNumber
        maxNumber=max(maxNumber,c);  //（5）调用 max 函数，返回 maxNumber、c 中的较
大值给 maxNumber

        printf("3 个整数中的最大数是:%d",maxNumber);//(6)输出 3 个数中的最大值 maxNumber
        return 0;
    }
```

程序运行结果：

请输入 3 个整数: 35 78 12↙
3 个整数中的最大数是: 78

上面的程序从 main 函数开始执行，将输入数据分别赋给变量 a、b 和 c，遇到函数调用 max(a,b)时，主调函数 main 暂时中断执行，程序的执行控制权移交到被调函数 max，程序转向 max 函数的起始位置开始执行，同时，将实参 a 和 b 的值对应传递给形参 x 和 y。依次执行 max 函数中的语句。当执行到 return 语句时，被调函数 max 执行完毕，自动返回主调函数 main 原来中断的位置，并将 m 的值传回，主调函数 main 重新获得执行控制权，将函数返回值赋给 maxNumber。

main 函数继续执行，遇到函数调用 max(maxNumber,c)时，主调函数 main 暂时中断执行，程序的执行控制权移交到被调函数 max，程序转向 max 函数的起始位置开始执行，同时，将实参 maxNumber、c 的值对应传递给形参 x、y。依次执行 max 函数中的语句。当执行到 return 语句时，被调函数 max 执行完毕，自动返回主调函数 main 原来中断的位置，并将 m 的值传回，主调函数 main 重新获得执行控制权，将函数返回值赋给 maxNumber。最后输出 maxNumber 的值。

7.3.2 函数的返回值

函数的返回值就是函数执行的结果。当函数返回主调函数时，有时会有数据带回给主调函数，也可以没有任何数据返回给主调函数。根据返回值的有无，可以将函数分为有返回值函数和无返回值函数两类。

1. 有返回值函数

如果函数有返回值，则函数体中必须包含 return 语句（通过 return 语句将值返回给主调函数）。return 语句的一般格式如下：

```
函数类型   函数名()              //函数首部
{
    函数实现过程              //函数体
    return  (表达式);         //或 return 表达式;
}
```

return 语句有以下 3 个功能。

（1）返回一个值给主调函数，其中的一对圆括号为可选项。

（2）释放在函数的执行过程中所分配的内存空间。

（3）结束被调函数的运行，返回主调函数，继续执行主调函数调用处下面的语句。

 说明

　　一个函数可以有一个或多个 return 语句，但每次调用只能有一个 return 语句被执行，因此只能返回一个函数值。

　　当一个函数有返回值时，必须在函数定义时指定函数的返回值类型。如果省略函数的返回值类型，则系统默认函数返回值类型为 int 型。

　　函数返回值类型应该和 return 语句中表达式值的类型一致。如果两者不一致，则返回值类型以函数返回类型为准。

【例 7-3】改写例 7-2，从键盘输入两个数，输出其中的最大者。程序代码如下：

```c
#include<stdio.h>
max(float x,float y)                    //函数首部，默认函数类型为 int 型
{
    if (x>y)
        return x;
    else
        return y;
}
int main()
{
    float a,b,maxNumber;
    scanf("%f,%f",&a,&b);
    maxNumber=max(a,b);                  //调用 max 函数
    printf("Max is %f\n",maxNumber);
    return 0;
}
```

程序运行结果：

```
2.5,3.5↙
Max is 3.000000
```

上面的程序中，main 函数调用 max 函数，返回 x、y 中的较大值，即 3.5。当返回时，返回值是 float 型，max 函数没有指定返回值类型，系统默认函数的返回值类型为 int 型，两者不一致。C 语言规定，先将返回值转换为 int 型（即 3），再将其作为函数返回值返回给主调函数。main 函数中，由于 maxNumber 是 float 型，因此函数表达式 max (a,b) 的值 3 自动由 int 型转换为 float 型，则 maxNumber 的值为 3.000000。

显然，函数的返回值类型与表达式值类型的不一致导致程序运行结果出错。为了避免这种错误，C 语言提倡正确地声明函数类型，尽量保证函数返回值类型与 return 语句中表达式值类型相同。

2. 无返回值函数

```c
void  函数名()
{
```

函数实现过程

     }

当函数声明为 void 型时，函数体中不应出现 return 语句或 return 语句后面不带任何表达式。

通常执行函数调用时，函数体中的语句自动按顺序执行，当遇到函数体右花括号"}"时结束执行，返回主调函数。但如果函数体中包含 return 语句，则执行到该语句时，也将返回主调函数，实现控制流程的转移。

7.4　函数的参数传递

调用一个函数时，主调函数和被调函数之间会发生参数传递，传递方式有两种：一种是值传递，另一种是地址传递。

7.4.1　值传递

C 语言规定，简单变量作为函数参数时，把实参的值复制一个副本传递给形参的形式称为"值传递"。在被调函数中，形参可以被改变，但这只影响副本中的形参，而不影响调用函数的实参值。所以这类函数对原始数据有保护作用。

【例 7-4】值传递示例。

```
#include<stdio.h>
int main()
{
    int a=5;
    void Fun1(int a);    //函数声明
    printf("Before Fun1,a=%d\n",a);
    Fun1(a);
    printf("After Fun1,a=%d\n",a);
    return 0;
}
void Fun1(int a)
{
    a=a+5;
}
```

例 7-4 视频讲解

程序运行结果：
```
Before Fun1,a=5
After Fun1,a=5
```
请思考为什么不是如下运行结果。
```
Before Fun1,a=5
After Fun1,a=10
```
因为 main 函数在调用 Fun1 函数时，为 Fun1 中的形参分配了存储空间。虽然调用函数 Fun1(a)中的实参和函数定义 void Fun1(int a)中的形参同类型且同名，但是它们并不是同一个变量，占用的也不是相同的内存单元。在 Fun1 函数中，"a=a+5;"语句修改的是形参 a 的值，而参数传递是单向的，所以修改不会传递到 main 函数中。Fun1 函数调用结束时，将释放 Fun1

函数中形参的存储单元，main 函数中实参 a 的值仍然是 5，而不是 10。

　　数组作为函数参数的应用非常广泛。它主要有两种，一种是数组元素作为函数的参数，另一种是数组名作为函数的参数。

　　数组元素也称下标变量，它的实质与普通变量相同。数组元素作为函数实参与普通变量作为函数实参一样，都是把实参的值复制一份传递给形参，即单向值的传递。数组元素只能用作函数实参，不能用作函数形参。

　　【例 7-5】编写一个程序，接收用户输入的一行字符，将其中的小写字母转换成大写字母，其他字符不变。

　　分析：根据问题要求设计一个 transform 函数完成字母转换功能，该函数形参是字符型变量，在主调函数中该函数的实参是字符数组元素，调用时传递一个数组元素值给形参，这种传递方式是值传递。因为不能把形参的值返回给实参，所以只能在 transform 函数内判断接收的字符是否为小写字母，如果是小写字母则转换成大写字母并输出，其他字符直接输出。根据以上分析，程序伪代码如下：

```
#include<stdio.h>
（1）函数声明；
int main()
{
    （2）声明变量；
    （3）输入字符串；
    （4）使用循环，调用 transform 函数；
    return 0;
}
（5）定义 transform 函数，功能是把小写母转换成大写字母并输出；
```

（例 7-5 视频讲解）

根据函数的定义，对步骤（5）进行细化，细化后的伪代码如下：

```
/*（5）定义 transform 函数，功能是把小写母转换成大写字母并输出*/
void transform(char c)
{
    if(c>='a'&&c<='z')
        c=c-32;
    printf("%c",c);
}
```

根据细化后的伪代码，编写的程序代码如下：

```
#include<stdio.h>
void transform(char c);    //（1）函数声明
int main()
{
    /*（2）声明变量*/
    int i=0;
    char str[80];

    /*（3）输入字符串*/
    printf("请输入一行字符串: ");
    gets(str);
    printf("转换后的字符串为: ");
```

```
/*（4）使用循环，调用 transform 函数*/
while(str[i]!='\0')
{
    transform(str[i]);
    i++;
}

return 0;
}

/*（5）定义 transform 函数，功能是把小写母转换成大写字母并输出*/
void transform(char c)
{
    if(c>='a'&&c<='z')
        c=c-32;
    printf("%c",c);
}
```

程序运行结果：

```
请输入一行字符串: I Love China! ✓
转换后的字符串为: I LOVE CHINA!
```

7.4.2   地址传递

1. 向函数传递一维数组

向函数传递一维数组，就是传递整个一维数组给另一个函数，可以将数组的首地址作为参数传递过去。数组名代表数组的首地址，实际上就是数组名作为函数的参数。数组元素即下标变量，它的使用与普通变量并无区别。数组元素只能用作函数实参，其用法和普通变量完全相同。与数组元素作为函数参数不同，数组名作为函数参数时，既可以作为形参，也可以作为实参。

数组名作为函数参数时，要求形参和相对应的实参都必须是类型相同的数组，有明确的数组说明。参数传递的方式为"地址传递"，即把实参数组的起始地址传递给形参数组，形参数组的改变也是对实参数组的改变。

【例 7-6】使用数组名作为函数参数，实现例 7-5 功能。

分析：根据问题要求设计一个 transform2 函数，该函数使用数组名作为函数的形参，函数调用时，接收字符串的起始地址（第一个字符地址），形参和实参共享同一组存储地址。在 transform2 函数中，判断形参数组元素是否为小写字母，如果是小写字母则转换成大写字母。最后在主函数中输出改变后的字符串。根据以上分析，程序伪代码如下：

```
#include<stdio.h>
（1）函数声明;
int main()
{
    （2）声明变量;
    （3）输入字符串;
    （4）调用 transform2 函数;
```

例 7-6 视频讲解

```
        (5) 输出字符串;
        return 0;
    }
    (6) 定义 transform2 函数, 功能是把小写字母转换成大写字母;
```
根据函数的定义, 对步骤 (6) 进行细化, 细化后的伪代码如下:
```
    /* (6) 定义 transform2 函数, 功能是把小写字母转换成大写字母 */
    void transform2(char c[])
    {
        int i=0;
        (6.1) 使用循环, 判断字符数组元素 c[i] 是否为小写字母, 如果是, 则转换为大写字母;
    }
```
根据细化后的伪代码, 编写的程序代码如下:
```
    #include<stdio.h>
    void transform2(char c[]);              // (1) 函数声明
    int main()
    {
        char str[80];                       // (2) 声明变量

        /* (3) 输入字符串 */
        printf("请输入一行字符串: ");
        gets(str);

        transform2(str);                    // (4) 调用 transform2 函数

        printf("转换后的字符串为:");
        puts(str);                          // (5) 输出字符串

        return 0;
    }

    /* (6) 定义 transform2 函数, 功能是把小写字母转换成大写字母 */
    void transform2(char c[])
    {
        int i=0;

        /* (6.1) 使用循环, 判断字符数组元素 c[i] 是否为小写字母, 如果是, 则转换为大写字母 */
        while(c[i]!='\0')
        {
            if(c[i]>='a'&&c[i]<='z')
                c[i]=c[i]-32;
            i++;
        }
    }
```
程序运行结果:
```
    请输入一行字符串: I Love China!
    转换后的字符串为: I LOVE CHINA!
```

说明

> （1）用数组名作为函数参数时，应该在主调函数和被调函数中分别定义数组，且数组类型必须一致，否则结果出错。
>
> （2）用数组名作为函数实参时，其中形参数组可以不指定大小，因为 C 语言编译器不检查形参数组的大小，只是把实参数组的首地址传递给形参数组。由于首地址相同，因此形参数组与实参数组共用同一段内存单元。
>
> （3）用数组名作为函数参数时，形参数组中元素的改变会使实参数组中元素的值也跟着改变。利用数组名作为函数参数可以改变主调函数中数组元素值的特性能够解决很多问题。

2. 向函数传递二维数组

向函数传递二维数组可以用二维数组名作为函数参数，实际传送的是数组第一个元素的地址。数组名作为函数参数时，既可以作为形参，也可以作为实参。在被调函数中，当对形参数组定义时可以指定每一维的大小，也可以省略第一维的大小说明。例如：

```
int array[3][8];
```

或

```
int array[ ][8];
```

但不能省略第二维的大小说明。因为数组元素在存储器中都是按行的顺序连续存储的，数组的第二行总是存储在第一行之后。C 语言编译器必须知道一行中有多少元素（即列的长度）。这样才能知道跳过多少个存储单元来确定数组元素在存储器中的位置，从而准确地找到要访问的数组元素，否则编译程序无法确定第二行从哪里开始。

【例 7-7】有 m 个学生参加了 N 门课程的考试，利用函数调用的方法编程求出每个学生的总分和平均分及每门课程的总分和平均分。

分析：分别定义 ReadScore 函数、AverforStud 函数、AverforCourse 函数和 Print 函数用于读入学生成绩、计算每个学生的总分和平均分、计算每门课程的总分和平均分，并输出成绩。在主函数中定义二维数组 score[M][N] 用于存放 m 个学生的 N 门课程的成绩，并将二维数组名 score 作为函数的实参调用以上 4 个函数实现题目要求。程序伪代码如下：

```
#include<stdio.h>
#define M 40      // 最多学生人数
#define N 3       //考试科目数
（1）声明函数；
int main()
{
    （2）定义变量score[M][N]、sumS[M]、sumC[M]、averS[M]、averC[M]、\n;
    （3）调用 ReadScore 函数，读入学生成绩，并返回学生人数；
    （4）调用 AverforStud 函数，计算每个学生的总分和平均分；
    （5）调用 AverforCourse 函数，计算每门课程的总分和平均分；
    （6）调用 Print 函数，输出学生成绩；
    return 0;
}
```

例 7-7 视频讲解

（7）定义 ReadScore 函数，功能是输入学生的人数及其 N 门课的成绩，返回学生人数；

（8）定义 AverforStud 函数，功能是计算每个学生的总分和平均分；

（9）定义 AverforCourse 函数，功能是计算每门课程的总分和平均分；

（10）定义 Print 函数，功能是输出每个学生的序号、每门课程的成绩、总分和平均分，以及每门课程的总分和平均分；

　　根据上述伪代码和函数定义，对步骤（7）、（8）、（9）和（10）进行进一步细化，细化后的伪代码如下：

```
/*（7）定义 ReadScore 函数，功能是输入学生的人数及其 N 门课的成绩，返回学生人数*/
int ReadScore(int score[][N])
{
    （7.1）定义变量 m 保存学生人数；
    （7.2）输入参加考试的学生人数 m；
    （7.3）使用二重循环输入所有学生的 N 门课的成绩；
    for(i=0;i<m;i++)                    //对所有学生进行循环
    {
        for(j=0;j<N;j++)                //对第 i 个学生的所有课程进行循环
            {输入每个学生的各门课成绩 score[i][j];}
    }
     (7.4)返回学生人数 m；
}

/*（8）定义 AverforStud 函数，功能是计算每个学生的总分和平均分*/
void AverforStud(int score[][N],int sum[],float aver[],int n)
{
    （8.1）定义变量；
    （8.2）使用二重循环，计算每个学生的总分和平均分；
    for(i=0;i<n;i++)                    //对所有学生进行循环
    {
        累加器 sum[i]清零，用于存储第 i 个学生的总分；
        for(j=0;j<N;j++)                //对第 i 个学生的所有课程进行循环
        {   计算第 i 个学生的总分 sum[i];   }
        计算第 i 个学生的平均分 aver[i];
    }
}

/*（9）定义 AverforCourse 函数，功能是计算每门课程的总分和平均分*/
void AverforCourse(int score[][N],int sum[],float aver[],int n)
{
    （9.1）定义变量；
    （9.2）使用二重循环，计算每门课程的总分和平均分；
    for(j=0;j<N;j++)                    //对所有课程进行循环
    {
        累加器清零，用于存储第 j 门课程总分；
        for(i=0;i<n;i++)                //对所有学生进行循环
        {   计算第 j 门课程的总分 sum[j];   }
        计算第 j 门课程的平均分 aver[j];
    }
```

```
}
```

/* （10）定义 Print 函数，功能是输出每个学生的序号、每门课程的成绩、总分和平均分，以及
每门课程的总分和平均分 */
```
void Print(int score[][N],int sumS[],float averS[],int sumC[],float averC[],
int n)
{
    （10.1）定义变量;
    （10.2）使用二重循环，输出每个学生的各门课成绩、总分和平均分;
    for(i=0;i<n;i++)                    //对所有学生进行循环
    {
        for(j=0;j<N;j++)               //对第 i 个学生的所有课程进行循环
        {   输出学生每门课程的成绩 score[i][j];   }
        输出学生的总分 sumS[i]和平均分 averS[i];
    }
    （10.3）循环输出每门课程的总分及平均分;
}
```

根据上述伪代码，编写的程序代码如下：
```
#include<stdio.h>
#define M 40                          //最多学生人数
#define N 3                           //考试科目数

/* （1）声明函数 */
int ReadScore(int score[][N]);
void AverforStud(int score[][N], int sum[], float aver[], int n);
void AverforCourse(int score[][N], int sum[], float aver[], int n);
void Print(int score[][N],int sumS[],float averS[],int sumC[],
float averC[],int n);

int main()
{
    /* （2）定义变量 score[M][N]、sumS[M]、sumC[M]、averS[M]、averC[M]、n */
    int score[M][N],sumS[M],sumC[M],n;
    float averS[M],averC[M];

    /* （3）调用 ReadScore 函数，读入学生成绩，并返回学生人数 */
    n=ReadScore(score);

    /* （4）调用 AverforStud 函数，计算每个学生的总分和平均分 */
    AverforStud(score,sumS,averS,n);

    /* （5）调用 AverforCourse 函数，计算每门课程的总分和平均分 */
    AverforCourse(score,sumC,averC,n);

    /* （6）调用 Print 函数，输出学生成绩 */
    Print(score,sumS,averS,sumC,averC,n);
    return 0;
}
```

/* （7）定义 ReadScore 函数，功能是输入学生的人数及其 N 门课的成绩，返回学生人数 */

```
int ReadScore(int score[][N])
{
    int i,j,m;                              // (7.1) 定义变量 m 保存学生人数

    /* (7.2) 输入参加考试的学生人数 m*/
    printf("Input the total number of the students(m<%d):",M);
    scanf("%d", &m);

    /* (7.3) 使用二重循环，输入所有学生 N 门课的成绩*/
    printf("Input student's score:\n");
    for(i=0;i<m;i++)                        //对所有学生进行循环
    {
        printf("NO.%d:",i+1);
        for(j=0;j<N;j++)                    //对所有课程进行循环
            scanf("%d",&score[i][j]);       //输入每个学生的各门课成绩 score[i][j]
    }
    return m;                               // (7.4) 返回学生人数 m
}
```

/* (8) 定义 AverforStud 函数，功能是计算每个学生的总分和平均分*/
```
void AverforStud(int score[][N],int sum[],float aver[],int n)
{
    int i,j;                                // (8.1) 定义变量

    /* (8.2) 使用二重循环，计算每个学生的总分和平均分*/
    for(i=0;i<n;i++)                        //对所有学生进行循环
    {
        sum[i]=0;                           //累加器 sum[i] 清零，用于存储第 i 个学生的总分
        for(j=0;j<N;j++)                    //对第 i 个学生的所有课程进行循环
            sum[i]=sum[i]+score[i][j];      //计算第 i 个学生的总分 sum[i]
        aver[i]=(float)sum[i]/N;            //计算第 i 个学生的平均分 aver[i]
    }
}
```

/* (9) 定义 AverforCourse 函数，功能是计算每门课程的总分和平均分*/
```
void AverforCourse(int score[][N],int sum[],float aver[],int n)
{
    int i,j;
    /* (9.2) 使用二重循环，计算每门课程的总分和平均分*/
    for(j=0;j<N;j++)            //对所有课程进行循环
    {
        sum[j]=0;                               //累加器清零，用于存储第 j 门课程的总分
        for(i=0;i<n;i++)                        //对所有学生进行循环
            sum[j]=sum[j]+score[i][j];          //计算第 j 门课程的总分
        aver[j]=(float)sum[j]/n;                //计算第 j 门课程的平均分
    }
}
```

/* (10) 定义 Print 函数，功能是输出每个学生的序号、每门课程的成绩、总分和平均分，以及每门课程的总分和平均分*/

```
void Print(int score[][N],int sumS[],float averS[],int sumC[], float
averC[],int n)
{
    int i,j;                    //（10.1）定义变量
    /*（10.2）使用二重循环，输出每个学生的各门课成绩、总分和平均分*/
    printf("Counting Result:\n");
    printf("Student's ID\tSOne\tSTow\tSThree\t  SUM\tAVER\n");
    for(i=0;i<n;i++)            //对所有学生进行循环
    {
        printf("    NO.%d:",i+1);
        for(j=0;j<N;j++)        //对第 i 个学生的所有课程进行循环
            printf("%5d\t",score[i][j]);
        printf("%8d%8.1f\n",sumS[i],averS[i]);   //打印学生的总分和平均分
    }

    /*（10.3）对所有课程进行循环，输出每门课程的总分及平均分*/
    printf("Sum of Course\t");
    for(j=0;j<N;j++)            //打印每门课程的总分
        printf("%4d\t",sumC[j]);
    printf("\nAver of Course\t");
    for(j=0;j<N;j++)            //打印每门课程的平均分
        printf("%4.1f\t",averC[j]);
    printf("\n");
}
```

程序运行结果：

```
Input the total number of the students(m<40):6✓
Input student's score:
NO.1: 65  78  86✓
NO.2: 98  69  75✓
NO.3: 84  75  80✓
NO.4: 85  82  68✓
NO.5: 54  87  93✓
NO.6: 64  55  86✓
Counting Result:
```

Student's ID	sOne	sTow	sThree	SUM	AVER
NO.1:	65	78	86	229.0	76.3
NO.2:	98	69	75	242.0	80.7
NO.3:	84	75	80	239.0	79.7
NO.4:	85	82	68	235.0	78.3
NO.5:	54	87	93	234.0	78.0
NO.6:	64	55	86	205.0	68.3
Sum of Course	450	446	488		
Aver of Course	75.0	74.3	81.3		

为进一步说明数组名作为函数参数与数组元素作为函数参数的区别，下面将两者做比较。

【例 7-8】有两个角色分别用变量 a[0]和 a[1]表示。为了实现角色互换，现制订了两套方案，通过函数调用来交换变量 a[0]和 a[1]的值。请分析在 swap1 和 swap2 这两个函数中，哪个

函数可以实现这样的功能。程序代码如下：

```c
#include <stdio.h>
int main()
{
    void swap1(int s[]);              //声明 swap1 函数
    void swap2(int x,int y);          //声明 swap2 函数
    int a[2]={30,20};
    printf("(1)a[0]=%d  a[1]=%d\n",a[0],a[1]);
    swap1(a);                         //调用 swap1 函数
    printf("(4)a[0]=%d  a[1]=%d\n\n\n",a[0],a[1]);

    a[0]=30;    a[1]=20;              //数组元素重新赋值

    printf("(1)a[0]=%d  a[1]=%d\n",a[0],a[1]);
    swap2(a[0],a[1]);                 //调用 swap2 函数
    printf("(4)a[0]=%d  a[1]=%d\n",a[0],a[1]);
    return 0;
}

/*定义 swap1 函数，形参用数组形式*/
void swap1(int s[])
{
    int t;
    printf("(2)s[0]=%d  s[1]=%d\n",s[0],s[1]);
    t=s[0]; s[0]=s[1]; s[1]=t;        //交换 s[0]和 s[1]两个数组元素的值
    printf("(3)s[0]=%d  s[1]=%d\n",s[0],s[1]);
}

/*定义 swap2 函数，形参用两个整型变量*/
void swap2(int x,int y)
{
    int t;
    printf("(2)x=%d  y=%d\n",x,y);
    t=x; x=y; y=t;                    //交换 x 和 y 两个变量的值
    printf("(3)x=%d  y=%d\n",x,y);
}
```

程序运行结果：

```
(1)a[0]=30    a[1]=20
(2)s[0]=30    s[1]=20
(3)s[0]=20    s[1]=30
(4)a[0]=20    a[1]=30

(1)a[0]=30    a[1]=20
(2)x=30       y=20
(3)x=20       y=30
(4)a[0]=30    a[1]=20
```

在程序中，主调函数调用 swap1 函数时，实参为数组名 a，将数组 a 的首地址传递给形参数组 s，这样数组 a 和数组 s 共用同一段内存单元，然后程序转去执行 swap1 函数。

在 swap1 函数中，语句"t=s[0]; s[0] =s[1]; s[1]=t;"的含义是交换数组元素 s[0]和 s[1]的内容，实际上就是把主函数中数组 a 的两个元素的值相交换。所以，swap1 函数交换的是主函数中数组元素 a[0]和 a[1]的值，如图 7.1 所示。

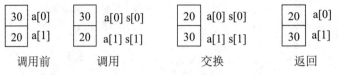

图 7.1 数组名作为函数参数

主函数在调用 swap2 函数时，实参 a[0]、a[1]的值分别传递给形参 x、y。swap2 函数完成形参 x、y 的值交换，但实参 a[0]、a[1]的值未做任何改变，即实参向形参单向值传递。形参值的改变不影响实参的值，所以不能达到 a[0]、a[1]值互换的目的，如图 7.2 所示。

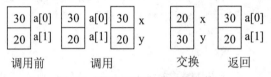

图 7.2 数组元素作为函数参数

可见，在 C 语言程序中，数组元素作为函数的参数和普通变量作为函数的参数用法相同，都是单向值传递。而数组名作为函数的实参是将实参数组的首地址传递给形参数组，这样形参数组和实参数组共用相同的内存单元，在被调函数中可以直接改变主调函数中的数组元素的值，从而达到"双向"传递。

7.5 函数的嵌套与递归

7.5.1 函数的嵌套调用

C 语言的函数定义都是平行的、独立的，即在定义函数时，一个函数内不包含另一个函数。C 语言不能嵌套定义函数，但是可以嵌套调用函数。函数的嵌套调用就是在被调用的函数中又调用另一个函数。一个简单的函数嵌套调用过程如图 7.3 所示。

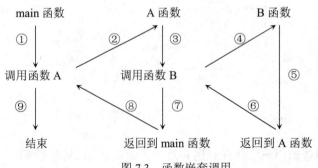

图 7.3 函数嵌套调用

其执行过程如下：

（1）执行 main 函数的开头部分。

（2）遇到调用 A 函数的操作语句，流程转去 A 函数。

（3）执行 A 函数的开头部分。

（4）遇到调用 B 函数的操作语句，流程转去 B 函数。

（5）执行 B 函数，若再无其他嵌套函数，则完成 B 函数的全部操作。

（6）返回调用 B 函数处，即返回 A 函数。

（7）继续执行 A 函数中尚未执行的部分，直到 A 函数结束。

（8）返回 main 函数中调用 A 函数处。

（9）继续执行 main 函数的剩余部分直到结束。

【例 7-9】验证哥德巴赫猜想，即每个不小于 6 的偶数都能分解为两个素数之和，如 8=3+5。

分析：在给定区间[m,n]内取一个偶数 i，分别判断 3 和 i-3、5 和 i-5、7 和 i-7、……直到找到有一组数都是素数。根据以上分析，程序伪代码如下：

```
#include<stdio.h>
#include<math.h>
/*（1）函数声明*/
int main()
{
    （2）声明变量，用 m、n 表示区间[m,n];
    （3）输入 m、n 的值;
    （4）使用循环，调用 Goldbach 函数，函数的功能是验证[m,n]之间的偶数能分解为两个素
数之和;
    return 0;
}
/*（5）定义 prime 函数，功能是判断一个整数是否为素数*/
int prime(int x)
{
    （5.1）声明变量 i;
    （5.2）使用循环，判断 x 不是素数，函数返回值为 0;
    （5.3）函数返回值为 1;

}
/*（6）定义 Goldbach 函数，功能是寻找偶数是两个素数之和并输出;*/
void Goldbach(int a)
{
    （6.1）声明变量 k;
    （6.2）使用循环，寻找 a 是两个素数之和并输出;
        （6.2.1）调用 prime 函数，判断 k 和 a-k 是否是素数，如果是，则输出并结束循环;
}
```

例 7-9 视频讲解

根据上述伪代码，编写的程序代码如下：

```
#include<stdio.h>
#include<math.h>
/*（1）函数声明*/
void Goldbach(int a);
```

```
int main()
{
    int i,m,n;              // (2) 声明变量，用 m、n 表示区间[m,n]

    /* (3) 输入 m、n 的值*/
    printf("请输入两个整数 (m<n): ");
    scanf("%d%d",&m,&n);

    /* (4) 使用循环，调用 Goldbach 函数，函数的功能是验证[m,n]之间的偶数能分解为两个
素数之和*/
    for(i=m;i<=n;i++)
        Goldbach(i);

    return 0;
}

/* (5) 定义 prime 函数，功能是判断一个整数是否为素数*/
int prime(int n)
{
    int i,m=sqrt(n);        // (5.1) 声明变量 i

    /* (5.2) 使用循环，判断 x 不是素数，函数返回值为 0*/
    for(i=2;i<=m;i++)
        if(n%i==0)
            return 0;

    return 1;               // (5.3) 函数返回值为 1
}

/* (6) 定义 Goldbach 函数，功能是寻找偶数是两个素数之和并输出*/
void Goldbach(int a)
{
    int k;                  // (6.1) 声明变量 k

    /* (6.2) 使用循环，寻找 a 是两个素数之和并输出*/
    for(k=3;k<=a/2;k+=2)
    {
        /* (6.2.1) 调用 prime 函数，判断 k 和 a-k 是否是素数，如果是，则输出并结束循环*/
        if(prime(k)*prime(a-k))
        {
            printf("%4d=%4d +%4d\n",a,k,a-k);
            break;
        }
    }

}
```

程序的运行结果：

```
请输入两个整数 (m<n): 180 190
 180=   7 + 173
 182=   3 + 179
```

```
184=   3 + 181
186=   5 + 181
188=   7 + 181
190=  11 + 179
```

本例中程序的执行过程如图 7.4 所示。

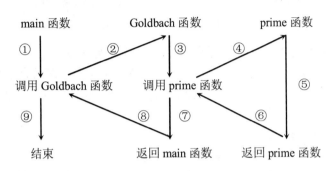

图 7.4　验证哥德巴赫猜想的函数嵌套调用

（1）程序从 main 函数开始执行，调用 Goldbach 函数，流程转到 Goldbach 函数。

（2）执行 Goldbach 函数，调用 prime 函数，流程转到 prime 函数。

（3）执行 prime 函数，遇到 return 语句，返回 Goldbach 函数。

（4）继续执行 Goldbach 函数中下面的语句，遇到函数体的"}"，返回 main 函数。

（5）反复执行（2）、（3）、（4），当 i>n 时，执行 main 函数中"return 0;"，退出程序。

从上例可以看出，函数嵌套调用时，先执行主调函数中在被调函数之前的语句，然后执行被调函数，最后执行主调函数中在被调函数之后的语句。

7.5.2　函数的递归调用

递归是一种描述和解决问题的基本方法，用于解决可归纳描述的问题，或者说可分解为结构自相似的问题。所谓结构自相似，是指构成问题的部分与问题本身在结构上相似。这类问题的特点是，整个问题的解决可以分为两部分：第一部分是一种特殊情况，可直接解决；第二部分与原问题相似，可用类似的方法解决，但比原问题的规模要小。

由于第二部分比整个问题的规模小，因此每次递归，第二部分的规模都在缩小，如果最终缩小为第一部分的情况，则可以结束递归。因此，第一部分和第二部分都是必不可少的，否则，程序无法用递归方法解决。

1. 递归的概念

在调用一个函数的过程中又直接或间接地调用该函数本身，这称为函数的递归调用。在实际应用中，许多问题的求解方法具有递归特征。利用递归描述这种求解算法，思路清晰简洁。C 语言的特点之一就是允许使用函数的递归调用。

在调用 fn 函数的过程中，又再次调用 fn 函数，这就是函数的递归调用。fn 函数称为递归函数。像 fn 函数这样直接调用自身的，称为函数的直接递归调用，如图 7.5（a）所示。

如果在调用 f1 函数的过程中要调用 f2 函数，而在调用 f2 函数的过程中又要调用 f1 函数，则称为函数的间接递归调用，如图 7.5（b）所示。

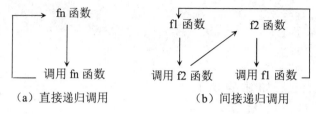

（a）直接递归调用　　　　　　　（b）间接递归调用

图 7.5　函数的递归调用

程序中不应该出现这种无终止的递归调用，而应出现有限次、有终止的递归调用。由图 7.5 可以看出它们都是无终止的自身调用。要避免这种递归调用，应特别注意递归的结束条件，仔细推敲它是否真正有效，通常在函数内部加上一个条件判断语句，在满足条件时停止递归调用，然后逐层返回。

2. 递归调用的执行过程

用一个简单的递归程序来分析递归调用的执行过程。

【例 7-10】当 n 为自然数时，求 n 的阶乘（n!），对应的递归公式如下。

$$n! = \begin{cases} 1 & n = 0, 1 \\ n \times (n-1)! & n > 1 \end{cases}$$

分析：从数学角度来说，如果要计算出 n!，就必须先算出(n-1)!，而要求(n-1)!就必须先求出(n-2)!……这样递归下去直到计算 0!时为止。若已知 0!，就可以计算出 1!，再计算出 2!，一直回推计算出 n!。根据 n!的递归表示公式，用递归函数描述如下：

```c
#include<stdio.h>
int main()
{
    int factorial(int n);               //函数声明     例 7-10 视频讲解
    int n;
    printf("please input n(n>=0): ");
    scanf("%d",&n);
    printf("%d!=%d\n", n,factorial (n));  //调用 factorial 函数，求 n 的阶乘
    return 0;
}

/*定义 factorial 函数，函数的功能是用递归法计算整型变量 n 的阶乘*/
int factorial (int n)
{
    if(n<=1)      return 1;                      //递归终止条件
    else          return n* factorial(n-1);      //递归调用，利用(n-1)!计算 n!
}
```

在函数中使用了 n* factorial (n-1)表达式，该表达式中调用了 factorial 函数，这是一种函数自身调用，是典型的直接递归调用，factorial 函数是递归函数。显然，就程序的简洁性来说，函数用递归描述比用循环控制结构描述更自然、更清楚。但是，对初学者来说，递归函数的执行过程比较难以理解。下面以 5!为例，讲解递归过程。

因为 5!=5×4!，所以要求出 5!，就必须先求出 4!；而 4!=4×3!，所以要求出 4!，就必须先求出 3!；同理，要求出 3!，就必须先求出 2!；要求出 2!，就必须先求出 1!。而根据递归公式可知，1!=1，从而可以依次求出 2!、3!、4!、5!。图 7.6 描述了求 5!的递归过程。

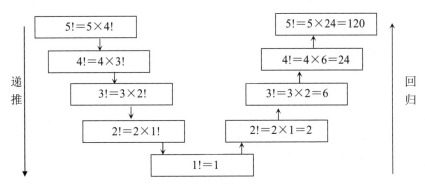

图 7.6　求 5！的递归过程

从图 7.6 可以看到，求 n!的过程实际上分成了两个阶段：递推阶段和回归阶段。在递推阶段，一个复杂的问题被一个更简单、规模更小的类似问题所代替，经过逐步分解，直到达到递归的结束条件，停止递推过程；在回归阶段，从递归结束条件出发，按递推的相反顺序，逐层解决上一级问题，直至最后顶层的复杂问题得以解决。实际上，只要是递归问题，都可以分成这两个阶段。

注意

在递归过程中，必须使用 if 语句建立递归的结束条件，使程序能够在满足一定条件时结束递归，逐层返回。如果没有 if 语句，在调用该函数进入递归过程后，就会不停地执行下去，这是编写递归程序时经常出现的错误。在例 7-10 中，n<=1 就是递归的结束条件。

在掌握递归的基本概念和递归程序的执行过程之后，还应掌握编写递归程序的基本方法。编写递归程序要注意两点：一要找出正确的递归算法，这是编写递归程序的基础；二要确定递归结束条件，这是决定递归程序能否正常结束的关键。

可以将计算机所求解的问题分为两大类：数值型问题和非数值型问题。这两大类问题具有不同的性质，所以解决的方法也是不同的。

3. 数值型递归问题的求解方法

针对数值型问题，编写递归程序的一般方法：建立递归数学模型，确定递归终止条件，将递归数学模型转换为递归函数。数值型问题由于可以表达为对数学公式的求解，因此可以从数学公式入手，推出问题的递归定义，然后确定问题的边界条件，这样就可以较容易地确定递归的算法和递归结束条件。

【例 7-11】 求 x 的 n 次方，即求 $p(x,n)=x^n$（$n\geqslant0$）。

分析：这是一个数值计算问题，函数定义不是递归定义形式，则将原来的定义转化为等价递归定义，$p(x,n)=\begin{cases}1 & n=0\\ x\times p(x,n-1) & n>0\end{cases}$，根据以上分析，程序的伪代码如下：

```
#include<stdio.h>
int main()
{
    （1）声明变量 x、n、p 及函数 Power；
```

例 7-11 视频讲解

（2）输入 x、n 的值；

（3）调用 Power 函数，求 x^n；

（4）输出 x^n；

```
    return 0;
}
```

（5）定义 Power 函数，功能是用递归法计算 x^n；

根据函数的定义和递归的概念，对步骤（5）进行进一步细化，细化后的伪代码如下：

```
/* (5) 定义 Power 函数，功能是用递归法计算 xⁿ*/
int Power(int x,int n)
{
    if(n==0)
       函数返回值为 1;                  //递归结束条件
    else
       函数返回值为 x*Power(x,n-1);      //递归调用，利用 x⁽ⁿ⁻¹⁾计算 xⁿ
}
```

根据细化后的伪代码，编写的程序代码如下：

```
#include<stdio.h>
int main()
{
    /* (1) 声明变量 x、n、p 及函数 Power*/
    int x,y,p;
    int Power(int x,int n);
    printf("input x and y:");
    scanf("%d %d",&x,&y);              //（2）输入 x、n 的值

    p=Power(x,y);                      //（3）调用 Power 函数，求 xⁿ

    printf("%d^%d=%d\n",x,y,p);        //（4）输出 xⁿ
    return 0;
}

/* (5) 定义 Power 函数，功能是用递归法计算 xⁿ*/
int Power(int x,int n)
{
    if(n==0)
       return (1);                     //递归结束条件
    else
       return(x*Power(x,n-1));         //递归调用，利用 x⁽ⁿ⁻¹⁾计算 xⁿ
}
```

程序运行结果：

```
input x and y:2 3
2ˆ3=8
```

在 Power 函数中，if(n==0)是递归的结束条件。函数中使用了两个 return 语句分别返回不同的计算结果。

从上面的程序可以看出，一个正确的递归函数必须保证递归次数是有限的，即递归函数的调用是有结束条件的，而且每次调用完后条件会改变，否则将出现不停地递推而无法回归的

死递归。

4. 非数值型递归问题的求解方法

针对非数值型问题，编写递归程序的一般方法：确定问题的最小模型并使用非递归算法解决，分解原来的非数值问题并建立递归模型，确定递归模型的终止条件，将递归模型转换为递归函数。

由于非数值型问题本身难以用数学公式表达，因此求解非数值型问题的一般方法是要设计一种算法，确定解决问题的一系列操作步骤。如果能够确定解决问题的一系列递归的操作步骤，就可以用递归的方法解决这些非数值型问题。确定非数值型问题的递归算法可从分析问题本身的规律入手，按照下列步骤进行分析。

（1）化简问题。对问题进行简化，使问题规模缩到最小，分析在最简单情况下的求解方法。此时找到的求解方法应十分简单。

（2）对于一般的问题，可将一个大问题分解为两个（或若干个）小问题，使原来的大问题变成这两个（或若干个）小问题的组合。其中至少有一个小问题与原来的问题有相同的性质，只是在问题的规模上与原来的问题相比有所缩小。

（3）将分解后的每个小问题作为一个整体，描述用这些较小的问题来解决原来大问题的算法。

由步骤（3）得到的算法就是一个解决原来问题的递归算法，步骤（1）将问题的规模缩到最小时的条件就是该递归算法的递归结束条件。

【例 7-12】输入一个正整数序列，要求以相反的顺序输出该序列，用递归方法实现。

分析：这是一个非数值型问题，可以按照下面的步骤思考。

（1）先将问题进行简化。假设要输出的正整数只有一位，则该问题简化为反向输出一位正整数。一位正整数实际上无所谓正或反，问题简化为输出一位整数。这样简化后的问题很容易实现。

（2）对于一个大于 10 的正整数，在逻辑上可以将它们分为两部分：个位上的数字和个位之前的所有数字。将个位之前的所有数字看作一个整体，则为了反向输出这个大于 10 的正整数，可以按如下步骤进行操作。

1）输出个位上的数字。

2）反向输出个位之前的所有数字。

这就是将原来的问题分解后，用较小的问题来解决较大问题的算法。其中操作 2）中反向输出个位之前的全部数字，是对原问题在规模上进行了缩小，这样描述的操作就是一个递归调用。

整理上述分析结果，把步骤（1）中化简问题的条件作为递归结束条件，把步骤（2）中分析的算法作为递归算法，程序的伪代码如下：

```
#include<stdio.h>
int main()
{
    （1）声明整型变量 num 和函数 PrintNumber；
    （2）输入 num 的值；
    （3）调用 PrintNumber 函数，反向输出整数 num；
    return 0;
}
```

例 7-12 视频讲解

```
/*（4）定义 PrintNumber 函数，功能是反向输出整数 num*/
int PrintNumber(num)
{
    若输出整数为一位数，则输出该整数；
    否则输出整数的个位数字，反向输出除个位以外的全部数字；
}
```

根据上述伪代码，编写的程序代码如下：

```
#include <stdio.h>
int main()
{
    /*（1）声明整型变量 num 和函数 PrintNumber*/
    int num;
    void PrintNumber(int num);

    /*（2）输入 num 的值*/
    printf("input number:");
    scanf("%d",&num);

    /*（3）调用 PrintNumber 函数，反向输出整数 num */
    PrintNumber(num);

    return 0;
}

/*（4）定义 PrintNumber 函数，功能是反向输出整数 num*/
void PrintNumber(int num)
{
    int n=num;
    if(0<=n&&n<=9)              //若输出整数为一位数，则输出该整数
      printf("%d",n);
    else                       //否则输出整数的个位数字，反向输出除个位以外的全部数字
    {
        printf("%d",n%10);     //输出 n 的个位数字
        PrintNumber(n/10);     //递归操作反向输出除个位外的所有数字
    }
}
```

程序运行结果：
```
input number:569✓
965
```

7.6　变量和函数的作用域

C 语言程序由函数组成，每个函数都要用到一些变量。需要完成的任务越复杂，组成程序的函数就越多，涉及的变量也越多。一般情况下要求各函数的数据各自独立，但有时候，又希望各函数有较多的联系，甚至组成程序的各文件之间共享某些数据。因此，在程序设计中，必须重视变量的作用域和生存期。

在 C 语言中，变量要求"先声明，后使用"。那么，声明的语句应该放在程序中的什么位置？声明了的变量是否随处可用？声明的变量什么时候获得内存，又在什么时候释放内存？这

些问题都涉及变量的作用域和存储类型。

7.6.1　全局变量和局部变量

"远水不救近火也"出自《韩非子·说林上》，意为远处的水救不了近处的火，这是因为起火的地方已经超出了水的作用范围。同样，在 C 语言中，不同的变量也有其不同的作用范围。变量的作用域是指一个变量在程序中可以被使用的范围，当变量在允许范围内使用时是合法的，但在允许范围之外使用则是非法的。变量的作用域与其声明语句在程序中出现的位置有直接关系。C 语言中的变量按作用范围可以分为全局变量和局部变量。

1. 局部变量

局部变量也称内部变量，是指在一个函数内部或复合语句内部定义的变量。它的作用域是定义该变量的函数内或定义该变量的复合语句内。也就是说，局部变量只在定义它的函数或复合语句范围内有效，因此只能在定义它的函数或复合语句内才能使用。

每一个程序块都有它自己的命名规则，不同程序块中的变量可以同名。由于局部变量的作用域是本函数，因此在不同函数中定义的变量互不干扰，即使是相同名称的变量，也代表不同的对象。形式参数也是局部变量，它虽然在函数的头部定义，但也只能在本函数的范围内有效。

【例 7-13】局部变量作用范围的运用。

```
#include<stdio.h>
void fun(int a,int b);
int main()
{
    int a=3, b=4;
    {
        int b=6;                    内部变量b
        printf("%d,%d\n",a,b);      的作用域
    }
    printf("%d,%d\n",a,b);                        内部变量 a、b
    fun(a,b);                                     的作用域
    printf("%d,%d\n",a,b);
    return 0;
}

void fun(int a,int b)
{
    int t=30;                                  形参 a、b
    a=a+t;b=b+t;                               的作用域
    printf("%d,%d,%d\n",a,b,t);   内部变量 t
}                                 的作用域
```

程序运行结果：

```
3,6
3,4
33,34,30
3,4
```

说明

（1）在 main 函数中定义的变量 a、b 只在 main 函数中有效。而主函数也不能使用其他函数中的变量，如 fun 函数中定义的变量 t。

（2）不同函数中可以使用相同名称的变量，如 main 函数中的变量 a、b 和 fun 函数中的形参 a、b，由于它们分别占用不同的内存单元，因此它们代表不同的变量，互不相关。

（3）在 main 函数内部的复合语句中定义了变量 b，它只在本复合语句中有效，和 main 函数中前面所定义的变量 b 不同。

（4）当函数调用结束后，内部变量所占用的内存单元即刻释放，该变量不可再使用，如 fun 函数中定义的变量 t 和形参 a、b。

2. 全局变量

全局变量也称外部变量，是指在函数外部任意位置上声明的变量。全局变量的作用域是从声明变量的位置开始到本源文件结束。全局变量不属于哪一个函数，它可以被本源程序文件的其他函数所共用，即全局变量可以被有效范围内的多个函数共用。

如果全局变量在文件开头声明，则在整个文件范围内都可以使用，否则，按上述规定的作用范围只限于声明点到文件结束。如果在声明点之前的函数想引用该外部变量，则应该在该函数中用关键字 extern 做外部变量声明，其作用是告诉编译器，该变量是在程序中的其他位置定义的（很可能是在不同的源文件中），不需要为变量分配空间。外部变量的声明方法如下：

```
extern  类型名外部变量名;
```

extern 为声明外部变量的关键字。

【例 7-14】用 extern 做外部变量声明。

```
#include<stdio.h>
int a=1;
extern int x;   //引用性声明外部变量
int f1()
{
    int t;
    t=x*a;
    x++;
    return (t);
}
int x=3,y=4;   //定义性声明外部变量

int f2()
{
    int t;
    t=a+x+y;
    return (t);
}
int main()
{
    printf("f1()=%d\n",f1());
    printf("f2()=%d\n",f2());
    return 0;
}
```

外部变量 a 的作用域

外部变量 x 的作用域

外部变量 y 的作用域

程序运行结果：

```
f1()=3
f2()=9
```

外部变量在程序中可以多次声明，但定义性声明只有一次。如果在同一源文件中，外部变量与局部变量同名，则在局部变量的作用范围内，外部变量不再起作用。

【例 7-15】用函数计算两个复数之和与之积。

分析：两个复数可以分别表示为 c1=real1+(imag1)i、c2=real2+(imag2)i，则：

c1+c2=(real1+real2)+(imag1+imag2)i

c1*c2=(real1*real2-imag1*imag2)+(real1*imag2+real2*imag1)i

定义两个全局变量 real 和 imag，分别表示计算后的复数的实部和虚部，在被调函数 complexAdd 和 complexProd 中分别求出 real 和 imag。通过全局变量在主函数中输出 real 和 imag。程序伪代码如下：

```
#include <stdio.h>
（1）声明全局变量;
（2）声明函数;
int main()
{
    （3）定义变量;
    （4）输入两个复数;
    （5）调用 complexAdd 函数，计算两个复数的和;
    （6）输出两个复数的和;
    （7）调用 complexProd 函数，计算两个复数的积;
    （8）输出两个复数的积;
    return 0;
}
    （9）定义 complexAdd 函数，功能是计算两个复数的和;
    （10）定义 complexProd 函数，功能是计算两个复数的积;
```

例 7-15 视频讲解

根据上述伪代码，编写的程序代码如下：

```
#include <stdio.h>
float real,imag;             //（1）声明全局变量
/*（2）声明函数*/
void complexAdd(float real1,float imag1,float real2,float imag2);
void complexProd(float real1,float imag1,float real2,float imag2);
int main()
{
    float imag1,imag2,real1,real2;        //（3）定义变量

    /*（4）输入两个复数*/
    printf("请输入第一个复数（实部和虚部）: ");
    scanf("%f%f",&real1,&imag1);
    printf("请输入第二个复数（实部和虚部）: ");
    scanf("%f%f",&real2,&imag2);

    /*（5）调用 complexAdd 函数，计算两个复数的和*/
    complexAdd(real1,imag1,real2,imag2);
```

```
        printf("两个复数的和是: %f+%fi\n",real,imag);
        /*（7）调用complexProd函数，计算两个复数的积*/
        complexProd(real1,imag1,real2,imag2);
        printf("两个复数的积是: %f+%fi\n",real,imag);

        return 0;
    }

    /*（9）定义complexAdd函数，功能是计算两个复数的和*/
    void complexAdd(float real1,float imag1,float real2,float imag2)
    {
        real=real1+real2;
        imag=imag1+imag2;

    }
    /*（10）定义complexProd函数，功能是计算两个复数的积*/
    void complexProd(float real1,float imag1,float real2,float imag2)
    {
        real=real1*real2-imag1*imag2;
        imag=real1*imag2+real2*imag1;

    }
```

程序运行结果：

```
    请输入第一个复数（实部和虚部）: 2 3
    请输入第二个复数（实部和虚部）: -1 4
    两个复数的和是: 1.000000+7.000000i
    两个复数的积是: -14.000000+5.000000i
```

本例虽然是计算问题，但与前面的例子有本质区别：其运算结果有两个数，一个是复数的实部，一个是复数的虚部，无法通过函数内的 return 语句返回。通过使用全局变量 real 和 imag，使主函数与自定义函数都能使用。

 说明

在程序中，可能会出现变量同名的情况。在 C 语言中，对于同名变量的处理应遵循以下规则：

（1）在同一个作用域内不允许出现同名变量的声明。

（2）相互独立的两个作用域内的同名变量分配不同的存储单元，代表不同的变量，互不影响。

（3）如果在一个作用域和其所包含的子作用域内出现同名变量，则在子作用域中，内层变量有效，外层变量被屏蔽。

7.6.2　变量的存储类型

变量是程序中数据的传递者，它具有可访问性和存在性两种基本属性。前面介绍的变量作用域是指在程序的某个范围内的所有语句都可以通过变量名访问该变量,即代表变量的可访问性。存在性是指变量的存储类型，指数据的存储位置与生存期。在计算机中，保存变量当前值的存储单元有两类：一类是内存，另一类是 CPU 中的寄存器。变量的生存期是指在程序执行过程中，变量实际占用内存或寄存器的时间。变量的作用域描述的是变量的使用范围，生存期则描述的是当程序执行时变量的存在时间。

从变量存在时间（生存期）的角度划分，变量的存储方式可以分为静态存储方式和动态存储方式。静态存储方式指在程序运行期间分配固定的存储空间的方式。动态存储方式指在程序运行期间根据需要动态分配存储空间的方式。变量生存期是由变量定义时为变量选择的存储类型决定的。变量的存储类型也同时影响着编译程序为变量分配内存单元的方式以及为变量设置的初始值。

根据变量的存储类型，变量可以分为自动变量（auto）、静态变量（static）、寄存器变量（register）和外部变量（extern）。

对变量进行定义时，除了应说明变量的数据类型外，还应说明其存储类型。定义变量的格式如下：

    存储类型 数据类型 变量名；

例如：

```
auto int x;
static float m;
```

1. auto 变量

auto 变量也称自动变量，它以关键字 auto 作为存储类型的声明，其中关键字 auto 可以省略。当在函数或复合语句内部定义变量时，如果没有指定存储类型，或使用了 auto 说明符，则系统认为所定义的变量具有自动类别。只有内部变量才能定义为自动变量，外部变量不能定义为自动变量。

当程序执行到定义自动变量的语句时，系统会自动为它们在内存中分配存储空间，即开始它们的生存期，而当包含它们的函数或复合语句执行结束后，系统就会自动释放这些存储空间，即结束它们的生存期。每一次执行到定义自动变量的语句时，系统都会为它们在内存中分配新的内存空间，并重新初始化。

2. static 变量

static 变量也称静态变量，它以关键字 static 作为存储类型的声明，其中关键字 static 不能省略。静态变量根据作用范围的不同又可分为静态局部变量和静态全局变量。静态变量示例如下：

```
static int b,c=3;
```

静态变量有如下几个特点：

（1）内存分配。程序运行时为其分配内存单元，只分配一次存储空间并初始化一次，在整个程序运行期间，静态变量在内存的静态存储区中占据着永久性的存储单元。即使退出函数，下次再进入该函数时，静态局部变量仍使用原来的存储单元。由于并不释放这些存储单元，因此这些存储单元中的值得以保留，可以继续使用存储单元中原来的值。

（2）变量的初值。全局变量和静态局部变量在程序开始时初始化，且初始化只在程序启动时执行一次。普通局部变量则在其每次进入其定义块时都必须重新初始化。如果在定义时没有给初始值，则全局变量和静态局部变量自动赋初值为 0（数值型）或空字符（字符型），而普通局部变量则被赋予一个毫无意义的随机值。

（3）生存期。全局变量和静态局部变量在整个程序的执行期间都存在。而普通局部变量只在函数内部起作用，所以当调用某函数时，该函数内部变量就可在内存中被分配单元，在内存中存在；当该函数调用结束时，内部变量就会从内存中消失。

（4）作用域。静态局部变量的作用域是它所在的函数（或复合语句）。

【例 7-16】自动变量与静态变量示例。

```
#include<stdio.h>
void fun();
int main()
{
    auto int i;                    //定义 i 为自动变量
    for(i=1;i<=4;i++)
        fun();
    return 0;
}

void fun()
{
    auto int i=0;                  //定义 i 为自动变量
    static int j=0;                //定义 j 为静态变量
    i++;
    j++;
    printf("i=%d,j=%d\n", i,j);
}
```

例 7-16 视频讲解

程序运行结果：

```
i=1,j=1
i=1,j=2
i=1,j=3
i=1,j=4
```

在上面的程序中，定义了两个同名自动变量 i。由于它们分别处于不同的函数中，因此被分配不同的存储单元，彼此互不干扰。

main 函数 4 次调用 fun 函数，但是因为变量 i 为自动变量，当 fun 函数调用结束时，其变量 i 所占存储单元必须被释放，而在下次调用时，需重新为它分配新的存储单元，并且初始化为 0，所以每次输出语句中 i 的值都是 1。变量 j 为静态变量，初始化为 1。当 main 函数调用 fun 函数时，由于变量 j 不再初始化，因此它的值始终是前一次函数调用结束时的值。

3. register 变量

register 变量也称寄存器变量，它以关键字 register 作为存储类型的声明，其中关键字 register 不能省略。register 变量与 auto 变量的区别在于：用 register 说明变量是建议编译程序将变量的值保留在 CPU 的寄存器中，而不是像一般变量那样占用内存单元。程序运行时，访问存于寄存器内的值要比访问存于内存中的值快得多。因此当程序对运行速度有较高要求时，若把那些频繁引用的少量变量指定为 register 变量，将有助于提高程序的运行速度。例如：

```
register int b,c;
```

寄存器变量有如下几个特点：

（1）只有函数内定义的变量或形参可以定义为寄存器变量。

（2）受寄存器长度的限制，寄存器变量只能是 char、int 和指针类型的变量。

（3）CPU 中寄存器的个数是有限的，因此只能说明少量的寄存器变量。当没有足够的寄存器用来存放指定的变量时，编译系统将其按自动变量来处理。

（4）由于寄存器变量的值是存放在寄存器中而不是内存中，因此寄存器变量没有地址，也不能对它进行求地址运算，同时静态局部变量不能定义为寄存器变量。

（5）寄存器变量的说明应尽量靠近其使用的地方，使用完之后，尽快释放其对寄存器的占用，以便提高寄存器的利用率，还可以通过把对寄存器变量的定义和使用放在复合语句中来实现。

实际上，CPU 中寄存器的数目是有限的，不能定义任意多个寄存器变量。现在的优化编译器能够识别使用频繁的变量，从而自动地将这些变量放在寄存器中，而不需要程序指定，因此 register 变量很少用到。

4．extern 变量

如果在所有函数之外定义的变量没有指定其存储类型，那么它就是一个外部变量，外部变量是全局变量。它的有效范围为从定义变量的位置开始到本源文件结束。如果在定义点之前的函数想引用该全局变量，则应该在引用之前用关键字 extern 对该变量进行"外部变量声明"，表示该变量是一个已经定义的外部变量。有了此声明，就可以从"声明"处起，合法地使用该外部变量。格式为

```
extern 类型名 变量名
```

extern 说明的全局变量具有以下基本特点：

（1）内存变量。编译时，将其分配在静态存储区，程序运行结束，释放存储单元。

（2）变量的初值。若定义变量时未赋初值，则在编译时，数值型变量系统自动赋初值为 0，字符型变量系统自动赋初值'\0'。

（3）生存期。整个程序执行期间。

extern 说明符的主要作用是扩展了全局变量的作用域。我们可以从以下两个方面进行思考：①在同一编译单位内用 extern 说明符来扩展全局变量的作用域；②在不同的编译单位内用 extern 说明符来扩展全局变量的作用域。

7.6.3 内部函数和外部函数

函数按其存储类型可以分为两类：内部函数和外部函数。

1．内部函数

内部函数是只能在定义它的文件中被调用的函数，而在同一个程序的其他文件中不可调用。定义内部函数时，在函数类型前加 static，所以内部函数也称为静态函数。内部函数定义的格式如下：

```
static 函数类型 函数名(参数列表)
{
    函数体
}
```

内部函数的作用域只限于定义它的文件，所以在同一个程序的不同文件中可以有相同命名的函数，它们互不干扰。

【例 7-17】 静态函数的使用。

```
/* 文件 file1.c 中*/
#include<stdio.h>
#include"file2.c"
void fun();
int main()
{
    fun();
    return 0;
}

/* 文件 file2.c 中*/
static void fun()
{
    printf("This in file2.\n");
}
```

程序运行错误，表示找不到外部函数 fun。如果在文件 file2.c 中将函数名 static void fun()
改为 void fun()，则运行结果：

```
This in file2.
```

2. 外部函数

外部函数是可以在整个程序的各个文件中被调用的函数。定义外部函数时，在函数类型前
加 extern，其格式如下：

```
extern 函数类型 函数名(参数列表)
{
    函数体
}
```

如果定义时没有声明函数的存储类型，则系统默认为 extern 型。

【例 7-18】 利用外部函数，统计字符串中数字字符的个数。

```
/* 文件 file3.c 中*/
#include<stdio.h>

int main()
{
    /*（1）声明函数和定义变量*/
    extern int Isnumber(char string[]);
    int n=0;
    char str[255];

    /*（2）输入字符串存入字符数组中*/
    printf("Please input a string: ");
    scanf("%s",str);

    /*（3）数组名作为函数实参，调用 Isnumber 函数统计数字字符数*/
    n=Isnumber(str);

    /*（4）输出字符数组及数字字符数*/
    printf("String:%s\n",str);
```

例 7-18 视频讲解

```
        printf("Digit number=%d\n",n);
        return 0;
    }

/* 文件 file4.c 中*/

/*（5）定义 Isnumber 函数，统计数字字符个数*/
extern int Isnumber(char string[])
{
    int i,num=0;

    /*用循环语句遍历字符数组中所有元素，判断是否为数字字符并统计数字字符个数*/
    for(i=0;string[i]!='\0'; i++)
        if(string[i]>='0' && string[i]<='9')    //判断是否为数字字符
            num++;

    return num;
}
```

文件 file4.c 中可以将 extern 省略，定义为

```
int Isnumber(char string[])
{
    ……
}
```

如果一个程序较大，而且调用函数较多，为了使文件便于阅读和管理，可以将函数单独写在一个文件中，通过外部函数调用这些函数。

7.7　本章小结

7.7.1　知识点小结

1. 函数分类

根据函数能否被其他源文件调用，将函数分为内部函数和外部函数。从函数定义的角度看，函数可分为标准函数和用户自定义函数两种。根据函数有无返回值，函数可分为有返回值函数和无返回值函数两种。

2. 函数定义、调用和返回值

（1）在 C 语言中，所有的函数定义，包括主函数 main 在内，都是平行的。也就是说，在一个函数的函数体内，不能再定义另一个函数，即不能嵌套定义。

（2）main 函数是主函数，它可以调用其他函数，而不允许被其他函数调用。因此，C 语言程序的执行总是从 main 函数开始，完成对其他函数的调用后再返回到 main 函数，最后由 main 函数结束整个程序。一个 C 语言源程序必须有，也只能有一个 main 函数。

（3）函数返回数据类型指明该函数返回值的数据类型。如果不需要函数有返回值，可指定返回值类型为 void。

（4）在函数调用时，实参和形参的个数应相等，类型应一致，并按顺序一一对应传送。函数调用时，参数传递是单向的，即只能把实参的值传递给形参，而不能把形参的值反向地传回给实参。

（5）在 C 语言源程序中，一个函数的定义既可放在 main 函数之前，也可放在 main 函数之后。

（6）函数名是有效的 C 语言标识符，函数名后必须有一对圆括号（()），以区别于其他的用户定义标识符，如变量名等。

（7）函数调用过程中的流程控制：当在一个函数（称为主调函数）中调用另一个函数（称为被调函数）时，该函数从主调函数开始执行，直到遇到被调函数时暂停，转而执行被调函数，直到遇到 return 语句或遇到函数体结束的右花括号（}）为止，被调函数执行完毕并返回到点调点数。主调函数再从原来中断点之后继续执行下去。一个被调函数里还可能调用另一函数，使它成为主调函数。

（8）有返回值的函数通过带表达式的 return 语句返回一个值给主调函数。该语句的功能是计算表达式的值，并返回给主调函数。当计算表达式的值的类型与函数定义中函数的返回值类型不一致时，会把表达式值的类型转换为函数的返回值类型。函数被执行时，只要遇到一个 return 语句，就将忽略函数体中其余的代码，立即返回到主调函数。每次只能有一个 return 语句被执行，因此函数只能返回一个值。

3. 函数的形参与实参

（1）在定义一个有参函数时，函数名后面圆括号（()）中的参数称为形式参数，简称"形参"。形式参数列表写在圆括号中，指明形式参数的类型、名称和个数。每个形参由参数类型和参数名表示，可以是各种类型的变量。有多个形参时，用逗号间隔。函数也可以没有形参，则形式参数列表为 void 或空白，但圆括号不可少。

（2）实际参数（简称"实参"）是调用函数时所提供的信息，可以是常量、变量或表达式。多个实参之间用逗号分隔。如果调用的是无参函数，则实际参数列表为空，但圆括号不可少。

4. 函数声明

（1）如果被调函数的定义放在主调函数后面，则在调用函数之前进行函数声明。函数声明的内容应与函数定义时的函数首部相同，一般放在源程序的前面。对于有参函数，在声明时也可以省略形式参数的名称，但类型不能省略。

（2）函数声明也称为函数原型，函数声明是没有函数体的。

5. 函数的嵌套和递归调用

（1）函数的嵌套调用。C 语言中不允许嵌套定义函数，因此各函数之间是平行的，不存在上一级函数和下一级函数的问题。但是 C 语言允许在一个函数的定义中出现对另一个函数的调用，这样就出现了函数的嵌套调用，即在被调函数中又调用其他函数。

（2）函数的递归调用。一个函数在它的函数体内直接或间接调用自身称为递归调用。这种函数称为递归函数。C 语言允许函数的递归调用。在递归调用中，主调函数又是被调函数。执行递归函数将反复调用其自身，每调用一次就进入新的一层。

6. 数组作为函数的参数

（1）数组元素作为函数实参。数组元素就是下标变量，它与普通变量并无区别。因此它作为函数实参与普通变量是完全相同的，在发生函数调用时，把作为实参的数组元素的值传送给形参，实现单向的值传送。

（2）数组名作为函数参数。用数组名作函数参数时，要求形参和相对应的实参都必须是类型相同的数组，都必须有明确的数组说明。当形参和实参二者不一致时，会发生错误。

数组名作函数参数时所进行的传送只是地址的传送，因为此时的形参数组和实参数组为同一数组，共同拥有一段内存空间。

7. 变量的作用域及生存期

（1）变量的作用域。变量的作用域是指一个变量在程序中可以被使用的范围。在这个范围之外，该变量是不能被使用的。变量按作用域范围可分为内部变量和外部变量。作用域是一个静态的概念，说明一个变量在程序中的哪一段代码中能够被使用。

（2）变量的生存期。生存期是一个动态的概念，说明了变量在程序执行中所存在的时间范围。

C 语言中变量的存储类型：自动（auto）、静态（static）、寄存器（register）、外部（extern）。

7.7.2　常见错误小结

常见错误小结见表 7.1。

表 7.1　常见错误小结

实例	描述	类型

`void Fun(double x,y)`
`{`
`    ……`
`}`
	在定义函数时，省略了形参列表中某些形参的类型声明	语法错误

	定义函数时，与函数原型中给出的函数返回值类型不一致	语法错误
	在函数返回值类型不是 int 且函数调用语句出现在函数定义之前时，没有给出函数原型	语法错误
`long Fun(int n)`	在函数声明的行末，没有写分号	语法错误

`long Fun(int n);`
`{`
`    ……`
`}`
	在函数定义的行末，即形参列表右侧圆括号后面，多写了一个分号	语法错误

	在一个函数体内，定义了另一个函数	

`long Fun(int n)`
`{`
`    int n;`
`    ……`
`}`
	在一个函数体内，将一形参变量再次定义成一个局部变量	语法错误

	在定义一个有返回值的函数时，没有用 return 语句返回一个值	提示 warning

`void Fun(int x,int y)`
`{`
`    return x+y;`
`}`
	从返回值类型是 void 的函数中返回一个值	提示 warning

实例	描述	类型
	使用了标准数学函数，但是没有在程序开头包含头文件 \<math.h\>	提示 warning
`max=FindMax(score[],n);`	函数调用时，实参数组名后跟着一对空的方括号	语法错误
`max=FindMax(int score[], int n);`	按照函数定义首部的形参列表书写函数调用语句中实参列表	语法错误
	函数原型、函数定义和函数调用，在形参和实参的数量以及返回值的类型上未严格保持一致	语法错误
	函数原型、函数定义和函数调用，在形参和实参的类型和顺序上未严格保持一致	逻辑错误
`int ReadScore(int score[][]);`	多维数组作为函数形参时，省略了除第一维以外的后面所有维的长度定义	语法错误

第 8 章　预处理命令

本章主要介绍变量的作用域和存储类型及 3 种编译预处理命令——宏定义、文件包含和条件编译。通过对本章的学习，读者应掌握如何声明变量，以及编译预处理命令的使用。

C 语言属于高级语言，用 C 语言编写的程序称为源程序。这种用高级语言编写的源程序，是不能被计算机直接识别的，必须用 C 语言的编译系统把源程序编译成目标程序并连接成可执行程序，才可以被计算机执行。因此，用 C 语言处理问题，必须经过程序的编辑、编译、连接和运行 4 个阶段。然而，为了减少 C 语言源程序编写的工作量，改善程序的组织和管理，帮助程序员编写易读、易改、易于移植、便于调试的程序，C 语言编译系统提供了预编译功能。

C 语言编译系统提供的编译预处理功能是 C 语言区别于其他高级语言的特点之一，这对编写大型程序非常有用。编译预处理是指对源程序进行编译之前先调用 C 语言的预处理程序，即对以 "#" 开头的命令进行解释、替换，产生一个新的源程序，然后才对源程序进行通常意义下的编译。

C 语言提供的编译预处理功能主要有 3 种：宏定义、文件包含和条件编译。这 3 种功能分别以 3 条编译预处理命令——#define、#include、#if 来实现。编译预处理命令不属于 C 语言的语法范畴，因此，为了和 C 语言进行区别，预处理命令都以 "#" 开头，每条预处理命令必须独占一行且结束时不能使用语句结束符 ";"。

C 语言中编译预处理的执行过程如图 8.1 所示。

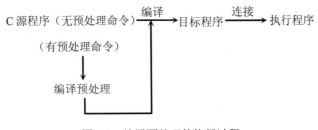

图 8.1　编译预处理的执行过程

8.1　宏定义

在 C 语言中使用宏定义可以提高源程序的可维护性、可移植性，并且可以减少源程序中重复书写字符串的工作量。C 语言有两种宏定义命令：不带参数的宏定义和带参数的宏定义。

8.1.1　不带参数的宏定义

不带参数的宏定义常用于定义符号常量。所谓不带参数的宏定义指用一个指定的标识符来代表一个字符串。该标识符也称宏名，宏名后面不带圆括号和参数表。其定义的一般格式如下：

```
#define  宏名    替换字符
```

其中，"#"表示这是一条预处理命令，"define"为宏定义命令。

这种方法使得用户能以一个简单易记的常量名称代替一个较长而难记的具体常量。预处理时用具体的常量字符串替换宏名，这个过程称为宏展开。例如：

```
#define PI 3.1415926
```

该宏定义的作用是指定 PI 常数"3.1415926"，程序中原来需要使用 3.1415926 且含义为圆周率的地方，都可以改用 PI。这样程序中出现 PI 的地方，经预处理后都会替换为 3.1415926。

【例 8-1】 计算圆周长、圆面积以及同半径的球的表面积和体积。

```c
#include<stdio.h>
#define PI 3.14
int main()
{
    float r,c,a,s,v;

    printf("r=");
    scanf("%f",&r);

    c=2.0*PI*r;
    a=PI*r*r;
    s=4.0*PI*r*r;
    v=4.0/3*PI*r*r*r;

    printf("perimeter of circle=%.4f   area of circle=%.4f\n",c,a);
    printf("surface of ball =%.4f  volume of ball=%.4f\n",s,v);

    return 0;
}
```

例 8-1 视频讲解

可以看出，宏定义除了容易记忆之外，还有易改的特点。当程序中多处使用 3.14 参与运算时，一旦觉得不够精确，将"#define PI 3.14"改成符合要求的精度即可。例如，"#define PI 3.1415926"，当预处理时，程序中所有 PI 的值全都替换为 3.1415926。

说明

（1）宏名的前后应有空格，以便准确地辨认宏名。如果没有空格，则程序运行的结果会出错。一般用大写字母表示宏名，但用小写字母表示宏名，系统也不认为是错的。

（2）宏定义是用宏名来表示一个字符串，在宏名展开时又以该字符串取代宏名。这只是一个简单的代换，字符串中可以含有任何字符，可以是常数，也可以是表达式，预处理程序对它不做任何检查。如果错误，则只能在编译阶段发现。

（3）预处理命令不是语句，其后不加分号。

（4）字符串（或数值）中如果出现运算符，则要注意替换后的结果，通常可以在合适的位置加上括号。

【例 8-2】 宏定义中带表达式的运用。

例 8-2 视频讲解

```c
#include <stdio.h>
#define N   (2*x+x*x)
int main()
{
    int s,x;

    printf("please input a number:");
    scanf("%d",&x);

    s=5*N+6*N+7*N;

    printf("s=%d\n",s);

    return 0;
}
```

程序运行结果：

```
please input a number:3✓
s=270
```

上面的程序进行了宏定义，定义 N 来代替表达式(2*x+x*x)，在"s=5*N+6*N+7*N;"中做了宏调用。经宏展开后语句变为下面的形式：

```
s=5*(2*x+x*x)+6*(2*x+x*x)+7*(2*x+x*x);
```

如果在宏定义中表达式(2*x+x*x)两侧的括号没有了，则预处理时语句将会变为：

```
s=5*2*x+x*x+6*2*x+x*x+7*2*x+x*x;
```

显然，加括号与不加括号的意义与答案完全不一样。

通常，#define 命令写在文件开头、函数之前，作为文件的一部分，此时宏定义的作用域为该文件的整个范围；也可以把宏定义安排在程序的其他位置上，但在使用符号常量之前一定要定义。另外，还可以用#undef命令提前终止宏定义的作用域。例如：

```c
#define PI 3.1415926
int main()                 //PI 开始有效
{
    ……
}

#undef PI                  //PI 无效*
float func()
{
    ……
}
```

C 语言规定，宏名如果出现在字符串常量中，将不作为宏名处理，不对其进行宏替换。例如：

```c
#define PI 3.1415
float r=2.00;
……
printf("s=PI*r*r=%f\n",PI*r*r);
```

则程序运行时，输出结果是

```
        s=PI*r*r=12.566000
```

而不是

```
        s=3.1415*r*r=12.566000
```

宏定义允许嵌套，在宏定义的字符串中可以使用已经定义的宏名。在宏展开中，由预处理程序层层替换。例如：

```
#include<stdio.h>
#define N 2
#define M N+1
#define NUM  (M+1)*M/2
int main()
{
    int  n;
    for(n=0;n<=NUM;n++)
        printf("%d",n);

    return 0;
}
```

程序运行结果：

```
012345678
```

此程序替换的过程为 NUM=(M+1)*M/2；而 M=N+1，即 NUM=(N+1+1)*N+1/2。在程序开头定义 N 的值为 2，所以 NUM 的最终结果为 8。

在宏定义中也可以定义关系运算符，如定义大于、小于和等于等关系运算符。在程序中可直接使用这些符号来进行关系运算。这样做的主要原因是使这些抽象的运算更加接近人的思维方式，或者是和其他程序设计语言保持一致。例如：

```
#define LAG >
#define SML <
#define EQ ==
int m=135;
int n=90;
if(m LAG n)
    printf("\n%d  is larger than %d\n",m,n);
else if(m EQ n)
    printf("\n%d  is equal than %d\n",m,n);
else if(m SML n)
    printf("\n%d  is smaller than %d\n",m,n);
else
    printf("\n NO such value.\n");
```

8.1.2　带参数的宏定义

带参数的宏定义是指用一个带参数的宏名代表一个字符串，预处理时不仅要进行字符串替换，还要进行参数替换。其定义的一般格式如下。

```
#define  宏名(参数表) 字符串
```

在尾部的替换字符串中一般含有宏名括号中指定的参数。在预处理时，编译器用程序中的实际参数代替宏定义中有关的形式参数。

带参宏调用的一般格式如下：

```
宏名(实参表)
```

实参可以是常量、变量或表达式。例如，宏定义为：

```
#define L(a,b,c)    ((a)*(b)*(c))
```

宏调用为：

```
per=L(3,4,5);
```

在预处理时，用实参 3、4、5 替代形参 a、b、c，宏展开后得到：

```
per=((3)*(4)*(5));
```

 注意

这里字符串中的形参加括号是非常必要的。如果去掉形参左右的括号，则可能导致结果不正确。例如，若宏定义为：

```
#define  L(a,b,c)  (a*b*c)
```

宏调用为：

```
per=L(1+3,1+4,1+5);
```

则将宏展开后得到：

```
per=(1+3*1+4*1+5)
```

显然，这和程序设计者的原意是不相符的。因此，在带参数的宏定义中是否添加括号需非常谨慎。

从参数替换的角度看，宏定义与函数相似，都是用实参代替形参，但在本质上是不同的：宏的展开在预处理时进行，而函数在程序执行调用时才起作用；带参数的宏定义只进行简单的字符串替换，没有函数那样的参数运算，既不进行值传递，也没有返回值的概念。

【例 8-3】带参数的宏的运用。

```
#include<stdio.h>
#define max(x,y) ((x)>(y))?(x):(y)
int main()
{
    int a,b;
    printf("input a and b:");
    scanf("%d%d",&a,&b);
    printf("max=%d",max(a,b));
    return 0;
}
```

例 8-3 视频讲解

当 main 函数中调用 max(a,b)宏时，宏定义中的形参 x、y 分别被 a、b 代替，宏展开时，"printf("%d",max(a,b));"已经被替换为"printf("%d", ((a)>(b))?(a):(b));"。

说明

（1）在带参数的宏定义中，形参不分配内存单元，因此不必做类型说明。

（2）宏名与其右侧的左圆括号之间不能有空格，如果出现空格，则系统自动将空格以后的全部内容作为代替的内容。例如，"#define S (a) a*a"，系统误认为 S 是字符常量，它所代替的字符串为 "(a) a*a"。

（3）应尽量避免用自增变量作为宏替换的实参，因为使用不当会带来意料之外的结果。例如：

```
N=MAX(i++,j);
```

预处理之后的结果：

```
N=MAX((i++)>(j)?(i++):j));
```

如果 i 大于 j，那么 i 可能会被（错误地）增加两次，同时可能被赋予错误的值。

（4）无论是带参数还是不带参数的宏定义，作用域都是从宏定义命令开始到源文件结束。如果需要提前终止宏定义，可以使用#undef 命令，则作用域改为从定义处到#undef 处。例如，宏定义为：

```
#define MUL(x) x*3
#define  S  5
```

终止宏定义为：

```
#undef MUL
#undef S
```

则#undef 命令之后的程序代码将不能识别宏名 MUL 和 S。

8.1.3 宏替换与函数调用的区别

宏替换与函数调用的区别如下：

（1）在程序控制中，当编译预处理时，宏实参只是简单地对宏形参进行原型替换；当调用函数时，则是先求出实参表达式的值，再代入形参变量中。

（2）与函数的参数不同，宏参数没有固定的数据类型，因此宏定义时不涉及类型，宏名和宏参数均无类型。

（3）函数调用是在程序运行时发生的，并动态分配所用的内存单元；而宏替换是在编译预处理时进行的，且不分配内存单元，不进行值传递，也无值返回。

（4）使用函数调用不增加运行的长度；而每使用一次宏替换，都会使运行程序篇幅有所增长，也会使编译、连接后的执行程序增长。

（5）宏定义主要用于需要少量参数的简单表达式，而且调用时不做数据类型检查。

【例 8-4】宏替换与函数调用的区别。

```
#include<stdio.h>
#define MULTIPLICATION(a,b) a*b
int multiplication(int a,int b)
{
    return (a*b);
}
```

例 8-4 视频讲解

```
int main()
{
    printf("%d\n", MULTIPLICATION(1+2,5-4));
    printf("%d\n", multiplication(1+2,5-4));
    return 0;
}
```

程序运行结果：

```
7
3
```

结果不同的原因显而易见，调用 MULTIPLICATION 宏时，计算的表达式是"1+2*5-4"，而调用 multiplication 函数时，计算的表达式是"(1+2)*(5-4)"。

8.2　文件包含

文件包含是指在一个文件中包含另一个文件的全部内容，即#include 命令行被所包含文件的内容覆盖，当一个文件的内容被其他文件重复使用时很有用。

文件包含命令的格式如下：

（1）用一对尖括号括起被包含源文件的名称。

```
#include<文件名>
```

（2）用一对双引号括起被包含源文件的名称。

```
#include"文件名"
```

其中，文件名允许是 C 语言编译系统提供的预定义文件名或用户自己定义的 C 语言程序名。例如：

```
#include<stdio.h>
#include  "file.c"
```

stdio.h 就是 C 语言预定义的标准头文件，而 file.c 则是用户自定义的 C 语言程序文件。两种文件包含命令的区别：#include<文件名>方式常用于包含系统头文件。系统头文件一般存储在系统指定的目录中，当 C 语言编译器识别这条#include<文件名>命令后，它不搜索当前子目录，而是直接到系统指定的包含子目录（即 include 子目录）中去搜索相应的头文件，并将头文件的内容"包含"到"主"文件中。例如：

```
#include<string.h>
```

编译系统仅在设定的子目录下查找包含文件，如果找不到，编译系统将会报告错误信息，并停止编译过程。

#include"文件名"方式常用来"包含"程序员自己建立的头文件。当 C 语言编译器识别出这条#include"文件名"命令后，它先搜索"主"文件所在的当前子目录，如果没有找到，再去搜索相应的系统子目录。例如：

```
#include  "c:\user\user.h"
```

编译系统在 c:\user 子目录下查找被包含的文件 user.h。

C 语言也允许一个被包含文件中又包含另一个被包含文件，即文件包含是可以嵌套的。如例 8-5 中，一个程序的嵌入文件中又嵌入了另外一个文件。

【例8-5】 文件嵌套包含的运用。

例 8-5 视频讲解

```c
#include<stdio.h>
#include"file_5.c"        //将源文件 file_5.c 嵌入本文件
int main()
{
    int a,b;

    printf("please input a,b : ");
    scanf("%d,%d",&a,&b);

    printf("max=%d\n", max(a,b));
    printf("min=%d\n", min(a,b));

    return 0;
}
```

file_5.c 源文件如下：

```c
#include"file_6.c"        //将源文件 file_6.c 嵌入本文件
int max(int a, int b)
{
    return a>b?a:b;
}
```

file_6.c 源文件如下：

```c
int min(int a, int b)
{
    return a<b?a:b;
}
```

程序运行结果：

```
please input a,b :5,15✓
max=15
min=5
```

如果文件的路径名与文件名一起给出，则编译时只在所指定的目录中查找嵌入文件。如果文件名在双引号内，则编译时首先查找当前工作目录；如果没有找到，则到命令行所指定的目录中继续搜索；如果仍未找到这个文件，则由环境工具在指定的标准目录中查找。

说明

（1）一条#include 命令只能包含一个文件，若要包含多个文件就必须使用多条#include 命令。

（2）C 语言提供了若干个标准函数库，每个标准函数库都与某个预定义的头文件相对应。用户编写程序时可以直接调用被包含文件中的程序而不必自己编写。

（3）除了预定义的标准头文件外，一般情况下包含用户自己设计的文件。

（4）当用户文件由多个源程序文件组成时，为了避免重复性的说明和定义，提高程序编写的效率和程序的可靠性、可维护性，可以把各个源文件共同使用的函数类型说明以及符号常量的宏定义等组建为单独的用户包含文件，然后在各个源文件中用#include 指定该用户的包含文件。这样不但使程序简洁，而且保证了各个源程序文件中函数说明和符号常量定义的一致性。因此，文件包含也是模块程序化设计的手段之一。

根据经验，以下内容放在头文件中比较合适。需要说明的是，C 语言对此没有强行的规定。

（1）包含指令（嵌套），如#include<stdio.h>。

（2）函数声明，如 extern float fun(float x);。

（3）类型声明，如 enum bool {false,true}。

（4）常量定义，如 const float pi=3.14159;。

（5）数据声明，如 extern int m;。

（6）宏定义，如#define PI 3.1415926。

对于函数的定义、变量的定义等，代码不宜包含在头文件中。

8.3　条件编译

C 语言属于高级语言，从原理上说，高级语言的源程序应与系统无关，然而对于不同的系统，C 语言的源程序存在微小的差别。在用 C 语言编写程序时，为了提高其应用范围，或提高它的可移植性，C 语言的源程序中的一小部分需要针对不同的系统编写不同的代码，这样可使其在某一确定的系统中选择其中有效的代码进行编译。条件编译就是提供这方面功能的预处理指令。

若干个条件编译指令允许有选择地编译程序中的某些部分，这个过程称为条件编译。条件编译命令有以下几种形式。

1. #if 指令

#if 指令的基本含义：若#if 指令后的常数表达式为真，则编译#if 和#endif 之间的程序段，否则跳过这段程序。#endif 指令用于表示该语句段的结束。

#if 指令的一般格式如下：

```
#if 常数表达式
    语句段
#endif
```

【例 8-6】#if 指令的运用。

```
#include<stdio.h>
#define MAX 100
int main()
{
    #if MAX>99
        printf("compiled for array greater than 99\n");
    #endif
        return 0;
}
```

程序中 MAX 是大于 99 的，因此在屏幕上显示信息。这个例子说明了#if 后的表达式是在编译时求值，因此它只能由事先已定义过的宏替换名和常量组成，而不能使用变量。这一点在使用时要特别注意。

通常#if 与#else 配对使用。#else 的作用和 C 语言中的 else 指令的作用类似：当#if 为假时提供另一种选择。上面例子可扩展为以下程序。

【例 8-7】#if 与#else 指令的运用。

```
#include<stdio.h>
#define MAX 10
void main()
{
    #if MAX>99
        printf("compiled for array greater than 99\n");
    #else
        printf("compiled for small array\n");
    #endif
}
```

这里 MAX 被定义为一个小于 99 的数，所以#if 后的程序不被编译，而编译#else 后的程序，因而将显示"compiled for small array"。

#else 是#if 段落的结束标志，也是#else 段落的开始标志。一个#if 只能有一个#endif 与它配对使用。

#elif 指令的含义是"else if"，它用于建立一种"如果……或者如果……"这样阶梯状的多重编译操作选择，#elif 后跟一个常量表达式。如果表达式的值为真，则编译它后面的程序，并且不再继续检验后续的表达式，否则继续检验下一个#elif 条件。它的一般格式如下：

```
#if  表达式 1
    语句段
#elif  表达式 2
    语句段
#elif  表达式 3
    语句段
#elif 表达式 4
    语句段
    ……
#elif 表达式 n
    语句段
#endif
```

【例 8-8】使用条件编译法，用 ACT 的值来确定货币符号。

```
#include<stdio.h>
#define US  0
#define CHINA 1
#define ENGLAND 2
#define ACT CHINA
int main()
{
    #if ACT==US
        char currency[]="dollar";
    #elif ACT==ENGLAND
        char currency[]="pound";
    #elif ACT==CHINA
        char currency[]="china";
    #endif
        printf("%s",currency);
```

```
    return 0;
}
```

程序运行结果：

```
china
```

在上面的程序中，ACT 被定义为 CHINA，所以程序只编译 "char currency[]="china";"，其他的程序段不被编译。

2．#ifdef 和#ifndef 指令

另一种编译方法是使用#ifdef 指令和 ifndef 指令，意思是"如果宏已定义"和"如果宏未定义"。#ifdef 的一般格式如下：

```
#ifdef   宏替换名
    语句段
#endif
```

如果宏替换名在此之前已经由#define 给出了定义，则编译#ifdef 和#endif 之间的语句；如果宏替换名在此之前未经#define 定义，则编译程序段的内容，可用#ifndef 指令。#ifndef 的一般格式如下：

```
#ifndef   宏替换名
    语句段
#endif
```

指令#ifdef 和#ifndef 还可以与#else 指令一起使用，但不能与#elif 指令一起使用。

【例 8-9】#ifdef 和#ifndef 指令的使用。

```
#include<stdio.h>
#define TED 10
void main()
{
    #ifdef TED
        printf("Hi TED\n");
    #else
        printf("Hi anyone\n");
    #endif
    #ifndef RALPH
        printf("RALPH  not defined\n");
    #endif
}
```

程序运行结果：

```
hi TED
RALPH  not defined
```

8.4 本章小结

8.4.1 知识点小结

1．宏定义

不带参数的宏定义的一般形式为：

```
#define 标识符 字符串
```

带参数的宏定义的一般形式为：

```
#define 宏名(形参表) 字符串
```

2. 文件包含

文件包含命令行的一般形式为：

```
#include "文件名"
```

或

```
#include<文件名>
```

3. 条件编译

预处理程序提供了条件编译的功能，即可以按不同的条件去编译不同的程序部分，因而产生不同的目标代码文件。这对于程序的移植和调试很有帮助。

8.4.2　常见错误小结

常见错误小结见表 8.1。

表 8.1　常见错误小结

实例	描述	类型
`#include <stdio.h>;`	在使用预处理命令时多加了一个分号，预处理命令不是 C 语言的语句	语法错误
`#define PI=3.14`	在宏定义时，在宏名和替换字符中多加了一个 "="	语法错误
`#define L (a) a*a`	在定义带参数的宏时，宏名与括号之间加了一个空格	
	在定义带参数的宏时，字符串中的形参加括号非常重要，如 #define L(a) ((a)*(a))，如果写成#define L (a) a*a 形式，宏调用 P=L(1+2,2+3)展开后得到 P=1+2*2+3，而不是 P=(1+2)*(2+3)	逻辑错误

第9章 指针

指针是 C 语言的一种重要的数据类型，也是 C 语言最有特色的数据类型。它是 C 语言的精华，同时也是 C 语言中最难掌握的一部分。正确灵活地运用指针可以有效地表示复杂的数据结构，方便地使用数组与字符串，在调用函数时还能获得一个以上的结果。另外，通过指针还可以直接处理内存单元地址以及动态地分配内存单元，而这些对设计系统软件是非常必要的。

9.1 借钱的问题

如果有位同学向你借 100 元钱，你可以选择下面两种方式之一借给他。

例 9-1 视频讲解

第 1 种：从钱包（wallet）中取 100 元给他。

第 2 种：告诉他，你的钱包（wallet）在书桌的抽屉里（drawer），请他自己取 100 元。

以上的实例说明，取数据的方式有直接和间接两种。间接从 drawer 中取 100 元和直接通过钱包 wallet 取 100 元这两种方式各有其特点，但可以看出，间接方式可能存在风险：取的钱可能不止 100 元。

【例 9-1】借钱的问题。使用两种方式借出钱后，输出钱包（原来有 500 元）中剩余钱的数量。

```c
#include<stdio.h>

int main()
{
    int wallet;              //定义变量
    int *drawer = &wallet;   //定义整型指针变量drawer，把wallet地址存放到drawer中

    /*从钱包（wallet）中取100元给他*/
    wallet = 500;
    wallet =wallet - 100;
    printf("直接访问: %d\n",wallet);

    /*告诉他，你的钱包（wallet）在书桌的抽屉里（drawer），请他自己取100元*/
    wallet = 500;
    *drawer=*drawer- 100;
    printf("间接访问: %d",*drawer);

    return 0;
}
```

程序中定义了变量 wallet 用来存放钱，再定义一个特殊的指针变量 drawer 用于存放变量 wallet 的地址。这样既可以通过变量名 wallet 直接取出 100 元给同学，也可以在不知道变量名的情况下，通过指针变量 drawer 所存放的 wallet 的地址间接取 100 元给同学。

对程序员而言，使用标识符命名的变量直观方便，但系统真正运行程序时，还是要把变量名所对应的存储单元位置找到才能进行运算，这样机器处理的速度就会受到影响。系统允许

程序员通过指针直接对内存单元进行操作，以提高程序的运行效率。另外，在涉及数据批量传递、用户空间申请等问题时，使用指针会很方便。

课程思政：科学是一柄"双刃剑"，善良的人们可以利用它来为人类服务、为人类造福，而邪恶的人们却能用它来危害人类的生存。这是科学的使用方式不当造成的，也就是说是由于人类滥用科学造成的。如果恰当地使用科学，科学是会给我们带来幸福的。

指针的概念

9.2 指针的概念

指针的使用非常灵活，要想真正掌握，就必须多思考、多分析、多上机，尽量采用图示来分析与解决问题。下面介绍有关指针的概念和使用方面的知识。

9.2.1 地址与指针

什么是指针？为了回答这个问题，必须先弄清楚数据在内存中是如何存储的，又是如何访问的。在前面的章节中已经指出，当在程序中定义一个变量时，实际上是在运行时给这个变量在内存中分配一定大小的存储单元。为了能正确地访问变量所代表的存储空间，C语言规定将一个变量所占用的存储空间第1个字节在内存中的编号称为该变量的地址。以该地址开始的一定大小的存储单元的内容就是所对应的变量的值。

需要注意区分存储单元的地址与内存中存储单元的长度是不一样的。现在假设某程序中说明语句为"int a;""float b;"，它们的内存分配情况如图9.1所示，变量a的存储单元地址为2000H，存储单元的大小为4个字节，变量b的存储单元地址为2004H，存储单元的大小为4个字节。

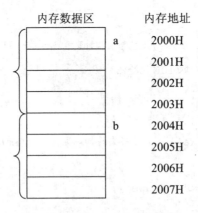

图 9.1 内存分配示意图

程序中给某变量赋值实际上是将所赋的值写到该变量所对应地址开始的存储单元中，程序中使用某变量的值实际上就是从该变量所对应地址开始的存储单元读取其内容，即变量的值。

不同类型的变量在内存中所分配的存储单元不仅大小不一样，数据的存储格式也不一样。例如，int型变量所分配的存储单元用于存储整型数据，按补码数据格式进行存储；而float型变量所分配的存储单元用于存储实型数据，按浮点数据格式进行存储。为int型变量所分配的存储单元称为 int 型存储单元，为 float 型变量所分配的存储单元称为 float 型存储单元。

有了上述概念后，我们来定义指针的概念。指针就是具有某种数据类型的存储单元的地址。可以从两方面解释指针的概念：一方面，指针可以理解为内存中存储单元的地址，由于通过地址可以找到所需的存储单元，因此称指针指向该单元；另一方面，必须明确指针所指向存储单元的数据类型，该类型也称指针的数据类型。指针的数据类型与其他数据类型一样，也有常量和变量的概念，分别称为指针常量和指针变量。

变量有三个要素：名字、内容和地址。对于普通变量而言，名字是通过标识符进行标识的；内容是数值；地址是内存单元的编号。对于指针变量而言，名字和地址的意义与普通变量一样。指针变量的特殊之处在于它的值是地址，它的类型是它指向单元的数据类型。

9.2.2　指针变量的定义与初始化

1. 指针变量的定义

如前所述，在 C 语言中将地址形象地称为"指针"，意思是通过它能找到以它为地址的内存单元。一个变量的地址称为该变量的指针，如果有一个变量专门用于存放另一个变量的地址，则称为"指针变量"，如图 9.2 所示。

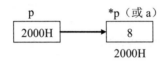

图 9.2　变量的指向关系

若变量 p 存储了变量 a 的地址，则称变量 p 指向了变量 a，也就意味着变量 p 和 a 之间建立了指向关系。

为了表示指针变量和它所指向的变量之间的关系，在程序中用"*"符号表示"指向"。在图 9.2 中，p 代表指针变量，而*p（或 a）是 p 所指向的变量。

有了指针变量以后，对一般变量的访问既可以通过变量名进行，也可以通过指针变量进行。通过变量名或其地址（如 a 或&a）访问变量的方式称为直接访问方式；通过指针变量（如 p）访问它指向的变量（如 a）的方式称为间接访问方式。

指针变量与其他变量一样，在使用前必须先定义。指针定义在程序的不同位置，决定了指针的作用范围。定义指针变量的一般格式如下：

[存储类型]　数据类型 *指针变量名1,*指针变量名2,…;

指针变量和普通变量一样，也有 auto、static、register 和 extern 4 种存储类型。它们分别决定了各自指针变量的生存期或作用域。

数据类型可以是任何有效的 C 语言数据类型，表示指针变量所要指向目标变量的数据类型，而不是指针本身的类型。

指针类型是由"*"决定的。"*"表示其后定义的是指针变量。

指针变量名同样也遵循标识符的命名规则。

```
int *x;                    //表示 x 是指向整型变量的指针变量
float *y;                  //表示 y 是指向浮点型变量的指针变量
static long *m;            //表示 m 是指向长整型变量的静态指针变量
char c,*s;                 //表示 c 是字符型变量，s 是指向字符型变量的指针变量
```

在上面的程序段中，第一条语句定义了一个指针变量，可以用于存放整型变量的地址，即可指向整型变量；第二条语句定义了一个指向浮点型变量的指针变量，可以用于存放浮点型变量的地址；第三条语句定义了一个指向长整型变量的静态指针变量，可以用于存放长整型变量的地址，同时 m 是静态的；第四条语句定义了一个字符型变量 c（普通变量）和一个指针变量 s，指针变量 s 可以用于存放字符型变量的地址，如字符型变量 c 的地址。

注意

（1）在定义指针变量时，变量名前面的符号"*"仅表示所定义的变量是指针变量，它不是变量名的构成部分。指针变量的类型是指针类型，变量 x 的类型是"int *"，表示 x 是用于指向 int 型存储单元的指针变量；变量 y 的类型是"float *"，表示 y 是用于指向 float 型存储单元的指针变量。无论什么类型的指针变量，它们所分配存储单元的长度都是相同的。例如，Code::Block 指针变量是分配 4 个字节的存储单元。

（2）用"int *"定义指针变量 x，并不是指 x 的取值是 int 型，而是指它可以存放一个"int *"型的指针值。

又如：

```
int*x,i;
x=&i;
```

上面语句的功能是将变量 i 的地址存放到指针变量 x 中，因此 x 指向变量 i，如图 9.3 所示。

图 9.3　变量与指针的关系

2. 指针变量的初始化

为指针变量赋值可以在定义指针变量时进行，即指针变量的初始化。指针变量初始化的一般格式如下：

[存储类型]　数据类型　*指针变量名=初始值;

指针变量初始化时，合法的初始值可以是一个地址值、0 或 NULL。若指针变量的值为 0，则称为空指针。标准库专门定义了符号常量 NULL（在头文件 stdio.h 和另外几个标准库头文件中有宏定义"#define NULL 0"）表示它。将指针变量初始化为 NULL 等于将指针变量初始化为 0。

例如，以下程序用于对指针变量进行初始化（地址值）。

```
#include<stdio.h>
int main()
{
    int f,*p=&f;        //&为取地址运算符
    int *q=NULL,*r=0;
    ……
}
```

在上面的程序中，第一行定义了一个 int 型变量 f（普通变量）和一个指向 int 类型对象的指针变量 p，并在定义指针变量 p 的同时，把变量 f 的地址作为初始值赋给指针变量 p；第二行定义了一个指向 int 类型的指针变量 q 和 r，分别初始化为 NULL 和 0。

数值为 0 或 NULL 的指针称为空指针。空指针并不是说指针的存储空间为空，而是指其有特定的值——零。它是指针的一种状态，表示指针不指向任何目标变量，即指针变量闲置。为使程序具有良好的可移植性，初始化指针时应该用 NULL 而不是 0。

注意

> 指针变量是用于存放变量地址的，而指针变量本身也有自己的地址。因此，指针变量本身的地址与指针中存放的地址是不同的。

9.2.3　指针的运算

指针的运算是以指针所存放的地址为运算量进行的运算。指针运算的实质是地址的计算。C 语言具有自己的一套适用于指针、数组等地址运算的规则。由于许多针对地址的运算是没有意义的，因此这里仅给出几种有特定意义的运算。

1. 基本运算

（1）取地址运算符（&）。取地址运算符&是单目运算符，其结合方向为自右向左，功能是取变量的地址。"&操作数"的作用是求运算符&右侧操作数（通常为变量）的地址，如&a 为变量 a 的地址。

注意

> （1）取地址运算符&作用在一个变量或数组元素上，就可以得到该变量或数组元素的地址。如有如下定义：
> 　　　　int a,d[10];
> 则可用&a 或&d[0]得到变量或数组元素的地址。
> （2）取地址运算符&不能作用到常量、表达式上，如&25、&(x+y)等是错误的。

（2）间接访问运算符（*）。"*"和"&"均为单目运算符，且它们是互逆的。"*操作数"是代表运算符的右侧操作数（其值为指针）所指向的存储单元，即所指向的变量。如图 9.2 中，*p 代表指针变量 p 所指向的目标变量 a。

【例 9-2】间接访问运算符*的运用示例。程序代码如下：

```
#include<stdio.h>
int main()
{
    int a=3,*p=&a;          //初始化时将变量 a 的地址存放在指针变量 p 中
    printf("a=%d\n",a);
    printf("pa=%d\n",*p);
    return 0;
}
```

程序运行结果：

```
a=3
pa=3
```

在上面的程序中，定义了两个变量a和p，其中变量a是int型的普通变量，并赋初值为3；变量p是指针变量，并赋初值为变量a的地址。

第一次调用printf函数输出变量a的值3，这里是通过变量名直接访问该变量的存储空间。

第二次调用printf函数输出的也是变量a的值3，*p表示通过指针变量p进行间接访问运算，表达式的值为指针变量p所指向地址中的数据。由于当前指针变量p中存放的是变量a的地址，因此这里通过指针变量p间接访问所指向的目标变量a的存储空间。

 注意

> 在程序中出现了两处*p，它们的含义是不同的，前者"int a=3,*p=&a;"表示定义一个指针类型的变量p，后者"printf("pa=%d\n",*p);"表示指针变量p所指向的目标变量，即变量a。

【例9-3】取地址运算符&和间接访问运算符*的综合运用示例。程序代码如下：

```c
#include<stdio.h>
int main()
{
    double x=0.11,y=0.1;
    double *p=&x,*q=&y;              //定义指针变量p与q，p指向x，q指向y

    printf("&x=%p,&y=%p\n",&x,&y);   //输出变量x与y的地址值
    printf("p=%p,q=%p\n",p,q);       //输出指针变量p与q中存放的地址值

    printf("x=%f,y=%f\n",x,y);       //输出变量x与y的值
    printf("*p=%f,*q=%f\n",*p,*q);   //输出指针变量p与q所指向目标变量的值

    return 0;
}
```

程序运行结果：

```
&x=0012FF78,&y=0012FF70
p=0012FF78,q=0012FF70
x=0.110000,y=0.100000
*p=0.110000,*q=0.100000
```

 注意

> 在不同的机器上运行结果会有所不同。

2. 指针变量的赋值运算

定义指针变量后可以对它进行赋值。指针变量赋值后，就指向一个确定的内存存储单元。能够为指针赋值的只有0或NULL、同类型的地址值。例如：

```c
int m=10,*p1;
p1=&m;                              //使指针变量p1指向变量m
```

```
float f=3.1415926,*p2,*p3;
p2=&f;                        //使指针变量 p2 指向变量 f
p3=(float *)0x1008;
```

假设整型变量 m、实型变量 f 所分配的存储单元首地址分别为 1000H、1004H；指针变量 p1、p2、p3 所分配的存储单元的地址分别为 2040H、2044H、2048H。

赋值后，指针变量 p1 的值就是 1000H，即变量 m 所分配的 int 型存储单元的地址；指针变量 p2 的值就是 1004H，即变量 f 所分配的 float 型存储单元的首地址。将变量 m 的指针赋给指针变量 p1 后，称指针变量 p1 指向了变量 m；同理，将变量 f 的指针赋给指针变量 p2 后，称指针变量 p2 指向变量 f。

对于指针变量 p3，首先将地址常量 0x1008 强制转换为 float *类型，然后赋给指针变量 p3，这样指针变量 p3 就指向了一个从地址 1008H 开始的 float 型存储单元。

指针变量的类型一方面用于说明该变量是指针变量，另一方面用于说明该指针变量值的类型，即它可以指向的存储单元的类型。用指针表达式为指针变量赋值时，指针表达式与指针变量的类型必须一致，如果不一致则需要通过强制转换使其类型一致。

3. 指针的算术运算

指针的算术运算只有两种，即加和减。指针的算术运算不是整数的算术运算，为了解释指针算术运算的结果，设 x、y 是两个指向 short 型的指针变量，且 x 目前的值是 1000H，另假设一个 short 型数据占 2 个字节，执行如下语句：

```
y=x+3;
```

则 y 的值是 1006H，而不是 1003H。这说明指针的算术运算与地址的算术运算不一样，即指针与地址的概念是有区别的。x 每增加 1，就指向下一个 short 存储单元，即每次跳过 2 个字节，执行语句 "y=x+3;" 时，x 增加了 3，因此它跳过了 6 个字节。这条规则同样适用于减法。

指针每增加 1，就指向该类型的下一个存储单元；每减少 1，就指向该类型的上一个单元。也就是说，指针都是按照它所指向类型的存储单元的字节长度进行增加或减少的。对于 Code:Blocks，具体情况见表 9.1。

表 9.1 Code:Blocks 中数据类型与指针增减的关系

数据类型	指针增减 1 后改变的字节数
char	1
short	2
int	4
long	4
float	4
double	8

指针变量也可以进行自增自减运算，例如：

```
int *x;          //假设当前地址为 1000H
x++;             //执行后 x 的值为 1004H
(&x)++;          //非法语句
(x+5)++;         //非法语句
```

4. 指针的关系运算

指针也可进行比较。在一个关系表达式中，允许将两个指针进行比较。例如，设 p、q 是两个指针，下面这条语句有效。

```
if(p>q)
printf("p higher to memory than q.\n");
```

对指向同一数组的两个指针变量进行关系运算可表示它们所指数组元素之间的关系。例如，有如下两个指针变量。

```
p1==p2;            //表示 p1 和 p2 指向同一个数组元素
p1>p2;             //表示 p1 处于高地址位置
p1<p2;             //表示 p2 处于高地址位置
```

5. 指针变量的引用

设 p 为指向已确定的指针变量，则有两种引用形式，见表 9.2。

表 9.2 指针变量的引用

形式	含义
*p	取当前指向的对象的值（内容）
p	取当前指向的对象的存储地址

【例 9-4】指针变量的应用。程序代码如下：

```
#include<stdio.h>
int main()
{
    int j=28,k,*p=&j;
    char c1='f',*q;

    k=*p*2-3;
    q=&c1;
    *q=c1+1;

    printf("k=%d\nc1=%c\n",k,*q);

    return 0;
}
```

程序运行结果：

```
k=53
c1=g
```

程序定义指针变量 p、q，并在定义的时候对指针变量 p 进行初始化，使它指向 j 变量。赋值语句 "k=*p*2-3;" 表示 p 所指向的存储单元中的值 28 乘以 2 再减去 3，并将此表达式的值赋给变量 k，"q=&c1;" 表示使指针变量 q 指向字符变量 c1 的存储单元；赋值语句 "*q=c1+1;" 表示将字符'f'送入 q 指向的存储单元 c1 中。

注意

（1）*p 若出现在变量说明语句中，则表示定义指针变量 p；若出现在表达式中，则表示取 p 所指对象的值，此时究竟从几个字节中取内容，由 p 所指对象的类型决定。例如：

```
double x=3.6,*p;
p=&x;
printf("%.2f\n",*p);
```

假设 x 的存储首地址为 1000H，则 printf 语句中的*p 表示从 1000H～1007H 中取出内容，并以 2 位小数的格式输出到显示器。

（2）指针变量只能接收、存储与自身所指对象同类型的变量的地址，所以不能对指针变量赋非地址值或类型不相容变量的地址。例如：

```
int i=10,j,*p;
float x,*q;
```

则以下赋值语句都是错误的。

```
p=i;
q=&j;
```

（3）只能对指针变量赋变量的地址，而不能是表达式的地址。例如：

```
int x,*p;
p=&(x++);
```

这两条语句是不对的，因为表达式 x++无内存地址。

【例 9-5】输入 3 个整数，输出其中的最大值和最小值。

分析：首先将其中的两个数做比较，将较大的数所在的变量地址赋给指针变量 max，将较小的数所在的变量的地址赋给指针变量 min；然后将第 3 个数分别与指针变量 max 和 min 所指向的变量的值做比较，若较大则将第 3 个数所在的变量的地址赋给 max，若较小则赋给 min；最后输出其中的最大值和最小值。程序伪代码如下：

```
#include<stdio.h>
int main()
{
    （1）定义变量 x、y、z、*max、*min;
    （2）输入 3 个整数分别赋给 x、y、z;
    （3）if(x>y),把变量 x 的地址赋给 max,把变量 y 的地址赋 min
        else 把变量 y 的地址赋给 max,把变量 x 的地址赋给 min;
    （4）if(z>*max),把变量 z 的地址赋给 max;
    （5）if(z<*min),把变量 z 的地址赋给 min;
    （6）输出*max 和*min 的值;
    return 0;
}
```

例 9-5 视频讲解

根据上述伪代码，编写的程序代码如下：

```
#include<stdio.h>
int main()
{
    int x,y,z,*max,*min;        // （1）定义变量 x、y、z、*max、*min
```

```
printf("please input three numbers:\n");
scanf("%d%d%d",&x,&y,&z);    //（2）输入 3 个整数分别赋给 x、y、z
/*（3）if(x>y)，把变量 x 的地址赋给 max，把变量 y 的地址赋 min
  else 把变量 y 的地址赋给 max，把变量 x 的地址赋给 min*/
if(x>y)
    {max=&x;min=&y; }
else
    {max=&y;min=&x; }
/*（4）if(z>*max)，把变量 z 的地址赋给 max*/
if(z>*max)    max=&z;
/*（5）if(z<*min)，把变量 z 的地址赋给 min*/
if(z<*min)    min=&z;
/*（6）输出*max 和*min 的值*/
printf("the max is:%d\nthe min is:%d\n",*max,*min);
return 0;
}
```

程序运行结果：

```
please input three numbers:
33 89 65✓
the max is:89
the min is:33
```

在使用指针变量之前，一定要为该指针赋确定的地址值、0 或 NULL。一个没有赋值的指针其指向目标是不确定的，这种指针被称为"悬空指针"。使用悬空指针做间接访问是一个严重错误，常常会破坏内存中其他领域的内容，严重时会造成系统失控。

【例 9-6】悬空指针示例。程序代码如下：

```
#include<stdio.h>
int main()
{
    int  i=20;
    int  *p;
    *p=i;
    printf("%d",*p);
    return 0;
}
```

在上面的程序中，指针 p 是悬空指针，没有指向合法变量。语句 "*p=i;" 将整数 10 存放到指针 p 所指向的目标中，其地址不确定。程序运行时可能会导致各种错误，甚至危及系统的正常运行。

9.3   指针与函数

函数的参数不仅可以是整型、实型、字符型等数据类型，还可以是指针。指针作为函数的参数时，同样要求实参表达式与形参变量的类型和个数保持一致。

　　函数虽然不是变量，但它在内存中也有确定的物理地址，这是编译以后得到的。与数组名一样，函数名也是一个地址常量，它代表函数执行时的入口地址。若将函数的入口地址赋给指针变量，则称指针变量指向了该函数。指向该函数的变量称为"函数指针"，在程序中使用函数指针可实现许多特殊的功能。

9.3.1　指针作为函数的参数

　　变量的指针作为函数参数具有特殊的作用，它可以实现在被调函数中改变主调函数中定义的变量的值，从而实现在函数调用时从被调函数中将多个值返回给主调函数（利用 return 语句只能返回一个值）。

　　用指针作为函数的参数时，实参是指针表达式（包括指针、指针变量或指针表达式），形参是指针变量，它的作用是将实参指针表达式的值传送给形参指针变量。这样，形参指针变量所指向的存储单元与实参指针表达式所指向的存储单元相同。因此，在被调函数中，通过形参指针变量能够间接访问实参指针表达式所指向的存储单元。被调函数调用结束后，虽然形参指针变量所分配的存储单元将被释放，但是通过使用指针作为函数参数，可以间接地实现在被调函数中对主调函数变量值的改变。

　　1. 实参和形参之间的数据传递

　　若函数的形参为指针类型，则调用该函数时，对应的实参必须是基类型相同的地址值或是已指向某个存储单元的指针变量。

　　【例 9-7】编写函数 Add(int *a,int *b)，函数中把指针变量 a、b 所指向的存储单元中的两个值相加，然后将结果作为函数的返回值。在主函数中输入两个数给变量，把变量的地址作为实参，传递给对应形参。程序伪代码如下：

```
#include<stdio.h>
（1）定义 Add 函数，功能是求形参所指变量的和；
int main()
{
    （2）定义变量 x、y、z；
    （3）输入 x、y 的值；
    （4）调用 Add 函数，求 x、y 的和；
    （5）输出 x、y 的和；
    return 0;
}
```

例 9-7 视频讲解

　　根据上述伪代码和函数定义，对步骤（1）进行进一步细化，细化后的伪代码如下：

```
/*（1）定义 Add 函数，功能是求形参所指变量的和*/
int Add(int *a,int *b)
{
    （1.1）定义变量 sum；
    （1.2）计算形参指针变量 a、b 所指变量的和 sum；
    （1.3）返回 sum；
}
```

　　根据上述伪代码，编写的程序代码如下：

```
#include<stdio.h>
/*（1）定义 Add 函数，功能是求形参所指变量的和*/
```

```
int Add(int *a,int *b)
{
    int sum;                        //（1.1）定义变量 sum
    sum=*a+*b;                      //（1.2）计算形参指针变量 a、b 所指变量的和 sum
    return sum;                     //（1.3）返回 sum
}
int main()
{
    int x,y,z;                      //（2）定义变量 x、y、z
    printf("enter x,y:");
    scanf("%d%d",&x,&y);            //（3）输入 x、y 的值
    z=Add(&x,&y);                   //（4）调用 Add 函数，求 x、y 的和
    printf("%d+%d=%d\n",x,y,z);     //（5）输出 x、y 的和
    return 0;
}
```

程序运行结果：

```
enter x,y:24 41✓
24+41=65
```

在程序中，主调函数调用 Add 函数时，系统为 Add 函数的形参 a、b 开辟了两个基类型为 int 类型的临时指针变量，实参&x、&y 把 x、y 的地址传送给 a、b，参数之间的关系如图 9.4 所示。

这时，指针变量 a 指向变量 x，指针变量 b 指向变量 y，程序转去执行 Add 函数。

在 Add 函数中，语句"sum=*a+*b;"的含义是分别取指针变量 a、b 所指存储单元中的内容，相加后存入变量 sum，实际上就是把主函数中 x 变量和 y 变量的值相加后存入变量 sum。所以，Add 函数返回的是主函数中 x 变量和 y 变量的值之和。

图 9.4　参数之间的关系

2. 在被调函数中直接改变主调函数中变量的值

到目前为止，我们已经知道形参值的改变并不能改变对应实参的值，把数据从被调函数返回主调函数的唯一途径是通过 return 语句返回函数的值，这就限定了只能返回一个数据。但在例 9-8 中通过传送地址值，可以在被调函数中对主调函数中的变量进行引用，这也就使得通过形参改变对应实参的值有了可能，利用此形式就可以把两个或两个以上的数据从被调函数返回主调函数。

【例 9-8】使用 Swap 函数，交换主函数中变量 x 和 y 中的数据。程序代码如下：

```
#include<stdio.h>
int main()
{
    void Swap(int *a,int *b);         //声明 Swap 函数
    int x=30,y=20;
    printf("(1)x=%d  y=%d\n",x,y);    //输出调用 Swap 函数之前 x、y 的值
    Swap(&x,&y);                      //调用 Swap 函数，变量的地址作函数的实参
    printf("(4)x=%d  y=%d\n",x,y);    //输出调用 Swap 函数之后 x、y 的值
    return 0;
```

例 9-8 视频讲解

```
}
/*定义 Swap 函数，功能是通过形参指针变量交换实参的值*/
void Swap(int *a,int *b)
{
    int t;
    printf("(2)a=%d  b=%d\n",*a,*b);      //输出交换之前指针形参 a、b 所指变量的值
    t=*a; *a =*b; *b=t;                   //交换指针变量 a、b 所指向的变量的值
    printf("(3)a=%d  b=%d\n",*a,*b);      //输出交换之后指针形参 a、b 所指变量的值
}
```

程序运行结果：

(1)x=30　y=20

(2)a=30　b=20

(3)a=20　b=30

(4)x=20　y=30

在程序中，主调函数调用 Swap 函数时，系统为 Swap 函数的形参 a、b 开辟了两个基类型为 int 类型的临时指针变量，实参&x、&y 把 x、y 的地址传送给 a、b。这时，指针变量 a 指向变量 x，指针变量 b 指向变量 y，程序转去执行 Swap 函数。

在 Swap 函数中，语句"t=*a; *a =*b; *b=t;"的含义是交换指针变量 a、b 所指存储单元中的内容，实际上就是把主函数中 x 变量和 y 变量中的值相交换。所以，Swap 函数交换的是主函数中 x 变量和 y 变量中的值。交换过程如图 9.5 所示。

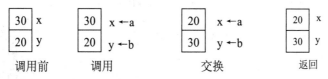

图 9.5　指针作为函数参数变量交换示意图

为进一步说明指针变量作为函数参数与其他变量作为函数参数的区别，不妨将 Swap 函数改写成例 9-9 中的 Swap1 函数，并做比较。

【例 9-9】简单变量作为 Swap1 函数的参数。程序代码如下：

例 9-9 视频讲解

```
#include<stdio.h>
int main()
{
    void Swap1(int a,int b) ;              //声明 Swap1 函数
    int x=30,y=20;
    printf("(1)x=%d  y=%d\n",x,y);         //输出调用 Swap1 函数之前 x、y 的值
    Swap1(x,y);                            //调用 Swap1 函数，整型变量作函数的实参
    printf("(4)x=%d  y=%d\n",x,y);         //输出调用 Swap1 函数之后 x、y 的值
    return 0;
}

/*定义 Swap1 函数，功能是交换形参变量的值*/
void Swap1(int a,int b)
{
    int t;
```

```
        printf("(2)a=%d  b=%d\n",a,b);        //输出交换之前形参 a、b 的值
        t=a;a=b;b=t;                          //交换形参 a、b 的值
        printf("(3)a=%d  b=%d\n",a,b);        //输出交换之后形参 a、b 的值
}
```

程序运行结果：

```
(1)x=30  y=20
(2)a=30  b=20
(3)a=20  b=30
(4)x=30  y=20
```

主函数在调用 Swap1 函数时，将实参 x、y 值分别传递给形参 a、b。Swap1 函数完成形参 a、b 的值交换，但实参 x、y 的值未做任何改变，即实参向形参单向值传递。形参值的改变不影响实参的值，所以不能达到 x、y 值互换的目的，交换的过程如图 9.6 所示。

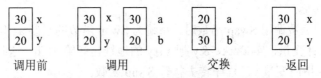

图 9.6   简单变量作为函数参数变量交换示意图

可见，C 语言程序可以通过传送地址的方式在被调函数中直接改变主调函数中的变量的值，从而达到"双向"传递。

【例 9-10】输入 3 个数，按从大到小的顺序输出。程序伪代码如下：

```
#include<stdio.h>
（1）声明 Swap 函数和 Sort 函数；
int main()
{
    （2）定义变量 x、y、z、*p1、*p2、*p3；        例 9-10 视频讲解
    （3）输入 x、y、z 的值；
    （4）使指针变量 p1、p2、p3 分别指向 x、y、z；
    （5）以 p1、p2、p3 为形参，调用 Sort 函数，实现对 x、y、z 的排序；
    （6）输出 x、y、z 的值；
    return 0;
}
（7）定义 Swap 函数，功能是交换形参指针变量 p1、p2 指向的变量值；
（8）定义 Sort 函数，功能是对形参指向的变量进行排序；
```

根据上述伪代码和函数定义，对步骤（7）和（8）进行进一步细化 [步骤（7）细化后的伪代码参见例 9-8]，细化后的伪代码如下：

```
/*（8）定义 Sort 函数，功能是对形参指向的变量进行排序*/
void Sort(int *q1,int *q2,int *q3)
{
    （8.1）if(*q1<*q2)，调用 Swap 函数，交换 q1、q2 指向变量的值；
    （8.2）if(*q1<*q3)，调用 Swap 函数，交换 q1、q3 指向变量的值；
    （8.3）if(*q2<*q3)，调用 Swap 函数，交换 q2、q3 指向变量的值；
}
```

根据上述伪代码，编写的程序代码如下：

```
#include<stdio.h>
/*（1）声明 Swap 函数和 Sort 函数*/
void Swap(int *pt1,int *pt2);
void Sort(int *q1,int *q2,int *q3) ;

int main()
{
    int x,y,z,*p1,*p2,*p3;        //（2）定义变量 x、y、z、*p1、*p2、*p3
    scanf("%d%d%d",&x,&y,&z);     //（3）输入 x、y、z 的值
    p1=&x;p2=&y;p3=&z;            //（4）使指针变量 p1、p2、p3 分别指向 x、y、z

    /*（5）以 p1、p2、p3 为形参，调用 Sort 函数，实现对 x、y、z 的排序*/
    Sort(p1,p2,p3);

    printf("\n%d%d%d\n",x,y,z);       //（6）输出 x、y、z 的值
    return 0;
}

/*（7）定义 Swap 函数，功能是交换形参指针变量 p1、p2 指向的变量值*/
void Swap(int *p1,int *p2)
{
    int t;        //（7.1）定义变量

    /*（7.2）交换形参指针变量 p1、p2 指向变量的值*/
    t=*p1;*p1=*p2;*p2=t;
}

/*（8）定义 Sort 函数，功能是对形参指向的变量进行排序*/
void Sort(int *q1,int *q2,int *q3)
{
    if(*q1<*q2)    Swap(q1,q2); //（8.1）调用 Swap 函数，交换 q1、q2 指向变量的值
    if(*q1<*q3)    Swap(q1,q3); //（8.2）调用 Swap 函数，交换 q1、q3 指向变量的值
    if(*q2<*q3)    Swap(q2,q3); //（8.3）调用 Swap 函数，交换 q2、q3 指向变量的值
}
```

程序运行结果：

```
3 6 9✓
9 6 3
```

在 Sort 函数中有 3 条 if 语句。它们的功能是，如果 q1 所指存储单元中的值小于 q2 所指存储单元中的值，则交换这两个存储单元的值，否则什么也不做。按相同的方法再依次比较 q1 与 q3、q2 与 q3 所指存储单元中的值。这里实际上是依次比较 main 函数中变量 x 与 y、x 与 z、y 与 z 的值：若 x 的值小于 y 的值，则交换 x 和 y 的值，若 x 的值小于 z 的值，则交换 x 和 z 的值，若 y 的值小于 z 的值，则交换 y 和 z 的值。

9.3.2 函数返回指针

在 C 语言中，函数可以返回整型值、实型值、字符型值等，也可以返回指针类型的指针值，即这种函数的返回值是地址。这种返回指针值的函数称为指针型函数。

指针型函数的定义格式和前面学习过的一般函数的定义格式基本相同，唯一的区别是需要在函数名前面加上一个符号"*"。

指针型函数的一般格式如下：

```
数据类型   *函数名(形参表)
{
    函数体
}
```

例如：

```
int *max(int a,int b)
{……}
```

这就是一个指针函数。其中函数名前加一个"*"表示这是一个指针型函数，即返回值是指向 int 型数据的指针。

【例 9-11】编写函数将两个整数形参中较大的数的地址作为函数的返回值。

分析：定义一个指针型函数 Max(int *a, int *b)，并将形参 a、b 指向的目标值中较大的作为函数的返回值。在主函数中输入两个整数，存入变量 i 和 j，将&i 和&j 作为 Max 函数的实参，调用该函数，并将函数值赋给指针变量 p，最后输出 p 指向的目标变量的值。程序代码如下：

```
#include<stdio.h>
int *Max(int *a,int *b)
{
    if(*a>*b)
        return a;
    else
        return b;
}
int main()
{
    int *p,i,j;
    printf("enter two numbers:");
    scanf("%d%d",&i,&j);
    p=Max(&i,&j);
    printf("i=%d,j=%d,*p=%d\n",i,j,*p);
    return 0;
}
```

例 9-11 视频讲解

程序运行结果：

```
enter two numbers:99  101↙
i=99,j=101,*p=101
```

注意

（1）函数所返回的指针必须是指向尚未释放的存储单元的指针。

（2）如果函数所返回的指针是指向本函数所分配的存储单元，则可能得不到正确结果。

例如，将例 9-11 中的 Max 函数修改成如下形式：

```
int *Max(int *a,int *b)
{
    int max;
    if(*a>*b)
        max=*a;
    else
        max=*b;
    return &max;
}
```

则 main 函数中的输出结果可能不正确。这是因为返回指针所指向的 max 变量在函数返回后被释放了。

9.3.3　指向函数的指针

在 C 语言中，一个函数总是占用一段连续的内存区，这段内存的起始地址（首字节编号）称为函数的入口地址。编译系统用函数名代表这一地址。运行中的程序调用函数时就通过该地址找到这个函数对应的指令序列，故称函数的入口地址为函数指针。可以把函数的这个首地址赋给一个指针变量，使该指针变量指向该函数，我们把这种指向函数的指针变量称为函数指针变量。

函数指针变量的一般定义格式如下：

　　　数据类型　(*指针变量名)(函数参数列表);

注意

（1）"数据类型"表示被指函数的返回值的类型。

（2）"(*指针变量名)"表示"*"后面的变量是指针变量。

（3）"(函数参数列表)"表示指针变量所指的是一个函数。

例如，"int (*f)();"表示定义了一个指向函数入口的指针变量 f，该函数的返回值是 int 型。

指向函数的指针变量定义后，并没有明确表示指向哪一个函数。将某个函数的指针（函数名即代表该函数的指针）赋给指向函数的指针变量后，该指针变量就指向该函数，以后就可以通过该指针变量来调用该函数。通过指向函数的指针变量调用所指向函数的一般格式如下：

　　　(*指针变量名)(实参列表);

或

　　　指针变量名(实参列表);

例如，有一个返回整型值的函数 Max，则

```
int (*p)();    //定义指向函数的指针变量 p
```

```
p=Max;              //使指针变量 p 指向 Max 函数
z=(*p)(a,b);  //通过指针变量 p 调用 Max 函数
```

等价于

```
z=Max(a,b);
```

【例 9-12】编程求整数中的较小者。

分析：使用指向函数的指针变量实现对函数的调用。程序代码如下：

```
#include<stdio.h>
int Min(int a,int b)
{
    if(a<b)
        return a;
    else
        return b;
}

int main()
{
    int Min(int a,int b);
    int (*pmin)();          //定义指向函数的指针变量 pmin
    int x,y,z;
    pmin=Min;               //函数指针 pmin 指向 Min 函数
    printf("please input two numbers: ");
    scanf("%d%d",&x,&y);
    z=pmin(x,y);            //通过函数指针变量 pmin 调用 Min 函数
    printf("min number =%d",z);
    return 0;
}
```

程序运行结果：

```
please input two numbers:96 87 ✓
min number =87
```

 说明

（1）函数调用中 "(*指针变量名)" 两侧的括号不可少，其中的 "*" 不应该理解为求值运算，在此处它只是一种表示符号。

（2）不能使函数指针变量参与算术运算，这是与数组指针变量不同的。数组指针变量加减一个整数可使指针移动指向后面或前面的数组元素，而函数指针的移动毫无意义。

注意

函数指针变量和指针型函数这两者在写法和意义上是有区别的。例如，float (*p)()和 float *p()是两个完全不同的概念，主要体现在以下 3 方面：

（1）float (*p)()是一个变量定义，定义 p 是一个函数入口的指针变量，该函数的返回值是实型量，注意(*p)两侧的括号不能少。

（2）float *p()不是变量定义，它是函数声明，声明 p 是指针型函数，其返回值是一个指向实型量的指针，*p 两侧没有括号。作为函数声明，可以在括号内写入形式参数，这样便于与变量定义进行区别。

（3）在定义指针函数时，float *p()只是函数头部分，一般还应该有函数体部分，而函数指针变量则不需要。

【例 9-13】输入 N 个学生的成绩，求出其平均成绩、最高分或最低分。

分析：本程序编写 3 个函数模块，即 Average 函数、Max 函数和 Min 函数，分别用于求 N 个学生的平均成绩、最高分和最低分。main 函数使用指向函数的指针变量 f 指向不同的函数，根据用户的选择动态调用相应的函数模块，以实现期望的程序功能。程序伪代码如下：

```
#include<stdio.h>
#define N 10
（1）定义 Average 函数，功能是求形参数组 score 中所有元素的平均值；
（2）定义 Max 函数，功能是求形参数组 score 中所有元素的最大值；
（3）定义 Min 函数，功能是求形参数组 score 中所有元素的最小值；

int main()
{
    （4）定义变量 i、choice、score[N]、*word；
    （5）定义指向函数的指针变量(*f)()；
    （6）使用循环语句，输入 score[N]的值；
    （7）使用循环语句，输入正确的用户选择 choice；
    （8）根据用户选择，函数指针 f 指向 Average 函数、Max 函数或 Min 函数，word 的值为
"average:" "max:" 或 "min:"；
    （9）输出 word 和函数指针变量 f 指向函数的值；
    return 0;
}
```

例 9-13 视频讲解

根据上述伪代码，编写的程序代码如下：

```
#include<stdio.h>
#define N 10
/*（1）定义 Average 函数，功能是求形参数组 score 中所有元素的平均值*/
float Average(float score[])
{
    int i;
    float average=0;
    for(i=0;i<N;i++)
        average+=score[i];
    return average/N;
}

/*（2）定义 Max 函数，功能是求形参数组 score 中所有元素的最大值*/
float Max(float score[])
{
    int i;
```

```
    float big=score[0];
    for(i=1;i<N;i++)
    if(score[i]>big)
        big=score[i];
    return big;
}
```

/* （3）定义 Min 函数，功能是求形参数组 score 中所有元素的最小值*/

```
float Min(float score[])
{
    int i;
    float less=score[0];
    for(i=1;i<N;i++)
        if(score[i]<less)
            less=score[i];
        return less;
}

int main()
{
```

/* （4）定义变量 i、choice、score[N]、(*f)()、*word */

```
    int i,choice;
    char *word;
    float score[N];
```

/* （5）定义指向函数的指针变量(*f)()*/

```
    float (*f)();
```

/* （6）使用循环语句，输入 score[N]的值*/

```
    printf("please input %d scores:\n",N);
    for(i=0;i<N;i++)
        scanf("%f",&score[i]);
```

/* （7）使用循环语句，输入正确的用户选择 choice*/

```
    printf("choice:1(ave)  2(max)  3(min):");
    do
    {
        scanf("%d",&choice);
    }while(choice<1||choice>3);
```

/* （8）根据用户选择，函数指针 f 指向 Average 函数、Max 函数或 Min 函数，word 的值为 "average:" "max:" 或 "min:" */

```
    if(choice==1)
    {
        f=Average;
        word="average:";
    }
    else if(choice==2)
    {
        f=Max;
        word="max:";
```

```
    }
    else
    {
        f=Min;
        word="min:";
    }
    /*（9）输出 word 的值和函数指针变量 f 指向函数的值*/
    printf("%s %.2f\n",word,(*f)(score));
    return 0;
}
```

程序运行结果：

```
please input 10 scores:
65 75 85 95 68 78 88 98 56 76↙
choice:1(ave)  2(max)  3(min):1↙（或 2↙或 3↙）
average: 78.40（或 max: 98.00 或 min: 56.00）
```

由以上程序可以看出，在执行 main 函数最后一条 printf 语句之前，指针 f 已经指向了 Average 函数、Max 函数、Min 函数 3 个函数中的某一个实际函数，因此(*f)(score)就实现了调用已指向的那个函数。其次调用时给出的实参是 main 函数中定义的 float 型数组 score，用它来替换形参数组 score，形参数组和实参数组虽使用了相同的名称，但它们代表两个不同的对象。

9.4　指针与数组

在 C 语言中，指针与数组有着十分密切的联系。可以说程序中凡是用数组处理的算法都可以通过指针来实现，而且速度要比下标法快得多。

任何一个变量都有地址。一个数组包含若干个元素，每个数组元素都在内存中占用存储单元，它们都有相应的地址。指针变量既然可以指向变量，当然也可以指向数组元素。所谓数组元素的指针就是数组元素的地址。

引用数组元素可以用下标法，也可以用指针法。指针法通过指向数组元素的指针找到所需要的元素。使用指针法能使目标程序质量高，占用内存少，运行速度快。

9.4.1　指针与一维数组的关系

当在程序中定义一个一维数组时，例如：

```
int a[6];
```

C 语言编译系统将为数组 a 的所有元素在内存中分配一个连续的空间，数组名代表这个连续空间的起始地址，即首个（第 0 个）数组元素 a[0]的指针。数组名是指针，但不是指针变量。

当定义"int *p;"并且执行"p=a;"时，数组 a 的存储首地址赋给了指针变量 p，这就使 p 指向了 a 数组的首个（第 0 个）元素 a[0]。

在 C 语言中，数组名是一个不占用内存的地址常量，它代表整个数组的存储首地址，因此赋值语句"p=a;"与"p=&a[0];"是等价的，它们都是把数组 a 的起始地址赋给指针变量 p。

由于数组的存储结构是连续的，即数组元素在内存中连续存放，因此 a+1 就是 a[1]的存储地址，a+2 就是 a[2]的存储地址，推广到一般情况，a+i 就是 a[i]的存储地址。显然，*(a+i)表示取 a+i 地址中的内容，即 a[i]的值，这就是通过地址常量引用数组元素。

当指针变量 p 已指向数组的首元素 a[0]时，还可以直接通过指针变量引用数组元素，此时 p+i 代表 a[i]的地址，*(p+i)代表 a[i]的值。C 语言编译系统还允许将*(p+i)直接写为 p[i]，这里必须注意的是，在这种情况下，虽然 p 的值与数组名 a 完全相同，但两者有本质的区别：p 是变量，其值可以改变；而 a 是常量，其值不可以改变。例如，"p=p+3;"是正确的语句，移动指针 p 使它指向 a[3]；而 "a=a+3;"就是错误的赋值语句。

可见，引用一个数组元素，可以用下标法，如 "a[i];"，也可以用指针法，如 "*(a+i)" 或 "*(p+i)"。

当指针 p 指向一维数组的某个分量时，执行 p++、p--表示使指针 p 后移或前移一个存储单元，其位移的字节数等于所指数据类型的长度。而*p++或(p++)代表先对指针变量 p 所指向的数组元素进行引用，然后使指针变量 p 指向数组的下一个元素。在使用指针变量时，一定要注意指针变量的当前值，即指针变量的当前指向。

而*(p++)与*(++p)作用不同。前者是先取*p 的值，然后使 p 增加 1；后者是先使 p 增加 1，再取*p。若 p 的初值为 a，则*(p++)表示 a[0]的值；而*(++p)表示 a[1]的值。

(*p)++表示 p 所指向的元素的值增加 1，即(a[0])++，如果 a[0]=4，则(a[0])++的值为 5。需要注意的是元素的值增加 1，而不是指针加 1。指针与一维数组的关系见表 9.3。这里假设"int a[100], *p=a;"。

表 9.3 指针与一维数组的关系

表达式	含义
&a[i], a+i, p+i	引用数组元素 a[i]的地址
a[i], *(a+i), *(p+i), p[i]	引用数组元素 a[i]的值
p++, p--	使 p 后移或前移一个存储单元
*p++, *(p++)	先得到 p 指向的数组元素的值（即*p），再使 p 后移一个存储单元
*(++p)	先使 p 后移一个存储单元，再得到 p 指向的数组元素的值（即*p）
(*p)++	使 p 所指对象的值加 1，即*p=*p+1

【例 9-14】将数组中所有元素的值对称交换。

分析：假设数组 a 中有 10 个数组元素，将 a[0]与 a[9]互换、a[1]与 a[8]互换、……、a[4] 与 a[5]互换。设两个指针变量 begin 和 end 分别指向 a[0]和 a[9]，每次将*begin 与*end 互换，然后使 begin 加 1，end 减 1，直到 begin>=end 为止。程序伪代码如下：

```
#include<stdio.h>
#define N 10
int main()
{
    （1）定义变量 t、a[N]、*begin、*end，并初始化 a[N]；
    （2）使指针变量 begin 和 end 分别指向 a[0]和 a[9]；
    （3）使用循环语句，交换数组中的相应元素；
    （4）使用循环语句，输出交换后的数组元素值；
    return 0;
}
```

例 9-14 视频讲解

根据分析，对步骤（3）进行进一步细化，细化后的伪代码如下：

```
/*（3）使用循环语句，交换数组中的相应元素*/
while(begin<end)
{
    （3.1）交换指针变量begin和end指向的变量值；
    （3.2）指针变量begin向后移动，指向下一个元素；
    （3.3）指针变量end向前移动，指向前一个元素；
}
```

根据上述伪代码，编写的程序代码如下：

```
#include<stdio.h>
#define N 10
int main()
{
    /*（1）定义变量t、a[N]、*begin、*end，并初始化a[N]*/
    int t,a[N]={0,1,2,3,4,5,6,7,8,9};
    int  *begin,*end;

    /*（2）使指针变量begin和end分别指向a[0]和a[9]*/
    begin=&a[0]; end=&a[9];

    /*（3）使用循环语句，交换数组中的相应元素*/
    while(begin<end)
    {
        /*（3.1）交换指针变量begin和end指向的变量值*/
        t=*begin;*begin=*end;*end=t;

        begin++;        //（3.2）指针变量begin向后移动指向下一个元素
        end--;          //（3.3）指针变量end向前移动指向前一个元素
    }

    /*（4）使用循环语句，输出交换后的数组元素值*/
    begin=a;            //使指针变量begin重新指向数组的起始地址
    while(begin<a+10)
        printf("%3d",*begin++);

    printf("\n");
    return 0;
}
```

程序运行结果：

```
9  8 7 6 5 4 3 2 1 0
```

注意

在使用数组时，指针或指针变量可以指向数组元素以外的存储单元，并且可以对该存储单元进行操作，如a+10或p+10指向数组起始地址之后的第11个单元。当数组中只有10个元素时，*(a+10)或*(p+10)就是对该存储单元进行存取。对于这一点，C语言编译程序并不认为非法。

【例9-15】输入 N 个学生成绩，统计其中的及格人数和平均成绩，程序最后输出所有学生成绩和统计结果。

（1）下标法。

分析：利用数组下标方法输入 N 个学生成绩并存入数组 score，判断每个数组元素的值是否大于等于 60，若大于等于 60，则计数器 count 加 1，并求出 N 个学生成绩的累加和 sum，然后将 sum 除以 N 求得平均成绩并存入变量 ave，最后输出数组 score 中每个数组元素的值和变量 count、ave 的值。程序伪代码如下：

```
#include<stdio.h>
#define N 10
int main()
{
    (1)定义变量 i、count=0、score[N]、ave、sum=0;
    (2)使用循环语句输入成绩，判断成绩是否大于等于 60，如是则 count 增 1，同时计算成
绩的和;
    (3)求平均成绩 ave=sum/N;
    (4)输出及格的人数及平均成绩;
    return 0;
}
```

例9-15视频讲解

根据上述伪代码，编写的程序代码如下：

```
#include<stdio.h>
#define N 10
int main()
{
    /*(1)定义变量 i、count=0、score[N]、ave、sum=0*/
    int i,count=0;
    float score[N],ave,sum=0;

    /*(2)使用循环语句输入成绩，判断成绩是否大于等于 60，如是则 count 增 1，同时计算
成绩的和*/
    printf("请输入%d 个学生成绩: \n",N);
    for(i=0;i<N;i++)
    {
        scanf("%f",&score[i]);    //使用数组下标
        if(score[i]>=60)
            count++;
        sum+=score[i];
    }
    ave=sum/N;                    //(3)求平均成绩

    /*(4)输出及格的人数及平均成绩*/
    printf("\n学生成绩及格的人数为: %d\n",count);
    printf("学生的平均成绩为: %.2f\n",ave);
    return 0;
}
```

程序运行结果：

请输入 10 个学生成绩:

```
85  95  78  69  56  88  72  68  58  98↙
```
学生成绩及格的人数为：8
学生的平均成绩为：76.70

（2）指针法。

分析：利用指针变量 p 指向数组 score，将数组的首地址（数组名 score）赋给指针变量 p，使用指针变量的加法（p++）逐个指向数组 score 中的每个数组元素。输入 N 个学生成绩并存入指针变量 p 指向的数组元素，判断每个数组元素的值是否大于等于 60，若是则计数器 count 加 1，并求出 N 个学生成绩的累加和 sum，然后将 sum 除以 N 求得平均成绩存入变量 ave，最后输出数组 score 中每个数组元素的值和变量 count、ave 的值。程序伪代码如下标法所示，程序代码如下：

```c
#include<stdio.h>
#define N 10
int main()
{
    /*（1）定义变量 i、count=0、score[N]、ave、sum=0、*P*/
    int i,k,count=0;
    float score[N],ave,sum=0,*p;

    /*（2）使用循环语句输入成绩，判断成绩是否大于等于 60，如是则 count 增 1，同时计算
成绩的和*/
    printf("请输入%d个学生成绩: \n",N);
    for(p=score;p<score+N;p++)          //使用指针变量
    {
        scanf("%f",p);
        if(*p>=60)
            count++;
        sum+=*p;
    }
    ave=sum/N;          //（3）求平均成绩

    /*（4）输出及格的人数及平均成绩*/
    printf("\n学生成绩及格的人数为: %d\n",count);
    printf("学生的平均成绩为: %.2f\n",ave);
    return 0;
}
```

程序运行结果：
请输入 10 个学生成绩：
```
85  95  78  69  56  88  72  68  58  98↙
```
学生成绩及格的人数为：8
学生的平均成绩为：76.70

注意

两种方法中，指针法的速度较快，原因是指针变量直接指向数组元素，通过 p++、p-- 有规律地移动指针而直接获得数据，这就是用指针法处理数组比用下标法更快的原因。

9.4.2 指针与二维数组的关系

用指针处理一维数组时，指针变量所指向的对象为数组元素。指针变量增、减一个单位就意味着指针后移或前移一个数组元素。但是用指针处理二维数组时，可以使指针变量所指的对象是数组中的行，此时二维数组和指针变量的意义更复杂。

1. 二维数组的编译结构

设整型二维数组 a[3][4]如图 9.7 所示。

0	1	2	3	a[0]
4	5	6	7	a[1]
8	9	10	11	a[2]

图 9.7 二维数组 a[3][4]在内存中的存放形式

设数组的首地址为 2000，则各下标变量的首地址及值见表 9.4。

表 9.4 数组元素与地址

地址（十六进制）	元素	元素值
2000	a[0][0]	0
2004	a[0][1]	1
2008	a[0][2]	2
200C	a[0][3]	3
2010	a[1][0]	4
2014	a[1][1]	5
2018	a[1][2]	6
201C	a[1][3]	7
2020	a[2][0]	8
2024	a[2][1]	9
2028	a[2][2]	10
202C	a[2][3]	11

可以将二维数组 a 分解为 3 个一维数组，每个一维数组又含有 4 个元素。

C 语言编译系统将数组 a 的所有元素在内存中分配一个连续的空间，数组名 a 代表这个连续空间的起始地址，它是元素 a[0]的指针。二维数组的元素是以行—列形式排列存储的，即先存放首行（第 0 行）的各元素，再存放下一行（第 1 行）元素，以此类推。

二维数组中的每一个元素 a[i][j]都有一个指针，即&a[i][j]。int 型二维数组的每个元素相当于一个 int 型变量，因此"int *"型变量可以指向 int 型二维数组的任何一个元素。

从二维数组的角度来看，a 代表二维数组首元素的地址，现在的首元素不是一个整型变量，而是由 4 个元素所组成的一维数组，因此 a 代表的是首行的首地址，a+1 代表的是第 1 行的首地址。如果二维数组的首地址为 2000，则 a+1 为 2010，因为第 0 行有 4 个整型数据，因此 a+1 代表的是 a[1]的地址，a+2 代表的是 a[2]的首地址。

a[0]、a[1]、a[2]既然是一维数组名，而 C 语言又规定了数组名代表数组首元素地址，因此 a[0]代表一维数组 a[0]中第 0 列元素的地址，即&a[0][0]。a[1]的值是&a[1][0]，a[2]的值是&a[2][0]。

前边在介绍一维数组时提到过，a[0]和*(a+0)等价，a[1]和*(a+1)等价，a[i]和*(a+i)等价；而在二维数组中，a[0]+1 和*(a+0)+1 的值都是&a[0][1]，a[1]+2 和*(a+1)+2 的值都是&a[1][2]。

 注意

不要将*(a+1)+2 错写为*(a+1+2)，因为后者将变成*(a+3)。

既然 a[0]+1 和*(a+0)+1 是 a[0][1]的地址，那么*(a[0]+1)就是 a[0][1]的值。同理，*(*(a+0)+1)是 a[0][1]的值，*(a[i]+j)或*(*(a+i)+j)是 a[i][j]的值。可将上述说明表示为表 9.5。

表 9.5　二维数组元素（或地址）的表示形式、含义及地址

表示形式	含义	地址
a	二维数组名，指向一维数组 a[0]，第 0 行的首地址	2000
a[0]，*(a+0)，*a	第 0 行第 0 列元素的地址	2000
a+1，&a[1]	第 1 行首地址	2010
a[1]，*(a+1)	第 1 行第 0 列元素 a[1][0]的地址	2010
a[1]+2，*(a+1)+2，&a[1][2]	第 1 行第 2 列元素 a[1][2]的地址	2018
(a[1]+2)，(*(a+1)+2)，a[1][2]	第 1 行第 2 列 a[1][2]的值	元素值为 6

【例 9-16】通过二维数组元素指针间接访问二维数组元素。

分析：定义一个整型二维数组 a 并初始化，定义一个指针变量 p 并赋值为二维数组元素 a[0][0]的地址，通过 p 指针移动间接访问每个二维数组中的每个元素并输出其值。程序伪代码如下：

```
#include<stdio.h>
int main()
{
    (1)定义变量a[3][4]、*p、i、j、k，并初始化a[3][4];
    (2)使用循环，第一次输出数组元素的值，通过地址来控制循环;
    (3)使用循环，第二次输出数组元素的值，通过地址变化次数来控制循环;
    (4)使用二重循环，第三次输出数组元素的值，通过行列变化来控制循环;
    return 0;
}
```

例 9-16 视频讲解

根据上述伪代码，编写的程序代码如下：

```
#include<stdio.h>
int main()
{
    /*(1)定义变量a[3][4]、*p、i、j、k，并初始化a[3][4] */
    int a[3][4]={1,2,3,4,5,6,7,8,9,1,5,9};
```

```
int *p,i,j,k;
/*（2）使用循环，第一次输出数组元素的值，通过地址来控制循环*/
p=&a[0][0];      //p指向数组的第一元素
printf("output 1:\n");
while(p<=&a[2][3])
{
    printf("%3d",*p++);
    if((p-&a[0][0])%4==0)
        printf("\n");
}

/*（3）使用循环，第二次输出数组元素的值，通过地址变化次数来控制循环*/
p=&a[0][0];      //重新使p指向数组的第一元素
printf("output 2:\n");
for(k=0;k<12;k++)
{
    printf("%3d",*(p+k));
    if((k+1)%4==0)
        printf("\n");
}

/*（4）使用二重循环，第三次输出数组元素的值，通过行列变化来控制循环*/
printf("output 3:\n");
for(i=0;i<3;i++)
{
    for(j=0;j<4;j++)
        printf("%3d",*(p+i*4+j));
    printf("\n");
}
}
```

程序运行结果（3次输出的结果相同）：

```
output 1:
  1  2  3  4
  5  6  7  8
  9  1  5  9
output 2:
  1  2  3  4
  5  6  7  8
  9  1  5  9
output 3:
  1  2  3  4
  5  6  7  8
  9  1  5  9
```

2. 通过指向一维数组的指针变量引用二维数组元素

二维数组名可以理解为二维数组首行的指针——行指针。

在 C 语言中可以定义用于存储行指针的指针变量，称为行指针变量，也称指向一维数组的指针变量。它的定义方法如下：

数据类型　　(*变量标识符)[指向的数组的长度]

说明

（1）"数据类型"为所指数组的数据类型。

（2）"*"表示其后的变量是指针类型。

（3）"指向的数组的长度"表示二维数组分解为多个一维数组时，一维数组的长度，即二维数组的列数。

例如：

```
int (*p)[8];
float (*f)[9];
```

其中，行指针变量 p 用于指向一个包含 8 个 int 型元素的一维数组的指针变量，p+1 的值比 p 的值增加了 4×8 个字节；行指针变量 f 用于指向一个包含 9 个 float 型元素的一维数组的指针变量，f+1 的值比 f 的值增加了 4×9 个字节。

注意

*p 和*f 两侧的括号不可少，如果写成"int *p[8];"和"float *f[9];"，则定义 p、f 都是指针类型的数组。因为方括号的优先级别高，所以 p[8]、f[9]首先是数组，然后与*结合。

如果指向包含 N 个元素的一维数组的指针变量 p 的初值为 a，二维数组 a 的大小为 M×N，则通过二维数组的行指针或行指针变量 p 引用二维数组元素的方法说明如下：

（1）a+i 或 p+i 指向数组的第 i 行，是行指针；而*(a+i)或 *(p+i)转化为元素指针，它指向元素 a[i][0]，因此，*(*(a+i)+j)、*(*(p+i)+j)与 a[i][j]等价。

（2）行指针变量也可以带下标使用，如 p[i][j]与*(*(p+i)+j)等价。

所以，对二维数组的引用有以下 3 种方式：

（1）下标法，如 a[i][j]或 p[i][j]。

（2）指针法，如*(*(p+i)+j)或*(*(a+i)+j)。

（3）下标指针混合法，如*(a[i]+j)、*(p[i]+j)、(*(a+i))[j]、(*(p+i))[j]、*(a[0]+i*n+j)等。

【例 9-17】有若干名学生，各选修 4 门课程。他们的学号和成绩都存放在二维数组 s 中，每一行对应一名学生，且每行的首列（第 0 列）存放学生的学号，现要输出指定学生的成绩。

分析：定义一个二维数组 s 并初始化。定义一个 Search 函数，函数的形参定义一个指向包含 5 个数组元素的一维数组的指针变量 p，形参 m、no 分别为学生人数和学生的学号。在函数内定义一个与 p 同类型的指针变量 p1。利用指针变量 p1 间接访问数组 s 中的每一行，利用指向数组元素的指针变量 p2 指向某一行的第 1 列元素并输出，然后使指针变量 p2 指向下一列元素并输出，一直到此行的最后一个元素为止，然后返回主程序。程序伪代码如下：

```
#include<stdio.h>
#define MAX 3
```

例 9-17 视频讲解

（1）定义数组 s 并初始化；
（2）定义 Search 函数，功能是输出指定学号的学生的全部成绩；

```
int main()
{
    (3)定义变量 num;
    (4)输入学号 num;
    (5)调用 Search 函数，输出指定学号的学生的全部成绩;
    return 0;
}
```

根据上述伪代码和函数定义，对步骤（2）进行进一步细化，细化后的代码如下：

```
/*（2）定义 Search 函数，功能是输出指定学号的学生的全部成绩*/
void Search( int (*p)[5],int m,int no)   //p为行指针，m为数组的行数，no为学号
{
    (2.1)定义变量(*p1)[5]、*p2;
    (2.2)使用双重循环，输出学号为 no 的学生的成绩;
}
```

根据上述伪代码，编写的程序代码如下：

```
#include<stdio.h>
#define MAX 3
/*（1）定义数组 s 并初始化*/
int s[MAX][5]={{1001,70,80,96,70},
               {1002,40,80,50,60},
               {1003,50,70,75,80}};

/*（2）定义 Search 函数，功能是输出指定学号的学生的全部成绩*/
void Search( int (*p)[5],int m,int no)   //p为行指针，m为数组的行数，no为学号
{
    /*（2.1）定义变量(*p1)[5]、*p2*/
    int (*p1)[5];           //定义 p1 是指向由 5 个元素构成的一维数组的指针变量
    int *p2;

    /*（2.2）使用双重循环，输出学号为 no 的学生成绩*/
    for(p1=p;p1<p+m;p1++)
    if(**p1==no)                          //找到指定学号的学生
    {
        printf("the scores of No.%d student are:\n",no);
        for(p2=*p1+1;p2<=*p1+4;p2++)      //输出学号为 no 的学生的 4 门课成绩
            printf("%4d\t",*p2);
        printf("\n");
        return;
    }
    printf("There is no No.%d student.\n",no);
}

int main()
{
    int num;                     //（3）定义变量 num
```

```
        printf("Input the number of student:");
        scanf("%d",&num);            //（4）输入学号 num
        Search(s,MAX,num);           //（5）调用 Search 函数，输出指定学号的学生的全部成绩
        return 0;
    }
```

程序运行结果：

```
Input the number of student:1001✓（或 1004✓）
the scores of No.1001 student are:
70  80 96  70（或 There is no No.1004 student.）
```

9.4.3　字符指针

在 C 语言中，字符串变量没有专门的预定义类型，它是用字符数组和字符指针来表示的，这就意味着指针除了可以指向变量、数组和函数外，还可以指向字符串。

C 语言中只有字符常量和字符串常量的概念，没有字符串变量的概念。字符串变量是通过字符数组来实现的。

1．用字符数组处理单字符串

例如，用字符数组存放一个字符串，然后输出，程序代码如下：

```
char str[]="I Love China!";
printf("%s\n",str);
```

这里定义了一个名为 str 的字符数组，长度未定，并且同时对其赋字符串初值，和前面介绍的数组属性一样，str 是数组名，它代表字符数组的首地址。以 str 为名称的字符串在内存中的存储形式如图 9.8 所示。str[7]代表数组中序号为 7 的元素的值（C），实际上 str[7]与*(str+7)含意相同，都表示数组中第 7 个元素的值（C）。

I	str[0]	← str
	str[1]	
L	str[2]	
o	str[3]	
v	str[4]	
e	str[5]	
	str[6]	
C	str[7]	
h	str[8]	
i	str[9]	
n	str[10]	
a	str[11]	
\0	str[12]	

图 9.8　字符串在内存中的存储形式

2．使指针指向一个字符串

（1）通过赋初值的方式使指针指向一个字符串。可以在定义字符指针变量的同时，将存放字符串的存储单元起始地址赋给指针变量，例如：

```
char *p="money";
```

这里，将字符串常量的无名存储区的首地址赋给指针变量 p，使 p 指向字符串的第一个字符'm'。需要注意的是，不要误以为是将字符串赋给了 p。又如，若有以下定义：

```
char str[]="a good day",*p2;
p2=str;
```

其作用是把存放字符串的字符数组 str 的首地址赋给了指针变量 p2，使 p2 指向了字符串的第一个字符'a'。此语句与"p2=&str[0];"等价。

（2）通过赋值运算符使指针指向一个字符串。如果已经定义了一个字符型指针变量，可以通过赋值运算将某个字符串的起始地址赋给它，从而使其指向一个具体的字符串。例如：

```
char *ps1;
ps1="money";
```

这里也是将存放字符串常量的存储区的首地址赋给了 ps1。

（3）用字符数组存放字符串与用指针指向一个字符串之间的区别。若有以下定义：

```
char *str1="a good day";
char str2[]="a good day";
```

虽然字符串的内容相同，但是它们占用存储空间的方式不同，如图 9.9 所示。str2 是一个字符数组，通过赋初值，系统为它开辟了刚好能存放以上字符序列再加上'\0'的存储空间，可以通过数组元素 str2[0]、str2[1]等形式来引用字符串中的每一个字符，在这个数组内，字

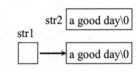

图 9.9　字符串在内存中的存储形式

符串的内容可以改变，但 str2 总是引用固定的存储空间，且最多只能存放含有 10 个字符的字符串；而 str1 是一个指针变量，通过赋值，使其指向一个字符串常量，即指向一个无名的字符数组。

【例 9-18】编写函数 Copysubstr(char *a,char *b,int k)，实现将字符串 a 中的第 k 个字符位置开始的后续字符复制到另一个字符串 b 中。例如，当字符串 a 的内容为"hello man"时，设 k=7，则复制的结果使得 b 中的内容为"man"。程序伪代码如下：

```
#include<stdio.h>
#include<string.h>
（1）定义 Copysubstr(char *a,char *b,int k) 函数，功能是复制字符串 a 中的第 k 个
字符位置开始的后续字符到字符串 b 中；
int main()
{
    （2）定义变量 position、str1[20]、str2[20]；
    （3）调用 gets 函数，输入字符串到 str1 中；
    （4）输入要复制位置；
    （5）如果 position>字符串长度，输出位置错误，否则调用 Copysubstr 函数复制字符串
到 str2 中并输出 str2 字符串；
    return 0;
}
```

例 9-18 视频讲解

根据上述伪代码和函数定义，对步骤（1）进行进一步细化，细化后的伪代码如下：

```
/*（1）定义函数 Copysubstr(char *a,char *b,int k)，功能是复制字符串 a 中的第 k
个字符位置开始的后续字符到字符串 b 中*/
void Copysubstr(char *a,char *b,int k)
```

```
{
    (1.1) 指针变量 a 指向字符串的第 k-1 个字符位 (从 0 开始计数);
    (1.2) 使用循环从 a 的位置开始复制字符串到指针变量 b 指向的字符串中;
    (1.3) 赋'\0'到字符串尾;
}
```

根据上述伪代码，编写的程序代码如下：

```
#include<stdio.h>
#include<string.h>
/*(1)定义函数 Copysubstr(char *a,char *b,int k)，功能是复制字符串 a 中的第 k
个字符位置开始的后续字符到字符串 b 中*/
void Copysubstr(char *a,char *b,int k)
{
    a=a+k-1;        //（1.1）指针变量 a 指向字符串的第 k-1 个字符位（从 0 开始计数）

    /*(1.2)使用循环从 a 的位置开始复制字符串到指针变量 b 指向的字符串中*/
    while(*a!='\0')
        *b++=*a++;
    *b='\0';        //（1.3）赋'\0'到字符串尾
}

int main()
{
    /*（2）定义变量 position、str1[20]、str2[20]*/
    int position;
    char str1[20],str2[20];
    gets(str1);                //（3）调用 gets 函数，输入字符串到 str1 中
    scanf("%d",&position);     //（4）输入要复制位置
    /*（5）如果 position>字符串长度，输出位置错误，否则调用 Copysubstr 函数复制字符
串到 str2 中并输出 str2 字符串*/
    if(position>strlen(str1))
        printf("the value of position is error");
    else
    {
        Copysubstr(str1,str2,position);       //调用函数复制字符串
        printf("str2=%s\n",str2);
    }
    return 0;
}
```

程序运行结果：

```
hello man↙
7↙（或 10↙）
str2=man（或 the value of position is error）
```

函数中"a=a+k-1;"语句的作用是移动指针变量 a 到字符串的第 k 个字符位置处，然后while 循环便将 a 中的第 k 个字符开始的后续字符逐个向 b 中复制，循环结束后，目标字符串 b 的结尾处必须加结束符'\0'，所以"*b='\0';"这条语句一定不能漏写，否则系统无法知道字符串 b 何时结束。

3. 用二维数组定义多个字符串

例如：

```
char state[5][9]={"China","American","Japan","Canada","India"};
```

这里定义了一个二维字符数组，名为 state，共 5 行 9 列，并在定义的同时，将 5 个字符串常量作为初值存入数组的 5 行中。

【例 9-19】 编写程序，从输入的若干个字符串中找出最小的字符串并输出。

例 9-19 视频讲解

分析：程序中，用字符数组作为字符串的存储空间。调用 Getstring 函数输入若干个字符串，读入空格时结束，函数返回读入字符串的个数。调用 Findmin 函数找出最小字符串所在的位置，函数返回最小字符串的地址。程序伪代码如下：

```
#include<stdio.h>
#include<string.h>
（1）定义 Getstring 函数，功能是输入字符串，并返回输入字符串的个数；
（2）定义 Findmin 函数，功能是查找最小的字符串，返回最小字符串的首地址；

int main()
{
    （3）定义变量 s[20][81]、*sp、n、i；
    （4）调用 Getstring 函数，输入字符串并返回输入字符串的个数给 n；
    （5）调用 Findmin 函数，查找最小的字符串并返回最小字符串的地址给 sp；
    （6）调用 puts 函数，输出最小字符串；
    return 0;
}
```

根据上述伪代码和函数定义，对步骤（1）和（2）进行进一步细化，细化后的伪代码如下：

```
/*（1）定义 Getstring 函数，功能是输入字符串，并返回输入字符串的个数*/
int Getstring(char p[][81])        //形参 p 为二维数组
{
    （1.1）定义变量 t[81]、n=0；
    （1.2）调用 gets 函数输入字符串到字符数组 t 中；
    （1.3）使用循环，若 t 中不是空格，则把字符数组 t 中的内容复制到字符数组 p[n]中，并
输入下一个字符串到字符数组 t 中；
    return n;
}

/*（2）定义 Findmin 函数，功能是查找最小的字符串，并返回最小字符串的首地址*/
char *Findmin(char (*a)[81],int n)
{
    （2.1）定义变量 *q、i；
    （2.2）把第 0 个字符串的首地址赋给 q；
    （2.3）使用循环，查找最小的字符串，并使 q 指向其首地址；
    return q;
}
```

根据上述伪代码，编写的程序代码如下：

```
#include<stdio.h>
```

```
#include<string.h>
/*（1）定义 Getstring 函数，功能是输入字符串，并返回输入字符串的个数*/
int Getstring(char p[][81])
{
    char t[81]; int n;          //（1.1）定义变量 t[81]、n=0
    printf("enter string a space string to end:\n");
    gets(t);                    //（1.2）调用 gets 函数输入字符串到字符数组 t 中
```

/*（1.3）使用循环，若 t 中不是空格，则把字符数组 t 中的内容复制到字符数组 p[n] 中，
并输入下一个字符串到字符数组 t 中*/

```
    while(strcmp(t,""))
    {
        strcpy(p[n],t);
        n++;
        gets(t);
    }
    return n;
}
```

/*（2）定义 Findmin 函数，功能是查找最小的字符串，并返回最小字符串的首地址*/

```
char *Findmin(char (*a)[81],int n)
{
    /*（2.1）定义变量 *q、i */
    char *q;
    int i;
    q=a[0];                     //（2.2）把第 0 个字符串的首地址赋给 q
```

/*（2.3）使用循环，查找最小的字符串，并使 q 指向其首地址*/

```
    for(i=1;i<n;i++)
        if(strcmp(a[i],q)<0)
            q=a[i];
    return q;
}
```

```
int main()
{
    /*（3）定义变量 s[20][81]、*sp、n、i*/
    char s[20][81],*sp;
    int n,i;

    /*（4）调用 Getstring 函数，输入字符串并返回输入字符串的个数给 n*/
    n=Getstring(s);

    /*（5）调用 Findmin 函数，查找最小的字符串并返回最小字符串的地址给 sp*/
    sp=Findmin(s,n);

    puts(sp);       //（6）调用 puts 函数，输出最小字符串
    return 0;
}
```

程序运行结果：

```
enter string a space string to end:
china✓
america✓
canada✓
japan✓
空格✓
america
```

 说明

> 用二维数组表示多字符串时，存储的字符串数量固定，字符串的长度固定且相等。这不仅会造成存储空间的浪费，而且无法接收和处理长度、个数可变化的动态字符串，尤其是对字符串进行排序时，由于字符串需在内存中频繁移动，浪费了计算机的处理时间。

4. 用字符型指针数组定义多字符串

用字符型指针数组表示多批字符串要比用二维字符数组表示灵活得多，在 C 语言中，字符指针数组主要用于处理变长字符串和命令行参数（具体介绍参见 9.4.4 小节）。

9.4.4 指针数组

1. 指针数组的概念和定义

指针数组是指每个数组元素均用于存储一个指针值的数组，即指针数组中的每个元素都是指针变量，且都具有相同的存储类型和指向相同的数据类型。指针数组的定义格式如下：

```
[存储类型] 数据类型 *数组名[数组长度];
```

例如：

```
int *p[9];
```

该语句用于定义一个指针数组，数组名为 p，共 9 个元素，每个元素都是可以指向整型存储单元的指针变量。其中，由于运算符"[]"比"*"优先级更高，因此标识符 p 先与[9]结合，形成 p[9]的形式，表示定义了一个有 9 个元素的 p 数组。p 前面"int *"表示此数组是指向 int 型对象的指针类型，每个数组元素都是一个指针，可以指向一个 int 型对象。这里要注意与指向数组的指针定义格式的区别。

和普通数组一样，编译器在处理指针数组定义时，给它在内存中分配了一个连续的存储空间，这时指针数组名 p 就表示指针数组的存储空间首地址。

语句"int a[2][3];"定义的是二维数组，我们知道 a[i]是指针，它指向二维数组元素 a[i][0]。因此可以用 a[0]、a[1]来初始化指针数组 p，语句如下：

```
int *p[2]={a[0],a[1]};
```

这样，指针数组 p 的第 i 个元素 p[i]就指向二维数组 a 的第 i 行的第 0 个元素 a[i][0]，p[i]+j 则指向 a[i][j]，因此 a[i][j]、*(p[i]+j)与*(*(p+i)+j)等价。

注意

p[i]并不是指向二维数组 a 的第 i 行，而是指向第 i 行的第 0 个元素 a[i][0]，即 p[i]仅是一个元素指针，而指向二维数组第 i 行的是一个行指针。

2. 指针数组的应用

指针数组的应用较广泛，特别是对字符串的处理。如前所述，字符串的处理往往使用数组的形式。当处理多个字符串时，通过建立二维字符数组来实现，每行存储一个字符串。由于字符串有长有短，用数组将浪费一定的空间。若使用字符指针数组来处理，将更方便、灵活。例如：

```
char *p[3];
```

该语句定义了一个具有 3 个元素 p[0]、p[1]、p[2]的指针数组。每个元素都可以指向一个字符数组或字符串。对该指针数组进行初始化，语句如下：

```
char *p[3]={"C PROGRAM","JAVA PROGRAM","C++ PROGRAM"};
```

其存储结构如图 9.10 所示。

图 9.10　指针数组元素指向字符数组存储结构示意

指针数组元素 p[0]指向字符串"C PROGRAM "，p[1]指向"JAVA PROGRAM "，p[2]指向"C++ PROGRAM"。

用指针数组保存字符串与用二维字符数组保存字符串不同。前者各个字符串并不是连续存储的，每个指针数组元素指向一个字符串而并不占用多余的内存空间；而后者数组的每行保存一个字符串，各字符串占用相同大小的存储空间，较短的字符串浪费了一定量的存储单元，而且各字符串存储在一个连续的存储单元中。

【例 9-20】编写程序，对若干个字符串由小到大排序输出。

分析：定义一个指向字符串的指针数组，使其每个元素分别指向不同的字符串。利用选择法排序的思想，对字符串进行排序并输出。程序伪代码如下：

例 9-20 视频讲解

```
#include<string.h>
int main()
{
    （1）定义字符型指针数组 country[5]并初始化；
    （2）输出排序前的字符串；
    （3）利用选择法对指针数组进行排序；
    （4）输出排序后的字符串；
    return 0;
}
```

根据上述伪代码，对步骤（3）进行进一步细化，细化后的伪代码如下：

```
/*（3）利用选择法对指针数组进行排序*/
for (i=0;i<4;i++)            //n 个数排序，共需进行 n-1 轮排序
{
    （3.1）找到无序元素中的最小元素；
    （3.2）将该最小元素与无序元素中下标最小的元素交换；
}
```

根据上述伪代码，编写的程序代码如下：

```
#include<stdio.h>
#include<string.h>
int main()
{
    /*（1）定义字符型指针数组 country[5]并初始化*/
    char *country[5]= {"China","America","Japan","Canada","India"};
    int i,j,k;
    char *temp;

    /*（2）输出排序前的字符串*/
    printf("The string before sort:\n");
    for(i=0;i<5;i++)
        printf("%-10s", country[i]);
    printf("\n");

    /*（3）利用选择法对指针数组进行排序*/
    for(i=0;i<4;i++)  //n 个数排序，共需进行 n-1 轮排序
    {
        /*（3.1）找到无序元素中的最小元素*/
        k=i;
        for(j=i+1;j<5;j++)
            if(strcmp(country[k],country[j])>0)      //比较字符串的大小
                k=j;

        /*（3.2）将该最小元素与无序元素中下标最小的元素交换*/
        if(k!=i)
        {
            temp=country[i];
            country[i]=country[k];
            country[k]=temp;
        }
    }

    /*（4）输出排序后的字符串*/
    printf("\nThe string after sorted:\n");
    for(i=0;i<5;i++)
        printf("%-10s", country[i]);
    printf("\n");
    return 0;
}
```

程序运行结果：

```
The string before sort:
China        America      Japan    Canada   India
The string after sorted:
America      Canada       China    India    Japan
```

在 main 函数中定义了字符指针数组 country，它有 5 个元素，其初值分别是字符串"China"、"American"、"Japan"、"Canada"和"India"的起始地址，如图 9.11 所示。利用选择法对字符串进行排序。strcmp 是字符串比较函数，country[k]和 country[j]是第 k 个和第 j 个字符串的起始地址。当执行完内循环 for 语句后，这些字符串中第 k 个最"小"。若 k≠i 则表示最小的字符串不是第 i 个，故将 country[i]和 country[k]对换，也就是将指向第 i 个的数组元素（指针型元素）与指向第 k 个的数组元素对换。排序后指针数组的情况如图 9.12 所示。

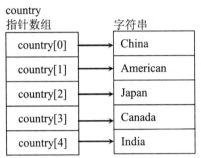

图 9.11　字符指针数组 country 初始化　　　　图 9.12　排序后指针数组的情况

　　排序后，country[0]～country[4]分别是各字符串（按从小到大顺序排列好的字符串）的首地址（按字符串从小到大排序，country[0]指向最小的串），用"%s"格式符输出，即可得到这些字符串。

【例 9-21】假设二维数组 score[3][4]中存放 3 个学生 4 门课程的成绩，编写程序统计某学生的不及格课程的门数。

分析：定义一个 3 行 4 列的二维数组 score 并赋初值为 3 个学生的 4 门课程的成绩，在函数外定义一个包含 3 个元素的整型数组 count，用于存储统计的结果，并将所有元素都赋初值为 0。定义 Fail 函数用于统计每个学生不及格课程的门数。在 Fail 函数中定义指针数组 p1，使数组元素依次指向 score 数组每行的第一个元素。利用指针数组元素间接访问 score 数组每行的 4 个数组元素并判断其值是否小于 60，若是，则计数器数组 count 对应的数组元素的值加 1。最后输出统计的结果。程序伪代码如下：

```
#include<string.h>
#include<stdio.h>
int count[3]={0};
（1）定义 Fail 函数，功能是统计每个学生不及格课程的门数；
int main()
{
    （2）定义二维数组 score[3][4]并初始化；
    （3）调用 Fail 函数统计每个学生不及格课程的门数；
    （4）输出每个学生不及格课程的门数；
```

例 9-21 视频讲解

```
        return 0;
    }
```

根据上述伪代码和函数定义，对步骤（1）进行进一步细化，细化后的伪代码如下：

```
/*（1）定义 Fail 函数，功能是统计每个学生不及格课程的门数/*
void Fail(int (*p)[4])   //形参是指向含有 4 个元素的一维数组的指针变量
{
    int *p1[3];              //p1 为指针数组
    （1.1）使用循环，使 p1[0]、p1[1]、p1[2]分别指向*p、*(p+1)、*(p+2)；
    （1.2）使用双重循环，如果*(p1[i]+j)<60，则使 count[i]++；
}
```

根据上述伪代码，编写的程序代码如下：

```
#include<string.h>
#include<stdio.h>
#define N 3
#define M 4
int count[N]={0};
/*（1）定义 Fail 函数，功能是统计每个学生不及格课程的门数*/
void Fail(int (*p)[M])        //形参是指向含有 4 个元素的一维数组的指针变量
{
    int *p1[N];              //p1 为指针数组
    int i,j;
    /*（1.1）使用循环，使 p1[0]、p1[1]、p1[2]分别指向*p、*(p+1)、*(p+2)*/
    for(i=0;i<N;i++)
        p1[i]=*(p+i);

    /*（1.2）使用双重循环，如果*(p1[i]+j)<60，则使 count[i]++*/
    for(i=0;i<N;i++)              //行下标值变化，控制每个学生
    {
        for(j=0;j<M;j++)        //列下标值变化，控制每一门课程
            if(*(p1[i]+j)<60)
                count[i]++;
    }
}

int main()
{
    int score[N][M]={{96,89,56,79},
                {56,93,26,15},
                {69,48,96,89}};    //（2）定义二维数组 score[3][4]并初始化
    int i;

    Fail(score);     //（3）调用 Fail 函数统计每个学生不及格课程的门数

    /*（4）输出每个学生不及格课程的门数*/
    for(i=0;i<N;i++)
        printf("学生 %d 不及格课程的门数为: %d\n",i+1,count[i]);

    return 0;
}
```

程序运行结果：

    学生 1 不及格课程的门数为：1
    学生 2 不及格课程的门数为：3
    学生 3 不及格课程的门数为：1

在程序的 main 函数中，语句"Fail(score);"的作用是调用 Fail 函数，二维数组名（行指针）score 作为函数的实参，其值传递给指向含有 4 个元素的一维数组的指针变量 p。指针数组 p1 包含 3 个数组元素，通过行指针 p 为每个数组元素赋值后得到的是数组 score 每行第 0 列的数组元素的地址。故*(p1[i]+j)是对数组 score 每行的 4 个数组元素的间接访问。判断其值是否小于 60，从而可得到统计结果。

3. 命令行参数

在操作系统命令状态下，可以输入程序或命令使其运行，这种状态被称为命令行状态。输入命令（或程序）及该命令（或程序）所需的参数称为命令行参数。如 DOS 命令：

    copy source.c temp.c.

其中，copy 是文件复制命令，source.c、temp.c 是命令行参数。

在此之前，当编写 main 函数时，其后的一对圆括号中是空的，没有参数。其实，在支持 C 语言的环境中，可以在运行 C 语言程序时，通过运行 C 语言程序的命令行，把实参传递给 C 语言程序。main 函数是可以有参数的，通常可有两个参数。例如：

```
int main(int argc,char **argv)
{
    ……
}
```

其中 argc 和 argv 是两个参数名，可由用户自己命名，但是它们的类型是固定的：第一个参数 argc 必须是整型；第二个参数 argv 是一个指向字符型的指针数组的指针，这个字符型指针数组的每个指针都指向一个字符串。因此第二个参数 argv 还可以直接定义成基类型为字符型的指针数组，如 char *argv[]。

一个 C 语言源程序经编译连接之后（生成扩展名为.exe 的文件）便可执行。当输入该执行程序文件名开始执行程序时，系统自动调用 main 函数，从其第一条可执行语句处开始执行。显然，由于 main 函数不是被程序内部的其他函数调用的，因此 main 函数所需的实参不可能从程序内部得到，只能由系统传送。

main 函数所需的实参与形参的传递方式也与一般 C 语言函数的参数传递有所不同，其实参在命令行状态下与程序名一同输入，程序名和各实际参数之间都用空格或 Tab 键分隔。其格式如下：

    执行程序名 参数 1 参数 2……参数 n

main 函数的形参 argc 为命令行中参数的个数（包括执行程序），其值大于或等于 1，而不是像普通 C 语言函数一样接收第一个实参。

形参 argv 是一个指针数组，其元素依次指向命令行中以空格或 Tab 键分开的各字符串，即 argv[0]指向程序名字符串，argv[1]指向参数 1，argv[2]指向参数 2，……，argv[n]指向参数 n。其中，为了执行程序，字符串 argv[0]必不可少，argc 的值至少为 1，从 argv[1]开始都是可选的命令行参数。

下面通过示例来进一步说明命令行参数是如何传递的。

【例 9-22】分析下列程序，指出其执行结果。该程序命名为 program.c，经编译连接后生成的可执行程序为 program.exe。程序代码如下：

例 9-22 视频讲解

```c
#include<stdio.h>
int main(int argc,char *argv[])
{
    int i=0;
    printf("argc=%d\n",argc);
    while(argc>=1)
    {
        printf("\n 参数%d: %s",i,*argv);
        i++;
        argc--;
        argv++;
    }

    return 0;
}
```

程序运行结果：

如在命令行中输入

```
program C C++ JAVA↙
```

则输出结果：

```
argc=4
参数 0: program
参数 1: C
参数 2: C++
参数 3: JAVA
```

程序开始运行后，系统将命令行中的字符串个数送入 argc，将 4 个字符串实参，即 program、C、C++和 JAVA 的首地址分别传递给字符指针数组元素 argv[0]、argv[1]、argv[2]和 argv[3]，如图 9.13 所示。

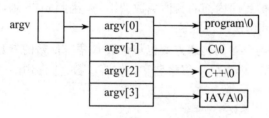

图 9.13　命令行参数的存储格式

需要指出的是（前面强调过），数组名代表数组的起始地址，是一个指针常量，不能进行自加或自减运算，为何例 9-22 中 argv 定义为字符指针数组，却在程序中又有 "argv++;" 这样的语句呢？这是因为 argv 是 main 函数的形参，C 语言编译系统并没有给 argv 分配固定的存储空间，argv 不是常量，所以 "argv++;" 是合法的。系统在调用 main 函数时将命令行参数指针传给了 argv，"argv++;" 是指将 argv 指针下移。事实上，C 语言编译系统将形参中的数组转换为等价的指针形式来处理，argv 实际上是一个指向字符指针数组的指针。

9.4.5　多级指针

1. 概念

多级指针又称指向指针的指针，我们常用的多级指针是二级指针，二维数组名就是二级指针常量。在 C 语言中，通过一级指针可以间接访问所指向的数据对象，称为一级间接访问，通过二级指针可以实现二级间接访问。依此类推，C 语言允许多级间接访问。但由于间接访问的级数越多，对程序的理解就越困难，出错的机会也就越多，因此，在程序中很少使用超过二级的间接访问。

2. 二级指针的定义

二级指针定义的一般格式如下：

　　　[存储类型]　数据类型　**指针名;

例如：

```
int **p;
```

由于指针运算符 "*" 的结合方向是自右向左的，因此上述定义等价于 "int *(*p);"，这表示对一级指针变量再做指针运算，使 p 成为指向整型指针的指针，即二级指针变量。又如：

```
int x=3,*p=&x,**q=&p;
```

以上定义中，x 为整型变量，p 为指向整型的指针变量，而 q 为指向整型指针的二级指针变量。由于定义时，x、p、q 均被初始化，p 指向了 x，q 又指向了 p，因此三者的关系如图 9.14 所示。

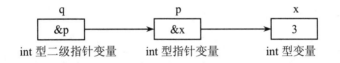

图 9.14　变量之间的指向关系

3. 二级指针的应用

【例 9-23】 使用二级指针输出字符串。

分析：定义一个包含 5 个数组元素的指针数组 country，并初始化赋值为 5 个字符串的首地址。定义一个二级指针变量 p 并使其指向数组 country。利用 p 间接访问数组 country 的每个元素，利用 "%s" 格式输出 5 个字符串。程序代码如下：

例 9-23 视频讲解

```
#include<stdio.h>
#include<string.h>
int main()
{
    char *country[5]={"China","America","Japan","Canada","India"};
    char **p;
    for(p=country;p<country+5;p++)
        printf("%s\n",*p);
    return 0;
}
```

运行结果：

```
China
America
Japan
Canada
India
```

将上述程序改写为输出字符串序列中指定的字符串，即将二级指针作为函数的参数，实现对指定的字符串序列的输出。程序代码如下：

```
#include<stdio.h>
#include<string.h>

void Pstring(char **p,int n)
{
    int i;
    for(i=0;i<n;i++)
        printf("%s\n",*(p+i));
}

int main()
{
    char *country[5]= {"China","America","Japan","Canada","India"};
    int i;
    printf("请输入字符串的数量: ");
    scanf("%d",&i);
    Pstring(country,i);
    return 0;
}
```

程序运行结果：

```
请输入字符串的数量: 3↙
China
American
Japan
```

9.5   本章小结

9.5.1   知识点小结

1. 地址和指针的概念

变量的地址就是指变量存储单元的起始地址（首地址）。用来存放其他变量的地址的变量称为指针变量，简称"指针"。指针变量中所存放的值应是地址值，即内存单元的编号。

2. 指针变量的定义和基本运算

指针变量定义的一般形式为：

[存储类型] 数据类型   *指针变量名1,*指针变量名2,…;

其中，*表示这是一个指针变量，变量名即为定义的指针变量名，类型说明符表示本指针变量所指向的变量的数据类型。

指针变量初始化的一般形式为：

[存储类型] 数据类型 *指针变量名=地址值;

指针变量可以进行的运算有基本运算、赋值运算、算术运算和关系运算。基本运算包括取地址（&）和间接引用（*）。赋值运算将变量的地址存入指针变量。

3．指向数组和字符串的指针

一个变量有一个地址，一个数组包含若干个元素，每个数组元素都在内存中占用存储单元，它们都有相应的地址，数组元素的指针是数组元素的地址。一个数组是由连续的一块内存单元组成的。数组名代表这块连续内存单元的首地址，数组的指针是指数组的起始地址。

既可以通过数组名和下标逐个访问数组元素，也可以通过指针逐个访问数组元素。

字符指针通常用来指向字符串常量和字符数组，并实现对字符串常量和字符数组的操作。

4．指针数组

数组中的每一个元素都是一个指针变量时，该数组称为指针数组。

指针数组定义的一般形式为：

存储类型 数据类型 *数组名[数组长度];

指针数组比较适合用来访问二维数组和指向若干个字符串。

5．指针与函数

函数的参数可以是变量、指向变量的指针变量、数组名、指向数组的指针变量、指向函数的指针等。指针变量作为函数参数时将一个变量的地址传送给被调函数形参。一维数组的地址可以作为函数参数传递，多维数组的地址也可作为函数参数传递。在用指针变量作形参以接收实参数组名传递来的地址时，有两种方法：①用指向变量的指针变量；②用指向一维数组的指针变量。用字符数组名作参数或用指向字符串的指针变量作参数时，在被调函数中改变字符串的内容，将在主调函数中得到改变了的字符串。

一个函数在编译时被分配给一个入口地址。这个入口地址称为函数的指针。可以用一个指针变量指向函数，然后通过该指针变量调用此函数。

9.5.2 常见错误小结

常见错误小结见表 9.6。

表 9.6 常见错误小结

实例	描述	类型
	混淆指针与地址的概念，误以为指针就是地址，地址就是指针	理解错误
int *pa,pb;	误以为用于定义指针变量的星号（*）会对同一个定义语句中的所有指针变量都起作用，而省略了其他指针变量名前的星号前缀	理解错误
int *p; scanf("%d",p); …… *p=1	在没有对指针变量进行初始化，或没有将指针变量指向内存中某一个确定的存储单元的情况下，就利用这个指针变量去访问它所指向的存储单元，从而造成非法内存访问，即代码访问了不该问的内存地址	逻辑错误

续表

实例	描述	类型

……
Swap(a,b);
……
void Swap(int *x,int *y)
{
……
}
	没有意识到某些函数形参是传地址调用，把变量的值而非变量的地址当作实参传递给了这些形参	逻辑错误

int *pa=&a;
float *pb=&b;
pa=pb;
	在不同基类型的指针变量之间赋值	语法错误

int *p; p=100	用非地址值为指针变量赋值	提示 warning
int i; float *p p=&i;	将指针变量指向与其基类型不同的变量	提示 warning
void *p=NULL *p=100	试图用一个 void 类型的指针变量访问内存	
	使用指针或下标访问字符串或数组元素时，出现越界错误，即指针值或下标值超出了指针或数组的范围	逻辑错误
char *p; char s[]="abc"; strcpy(p,s);	字符串指针未被初始化就使用	语法错误
char str[10]; str++;	将数组名当作指针变量进行增 1 或减 1 操作，使其指向字符串中的某个字符	语法错误
	对没有指向数组中某个元素的指针变量进行算术运算	无意义操作
	对并非指向同一个数组元素的两个指针进行相减或比较运算	无意义操作
int a[10]; p=a+10;	每个数组都是有上/下两个边界，在对指向数组的指针进行算术运算时，使指针超出了数组的边界，而发生越界访问内存的错误	逻辑错误
int a[10]; a++;	试图以指针运算的方式来改写一个数组名所代表的地址	语法错误

第 10 章　结构体与共用体

通过前面章节的学习，知道 C 语言中基本数据类型分为数值类型和字符类型。除了基本数据类型外，还有用户构造的数据类型。数组就是构造类型的一种，用来存放一组性质相同的数据。在实际应用中，通常会由多种不同类型的数据组成一个实体。例如，一个学生的数据实体包含姓名、学号、年龄、性别、所在班级和各科成绩等。这些不同类型的数据项是相互联系的，应该组成一个有机的整体。在程序中如何将这些信息组织在一起，实现对它们的访问和操作同步呢？本章将继续介绍如何构造用户需要的数据类型及链表的概念和常用操作。

10.1　成绩管理问题

成绩管理

学生成绩见表 10.1。请计算每个学生的平均成绩，得到如表 10.2 所列的平均成绩。

表 10.1　学生成绩表

学号	姓名	课程	成绩
1001	张三	语文	85
1001	张三	数学	88
1001	张三	英语	90
1002	李四	语文	76
1002	李四	数学	79
1002	李四	英语	74
1003	王五	语文	92
1003	王五	数学	91
1003	王五	英语	72
…	…	…	…

表 10.2　平均成绩

学号	姓名	平均成绩
1001	张三	87.67
1002	李四	76.33
1003	王五	85.00
…	…	…

要解决这个问题，首先要确定用什么数据结构来存储这些数据。而处理一组数据，运用数组是最好的选择。这个例子中，学号的数据类型可为整形或字符型，姓名和课程应为字符型，成绩和平均成绩可为整型和实型。显然不能用一个二维数组来存入这一组数据，因为二维数组中各元素的类型必须一致。可以定义如下多个数组：

```
long num[60];
char name[60][10];
char course[60][20];
float score[60];
```

其中 num[i]、name[i][]、course[i][]、score[i]分别表示表 10.1 中第 i 行的学号、姓名、课程、成绩。表 10.1 的数据在这些数组中的存储如图 10.1 所示。

num	name	course	score
1001	张三	语文	85
1001	张三	数学	88
1001	张三	英语	90
1002	李四	语文	76
1002	李四	数学	79
1002	李四	英语	74
1003	王五	语文	92
1003	王五	数学	91
1003	王五	英语	72
…	…	…	…

图 10.1 用数组管理的学生成绩信息的内存分配

这种表示方法存在的主要问题如下：

（1）分配内存不集中，局部数据的相关性不强，寻址效率不高。每个学生的信息零散地分散在内存中，要查询一个学生的全部信息十分不便，因而效率不高。

（2）对数组中元素进行数据处理（如赋值）时容易发生错位。一个数据的错位将导致后面所有数据都发生错误。

（3）结构显得比较零散，不容易管理。

那么，应该如何解决这个问题呢？C 语言中究竟有没有这样一种数据类型，可以像表 10.3 所列将每个学生不同类型的数据信息在内存中集中存入呢？

表 10.3 学生成绩表

学号	姓名	语文	数学	英语	平均成绩
1001	张三	85	88	90	87.67
1002	李四	76	79	74	76.33
1003	王五	92	91	72	85.00
…	…	…	…	…	…

10.2　构建用户需要的数据类型

为了描述集合类型信息（如向量和矩阵），在 C 语言中引入了一种自定义数据类型——数组，数组中的各个元素具有相同的数据类型。定义数组的实质是定义在内存中连续存放的由若干个具有相同数据类型变量组成的集合，如 int nCounts[10]可以理解为 10 个连续存放的整型变量的集合。

无论是数组还是基本数据类型都仅描述事物某一方面的属性，但是，一种物体或事物往往具有多方面的属性。例如，学生信息包括学生姓名、学号、年龄、性别、所在班级和各科成绩等。如果将这些不同类型的数据定义成相互独立的变量分开进行处理，则很难反映它们之间的内在联系。这里需要一种机制将不同类型的数据"聚合"在一起，使它们成为一个整体。

为此，C 语言中引入了另一种自定义数据类型——结构体。结构体是在一个名称之下的多个数据的集合。构成结构体的每个数据称为成员（member），也可称为元素（element）或域（field）；和数组不一样的是，这些成员分别有自己的名称，类型也可以各不相同。数组一般用于处理多个对象的同一属性，而结构体一般用于表示一个对象的多个不同属性。

课程思政：个人是组成集体的细胞，集体的发展离不开每个成员的努力。集体是个人生存的依靠，是个人成长的园地，个人的生活、学习和工作离不开集体。集体的团结能给每个成员以鼓舞和信心，使每个人的能力得到充分的发挥；集体的团结可以把每个成员的长处集中起来，形成一股强大的合力。这种力量不是简单的个人力量的相加，而是一种聚变和升华。依靠这种力量，能够完成个人无法完成的任务，克服个人无法克服的困难。

10.2.1　结构体类型的声明

C 语言中引入结构体的主要目的是将具有多个属性的事物作为一个逻辑整体来描述，从而允许扩展 C 语言的数据类型。结构体是一种自定义的数据类型，在使用它之前，必须完成其声明。

声明结构体类型的一般格式如下：

```
struct   结构体名
{
    数据类型 成员 1 的名字;
    数据类型 成员 2 的名字;
    ……
    数据类型 成员 n 的名字;
};
```

例如，要声明一个学生结构体类型，可以设其结构体名为 student。其中有 6 个成员，分别为 num（学号）、name（姓名）、chinese（语文）、math（数学）、english（英语）、average（平均成绩）。声明代码如下：

```
struct student
{
    long num;
    char name[20];
    float chinese;              //语文成绩
```

```
    float math;              //数学成绩
    float english;           //英语成绩
    float average;           //平均成绩
};
```

这样就声明了一个学生结构体类型——struct student，其中 struct 为声明结构体类型所使用的关键字，不能省略；student 是结构体名，可以省略。花括号内为该结构体中的各个成员。

 注意

> struct 为 C 语言的关键字，代表结构体类型。结构体名为用户自定义的标识符。花括号后面的分号一定不能少，它表示声明结构语句的结束。结构体类型声明了一个数据结构的模式，但不是定义变量，不要求分配实际的存储空间。

10.2.2 结构体变量的定义与初始化

声明一个结构体类型，仅仅是指明了该数据类型的名称，是对该数据类型的一种抽象说明。具体到应用时，要定义结构体变量，才能真正存储数据。编译时，对结构体类型的声明并不分配存储空间，对结构体变量才按其数据结构分配相应的存储空间。

1. 结构体变量的定义

结构体变量的定义有以下 3 种方法。

（1）先声明结构体类型后定义结构体变量。这种方式先声明一个结构体类型，再用该类型定义变量。其一般格式如下：

```
struct   结构体名
{
    成员 1 的说明;
    成员 2 的说明;
    ......
    成员 n 的说明;
};
struct   结构体名 变量名;
struct 结构体名   数组名[常量表达式];
```

例如：

```
struct student
{
    long num;
    char name[20];
    float chinese;          //语文成绩
    float math;             //数学成绩
    float english;          //英语成绩
    float average;          //平均成绩
};
struct student stu0, stu1, stu2;    //定义了 3 个结构体类型的变量
struct student stu[3];              //定义了 1 个结构体类型的数组
```

本例定义了一个结构体数组 stu，该数组有 3 个数组元素：stu[0]、stu[1]和 stu[2]，每个数组元素都是 struct student 结构体类型变量。该数组所能表示的二维表格数据如图 10.2 所示，除了表头之外，从第 2 行开始，每一行都表示一个结构体类型变量的数据，即一个具体学生的数据。

num	name	sex	age	score	
10101	zhangsan	M	19	93	stu[0]
10104	liming	F	20	85	stu[1]
10106	wangwu	M	18	87	stu[2]

图 10.2　学生信息登记表

 注意

（1）这种方式在定义变量时，不仅要使用结构体的类型名，在类型名前面还要加上 struct 关键字。

（2）在定义了结构体变量后，系统才会为之分配内存单元。所以要使用结构体，应先用已声明好的结构体类型来定义变量，系统才能分配相应的内存空间。

（3）成员也可以是一个结构体变量。在声明一个结构体类型时可以利用已有的结构体类型来声明其成员，这称为嵌套声明。

例如：

```
struct date
{
    int year;
    int month;
    int day;
};
```

利用该结构体类型对下面的结构体类型中的成员 birthday 进行声明，即可形成嵌套声明。

```
struct student2
{
    long num;
    char name[20];
    struct date birthday;
    float chinese;      //语文成绩
    float math;         //数学成绩
    float english;      //英语成绩
    float average;      //平均成绩
};
```

（4）类型与变量是不同的概念，不能混淆。只能对变量进行赋值、存取或运算，而不能对一个类型进行赋值、存取或运算。在编译时，系统对类型是不分配空间的，只对变量分配空间。成员名可以与程序中的变量名相同，两者代表不同的对象。例如，程序中可以另外定义一个变量 score，它与 struct student2 中的 score 相互独立，互不影响。

如何计算系统为结构体变量分配的内存的大小，即如何计算结构体类型所占内存的字节数呢？能否用结构体中的每个成员类型所占内存字节数的"和"作为一个结构体实际所占的内存字节数呢？在回答这个问题之前，来看下面的例子。

【例 10-1】编写程序，求结构体类型的字节数。程序代码如下：

```c
#include<stdio.h>
int main()
{
    struct sample
    {
        char m1;
        int m2;
        char m3;
    };
    struct sample s;
    printf("bytes=%d",sizeof(s));
    return 0;
}
```

程序运行结果：

```
bytes=12
```

对于 64 位计算机，char 型数据在内存中占 1 个字节，而 int 型数据占 4 个字节，为什么输出的结果是 12，而不是 6 呢？因为对于多数计算机系统而言，为提高访问效率和运算速度，所有数据类型都要求从偶数地址开始存放，且结构体实际所占的内存空间一般是按照机器字长对齐的，从而导致在此计算机上结构体所占的内存字节数会比我们想象的多出一些。

按照这类计算机的体系结构要求，例 10-1 中，结构体变量 s 的成员 m1 和 m3 的后面都要增加 3 个字节的空闲存储单元，以达到与成员变量 m2 内存地址对齐的要求，因此结构体变量 s 占 12 个字节的存储单元，而非 6 个字节，如图 10.3（a）所示。但是，若将结构体变量 s 的第 2 个成员 m2 的数据类型改成 short 型，则程序的输出结果将变为：

```
bytes=6
```

这是因为，为了达到与成员变量 m2 内存地址对齐的要求，结构体变量 s 的成员变量 m1 和 m3 的后面都要增加 1 个字符的空闲存储单元。因此结构体变量 s 占 6 个字节的存储单元，而非 4 个字节，如图 10.3（b）所示。

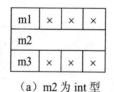

（a）m2 为 int 型

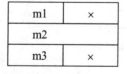

（b）m2 为 short 型

图 10.3　结构体变量 s 在内存中的存储形式

对少数计算机系统而言，内存中的结构体成员是按照变量相邻的原则顺序排列的。例如，在基于 DOS 操作系统的 Turbo C 2.0 下运行此程序，输出的结果为：

```
bytes=4
```

这是因为此种情形下，int 型数据占 2 个字节，且不要求内存地址对齐，因此结构体变量

s 在此类计算机系统中总计占 4 个字节的存储单元。

　　可见，系统为结构体变量分配内存的大小，或者说结构体类型所占内存的字节数，并非所有成员所占内存字节数的总和。它不仅与所声明的结构类型有关，还与计算机系统本身有关。所以，计算结构体实际所占用的内存字节数时，一定要使用 sizeof 运算符，不能想当然地直接用对各成员进行简单求和的方式来计算，否则会降低程序的可移植性。

　　（2）声明结构体类型的同时定义结构体变量。这种方式在声明结构体类型的同时就定义了该类型的变量，即结构体类型的声明和结构体变量的定义合并进行，其一般格式如下：

```
struct  结构体名
{
    成员 1 的说明；
    成员 2 的说明；
    ……
    成员 n 的说明；
}变量名 1,变量名 2,…,变量名 n,数组名[常量表达式];
```

例如：

```
struct student
{
    long num;
    char name[20];
    float chinese;        //语文成绩
    float math;           //数学成绩
    float english;        //英语成绩
    float average;        //平均成绩
}stu1,stu2,stu3,stu[3];
```

在花括号外没有分号，而是在变量名后面加分号表示结构体变量声明结束。

　　（3）声明结构体类型时，省略结构体类型名，同时定义结构体变量，即直接声明变量而不定义结构体名。其一般格式如下：

```
struct
{
    成员 1 的说明；
    成员 2 的说明；
    ……
    成员 n 的说明；
}变量名 1,变量名 2,…,变量名 n,数组名[常量表达式];
```

例如：

```
struct
{
    long num;
    char name[20];
    float chinese;        //语文成绩
    float math;           //数学成绩
    float english;        //英语成绩
    float average;        //平均成绩
}stu1, stu2, stu3,stu[3];
```

这种方式不出现结构体名，但以后出现相同类型的数据时需要重新定义。

2. 结构体变量的初始化

在声明结构体变量时就可以进行初始化，方式是将结构体中各成员的值按成员类型及顺序依次在花括号内列出。例如：

```
struct student stu1 ={1001,"张三",85,88,90,87.67},
stu2={1002,"李四",76,79,74,76.33},
stu3={1003,"王五",92,91,72,85.00};
```

对于嵌套声明的结构体变量，可以使用下面两种方法。

```
struct student2 stu4 ={1001,"张三",2000,2,8,85,88,90,87.67};
```

或

```
struct student2 stu4 ={1001,"张三",{2000,2,8},85,88,90,87.67};
```

结构体数组中的每个元素都是一个结构体（变量），因此通常将其成员的值依次放在一对花括号中，以便区分各个元素。例如：

```
struct  student
{
    long num;
    char  name[20];
    char  sex;
    int age;
    float score;
}stu[3]={{10001,"zhangsan",'f',18,"1class",90},
        {10002,"lisi",'m',20,"1class",85},
        {10003,"zhaoming",'m',19,"2class",95}};
```

为结构体数组赋初值的方法和为普通数组赋初值一样，包括通过赋初值来决定数组的大小，以及为二维数组赋初值等。例如：

```
struct student
{
    ……
};
struct student stu[]={{…},…,{…}};
```

这里省略了数组的长度，由编译系统根据初始化数据的个数来确定数组的长度。

 注意

对结构体变量赋初值时，C 语言编译程序按每个成员在结构体中的顺序一一对应赋初值；不允许跳过前面的成员而为后面的成员赋初值；但可以只为前面的若干个成员赋初值，对于后面未赋初值的成员，若为数值型和字符型数据，则系统自动赋初值零。

10.2.3 结构体变量的引用

1. 对结构体变量中成员的引用

在使用结构体变量时，不能将一个结构体变量作为一个整体来使用，只能利用变量名对结构体成员进行引用，引用的格式如下：

```
结构体变量名.成员名
```

"."是成员分量运算符，优先级别最高。如果这样引用结构体变量，则结构体变量相当于一个普通变量，可以像普通变量一样进行各种运算。例如：

```
struct date
{
    int year;
    int month;
    int day;
};
struct student2
{
    long num;
    char name[20];
    struct date birthday;
    float chinese;          //语文成绩
    float math;             //数学成绩
    float english;          //英语成绩
    float average;          //平均成绩
} stu1,stu2,stu3;
```

取变量 stu1 学号的语句为"stu1.num;"，从键盘输入 stu1 学号的语句为"scanf("%d",&stu1.num);"，取变量 stu1 姓名的语句为"stu1.name;"，从键盘输入 stu1 姓名的语句为"gets(stu1.name);"，或"scanf("%s",stu1.name);"，对变量 stu3 的数学成绩 math 做运算的语句为"stu3.math= stu3.math+10;"。

一个结构体数组的元素相当于一个结构体变量，引用结构体数组元素有如下规则。

（1）引用某一元素的一个成员。例如：

```
stu[i].num
```

这里是引用序号为 i 的数组元素中的 num 成员。如果数组已如上初始化，且 i=1，则相当于 stu[1].num，其值为 10002。

（2）可以将一个结构体数组元素赋给同一种结构体类型数组中的另一个元素，或赋给同一种类型的变量。例如：

```
stu[1]=stu[0];
```

（3）不能把结构体数组元素作为一个整体直接进行输入/输出，只能以单个成员进行输入/输出。例如：

```
scanf("%ld",&stu[0].num);
printf("%s",stu[1].name);
```

 注意

访问结构体变量中各内嵌结构体成员（成员本身又属于一个结构体类型）时，要用若干个成员运算符，逐层进行成员名定位。只能对最低级的成员进行赋值、存取或运算。例如：引用结构体变量 stu2 中的出生年份时，可写作 stu2.birthday.year；对变量 stu2 的 year 做修改时，可写作 stu2.birthday.year=2000。

【**例 10-2**】结构体变量成员的引用示例。学生数据包含学号、姓名、语文成绩、数学成绩、英语成绩和平均成绩，通过三门课的成绩计算平均成绩。程序伪代码如下：

```
#include<stdio.h>
int main()
{
    （1）声明结构体类型 struct student;
    （2）定义 struct student 结构体类型变量 stu1;
    （3）输入各门课程成绩；
    （4）计算平均成绩；
    （5）输出各门课程成绩和平均成绩；
    return 0;
}
```

例 10-2 视频讲解

根据上述伪代码，编写的程序代码如下：

```
#include<stdio.h>
int main()
{
    /*（1）声明结构体类型 struct student */
    struct student
    {
        long num;                //学号
        char name[20];           //姓名
        float chinese;           //语文成绩
        float math;              //数学成绩
        float english;           //英语成绩
        float average;           //平均成绩
    };

    struct student stu1;     // （2）定义 struct student 结构体类型变量 stu1
    /*（3）输入各门课程成绩*/
    printf("input num name chinese math english:");
    scanf("%ld%s%f%f%f",
        &stu1.num,&stu1.name,&stu1.chinese,&stu1.math,&stu1.english);

    /*（4）计算平均成绩*/
    stu1.average=(stu1.chinese+stu1.math+stu1.english)/3;

    /*（5）输出各门课程成绩和平均成绩*/
    printf("num\tname\tchinese\tmath\tenglish\taverage\n");

    printf("%ld\t%s\t%-4.2f\t%-4.2f\t%-4.2f\t%-4.2f\n",stu1.num,
        stu1.name,stu1.chinese,stu1.math,stu1.english,stu1.average);
    return 0;
}
```

程序运行结果：

```
input num name chinese math english:1001 张三 85 88 90✓
num    name    chinese    math    english    average
1001   张三     85.00      88.00   90.00      87.67
```

在上面的程序中声明了一个 struct student 结构体类型，然后用 struct student 结构体类型定义了一个 stu1 结构体变量，最后用 stu1.num、stu1.name、stu1.chinese 等引用结构体变量成员。

【例 10-3】输入 5 个学生的姓名以及数学、英语和语文 3 门功课的成绩，计算每个学生的平均成绩，并输出学生姓名和平均成绩。

分析：程序中定义一个结构体数组 stu，它有 5 个数组元素，用于存放 5 个学生的数据。每个数组元素是 struct student 结构体类型变量，包含 5 个成员：name（姓名）、math（数学成绩）、english（英语成绩）、chinese（语文成绩）和 aver（平均成绩）。程序伪代码如下：

```
#include<stdio.h>
#define N 5
int main()
{
    （1）声明结构体类型 struct student;
    （2）定义结构体数组 stu[N];
    （3）使用循环语句，输入学生成绩;
    （4）使用循环语句，计算平均成绩并输出姓名和平均成绩;
    return 0;
}
```

例 10-3 视频讲解

根据上述伪代码，编写的程序代码如下：

```
#include<stdio.h>
#define N 5
int main()
{
    int i;
    /*（1）声明结构体类型 struct student*/
    struct student
    {
        char name[20];
        float math;
        float english;
        float chinese;
        float aver;
    };
    struct student stu[N];   //（2）定义结构体数组 stu[N]

    /*（3）使用循环语句，输入学生成绩*/
    for(i=0;i<N;i++)
    {
        printf("input the %d student name math english chinese\n",i+1);
        scanf("%s%f%f%f",stu[i].name,&stu[i].math,
                &stu[i].english,&stu[i].chinese);
    }
    /*（4）使用循环语句，计算平均成绩并输出姓名和平均成绩*/
    printf("name\t aver\n");
    for(i=0;i<N;i++)
```

```
        {
            stu[i].aver=(stu[i].math+stu[i].english+stu[i].chinese)/3;
            printf("%-10s %-4.2f\n",stu[i].name, stu[i].aver);
        }
        return 0;
    }
```

程序运行结果：

```
input the 1 student name math english chinese
zhangsan 67 78 89✓
input the 2 student name math english chinese
Lisi 88 85 84✓
input the 3 student name math english chinese
Wangwen 67 79 73✓
input the 4 student name math english chinese
Sunhai 81 79 68✓
input the 5 student name math english chinese
Zhaojun 76 56 73✓
Name       aver
Zhangsan   78.00
Lisi       85.67
Wangwen    73.00
Sunhai     76.00
Zhaojun    68.00
```

2. 对整个结构体变量的引用

（1）相同类型的结构体变量可以相互赋值。例如，在例 10-2 中，若多定义一个变量 stu2，则 stu1 和 stu2 之间可以互相赋值。

（2）结构体变量可以取地址。例如：

```
struct student stu;
```

&stu 是合法的表达式，含义是结构体变量 stu 的地址。

（3）不能将一个结构体变量作为一个整体进行输入/输出。例 10-2 中输出各门课程成绩和平均成绩，以下引用是错误的。

```
printf("num:%ld name:%s chinese: %-4.2f math:%-4.2f english:%-4.2f
average:%-4.2f\n", stu1);
```

只能对结构体变量的各个成员分别进行输入/输出。

10.3 结构体指针的应用——单链表

10.3.1 指向结构体的指针

定义结构体变量后，系统就会在内存中分配一片连续的存储单元。该存储单元的起始地址就称为该结构体类型变量的指针，可以定义一个指针变量来存放这个地址，这个变量就称为结构体指针。

1. 指向结构体变量的指针

一个结构体变量的指针就是变量在内存中所占据的起始地址。可以声明一个指针变量，用来指向一个结构体变量，此时该指针变量的值是结构体变量的起始地址。例如：

```c
struct student
{
    long num;               //学号
    char name[20];          //姓名
    float chinese;          //语文成绩
    float math;             //数学成绩
    float english;          //英语成绩
    float average;          //平均成绩

}stu,*p;
p=&stu;
```

若定义了一个结构体变量和基类型为同一结构体类型的指针变量，并使该指针指向同类型的结构体变量，则可有以下 3 种形式来引用结构体变量中的成员。

（1）结构体变量名.成员名

（2）指针变量名->成员名

（3）(*指针变量名).成员名

"->"称为结构指向运算符。

这些运算符与圆括号、下标运算符的优先级相同，在 C 语言的运算符中优先级最高。因此，往往将"结构体变量名.成员名"作为一个整体看待，而不加区别。在第 3 种形式中，圆括号不可少。若省略圆括号，"(*指针变量名).成员名"将变成"*指针变量名.成员名"，而"."号的优先级别最高，就又相当于"*(指针变量名.成员名)"。例如，要引用结构体变量 stu 中的 num 成员，可以写为

```c
stu.num          //通过结构体变量引用 num 成员
p->num           //通过指针变量引用 num 成员
(*p).num         //通过指针变量引用 num 成员
```

访问结构体变量中各内嵌结构体成员时，必须逐层使用成员名定位。例如，引用结构体变量 stu 中的出生年份时，可写为：

```c
stu.birthday.year
p-> birthday.year
(*p).birthday.year
```

对于多层嵌套的结构体，引用方式与此类似，即按照从最外层到最内层的顺序逐层引用，每层之间用点号隔开。

【例 10-4】有一个结构体变量 stu，内含学生学号、姓名、出生日期、3 门课程的成绩，要求利用结构体指针变量从键盘输入结构体变量的数据并输出。

```c
#include<stdio.h>
int main()
{
    /*声明 date 结构体类型*/
    struct date
    {
```

例 10-4 视频讲解

```
        int year;           //年
        int month;          //月
        int day;            //日
    };
    /*声明 student 结构体类型的同时定义结构体类型变量*/
    struct student
    {
        long num;                      //学号
        char name[20];                 //姓名
        struct date birthday;          //出生日期
        float chinese;                 //语文成绩
        float math;                    //数学成绩
        float english;                 //英语成绩
        float average;                 //平均成绩

    }stu,*p;

    p=&stu;        //让结构体指针变量 p 指向结构体变量 stu

    /*输入相关数据*/
    printf("input num name birthday chinese math english:\n");
    scanf("%ld",&stu.num);
    scanf("%s",stu.name);
    scanf("%d%d%d",&p->birthday.year,&p->birthday.month,&p->birthday.day);
    scanf("%f%f%f",&(p->chinese),&(p->math),&(p->english));

    /*计算平均成绩*/
    p->average = (p->chinese + p->math + p->english)/3;

    /*输出相关数据*/
    printf("num\tname\tbirthday\tchinese\tmath\tenglish\taverage\n");
    printf("%ld\t%s\t%5d/%02d/%02d",stu.num,(*p).name, p->birthday.year,
           p->birthday.month,p->birthday.day);
    printf("\t%.2f\t%.2f\t%.2f\t%.2f\n",p->chinese, p->math,p->english,
           p->average);
    return 0;
}
```

程序运行结果：
```
input num name birthday chinese math english:
1001 张三 2000 2 8 85 88 95
num     name    birthday        chinese  math    english  average
1001    张三     2000/02/08      85.00    88.00   95.00    89.33
```

注意

"结构体变量名.成员名" "(*指针变量名).成员名" "指针变量名->成员名" 这 3 种用于表示结构体成员的形式是完全等效的。

2. 指向结构体数组元素的指针

一个指针变量可以指向一个结构体数组元素，也就是将该结构体数组的元素地址赋给指针变量。例如：

```
struct student
{
    long num;                   //学号
    char name[20];              //姓名
    float chinese;              //语文成绩
    float math;                 //数学成绩
    float english;              //英语成绩
    float average;              //平均成绩
}stu[3],*p;
p=stu;
```

使 p 指向 stu 数组的第一个元素，等价于"p=&stu[0];"。若执行"p++;"，则指针变量 p 此时指向 stu[1]。

【例 10-5】输入 5 个学生的学号、姓名、语文、数学和英语 3 门课程的成绩，计算每个学生的平均成绩，并输出学生学号、姓名和平均成绩。

例 10-5 视频讲解

```
include<stdio.h>
#define N 5
int main()
{
    /*声明结构体类型并定义结构体类型变量*/
    int i;
    struct student
    {
        long num;                   //学号
        char name[20];              //姓名
        float chinese;              //语文成绩
        float math;                 //数学成绩
        float english;              //英语成绩
        float aver;                 //平均成绩
    }stu[N],*p;

    /*使用循环语句，输入学生数据*/
    for(i=0;i<N;i++)
    {
        printf("input the %d student num name chinese math english \n",i+1);
        scanf("%ld",&stu[i].num);
        scanf("%s",stu[i].name);
        scanf("%f%f%f",&stu[i].chinese,&stu[i].math, &stu[i].english);
    }

    /*使用循环语句，计算平均成绩并输出相关数据*/
    printf("num\tname\taver\n");
    for(p=stu;p<stu+N;p++)          //结构体指针指向数组
    {
```

```
        p->aver=(p->chinese + p->math + p->english)/3;
        printf("%-8ld%-10s%-4.2f\n",p->num,p->name,p->aver);
    }
    return 0;
}
```

程序运行结果：

```
input the 1 student num name chinese math english
1001 张三 90 90 90✓
input the 2 student num name chinese math english
1002 李四 80 80 80✓
input the 3 student num name chinese math english
1003 王五 70 70 70✓
input the 4 student num name chinese math english
1004 钱六 60 60 60✓
input the 5 student num name chinese math english
1005 赵七 50 50 50✓
num     name      aver
1001    张三      90.00
1002    李四      80.00
1003    王五      70.00
1004    钱六      60.00
1005    赵七      50.00
```

 注意

> 数组名称代表数组的首地址，p=stu 就是使 p 指向 stu[0]；p+1 指的是移向下一个数组元素，而不是指向该数组元素的下一个成员。

10.3.2 动态内存分配

通常情况下，在程序运行之前程序中变量的个数和类型是确定的。但有时在程序运行前无法预见需要占用多大的内存空间，就需要在运行程序时根据具体情况向系统申请分配内存空间，这种分配机制称为动态内存分配。

课程思政： 马克思、恩格斯的构想是，共产主义社会将彻底消除阶级之间、城乡之间、脑力劳动和体力劳动之间的对立和差别，实行各尽所能、按需分配，真正实现社会共享和每个人自由而全面的发展。

1. 动态内存分配的含义

当程序中定义了变量或数组以后，系统在程序运行时就会为变量或数组按照其数据类型及大小分配相应的内存单元，这块内存在程序的整个运行期间都存在。例如，定义一个 float 型数组的语句如下：

```
float price[100];
```

系统在程序编译的时候就会为数组 price 分配 100×4 个字节的存储空间，首地址就是数组名 price 的值。

　　但是，在使用数组的时候，数组应该多大呢？在很多情况下，并不能确定要使用多大的数组，那么就要把数组定义得足够大。这样，程序在运行时就申请了固定大小的被认为足够大的内存空间。但是如果因为某种特殊原因，内存空间的大小需要增加或者减少，又必须修改程序，改变数组的存储空间。

　　这种分配固定大小的内存分配方法称为静态内存分配。静态内存分配存在比较严重的缺陷，特别是处理某些问题时，在大多数情况下会浪费大量的内存空间；而在少数情况下，当定义的数组不够大时，又可能引起下标越界错误，甚至导致严重后果。

　　在实际的编程中，往往会发生这种情况，即所需的内存空间取决于实际输入的数据，而无法预先确定。对于这种问题，用静态内存分配的办法很难解决，但使用 C 语言提供的动态内存分配就可以很容易地解决。

　　所谓动态内存分配就是指在程序执行的过程中动态地分配或回收存储空间的内存分配方法。动态内存分配不像静态内存分配方法那样需要预先分配存储空间，而是由系统根据程序的需要即时分配，且分配的大小就是程序要求的大小。

　　动态内存分配相对于静态内存分配而言，其特点如下：

　　（1）不需要预先分配存储空间。

　　（2）分配的存储空间可以根据程序的需要扩大或缩小。

2．动态内存分配的步骤

　　在 C 语言中，动态内存分配一般包含如下 4 个步骤。

　　（1）要确切地知道某种数据类型需要多少内存空间，以避免存储空间的浪费。

　　（2）利用 C 语言标准库提供的动态分配函数来分配所需要的存储空间。

　　（3）使用指针指向获得的内存空间，并通过指针在该空间内实施运算或操作。

　　（4）当对动态分配的内存操作完之后，一定要释放这一空间。如果不释放获得的存储空间，则可能把内存空间用完而影响到其他数据的存储。

3．常用的动态内存管理函数

　　C 语言标准库提供了专门的内存管理函数来处理动态分配内存的问题。这些内存管理函数可以按需要动态地分配内存空间，也可把不再使用的内存空间回收待用，从而有效地利用内存资源。

　　（1）按照指定的字节分配内存的函数。按照指定的字节分配内存的函数是 malloc，其函数原型如下：

```
void *malloc(unsigned size)
```

其调用格式如下：

```
(数据类型 *)malloc(sizeof(数据类型)*个数)
```

　　功能：在内存的动态存储区中申请一个指定字节大小的连续空间。若申请成功，则返回指向所分配内存空间的起始地址；若申请不成功，则返回 NULL（值为 0）。该函数的返回值为 void * 类型，因此在具体使用时，要将该函数的返回值转换为特定指针类型，赋给一个指针变量。例如：

```
int *p,*q;
p=(int *)malloc(sizeof(int));
*p=25;
q=(int *)malloc(sizeof(int)*10);
```

注意

申请内存空间时，应该检测 malloc 函数是否成功分配，检测方法是判断该函数的返回值，具体方法如下：

```
int *p;
p=(int *)malloc(sizeof(int)*size);
if(p==NULL)
{
    printf("申请内存空间失败! ");
    exit(1);
}
```

上述程序段中，exit 函数是系统标准函数，作用是关闭所有打开的文件，并终止程序的运行。参数为 0 表示程序正常结束，非 0 表示异常结束。该函数包含在头文件 "stdio.h" 中。

（2）带计数和清 0 的动态内存分配函数。带计数和清 0 的动态内存分配函数是 calloc，其函数原型如下。

```
void *calloc(unsigned n,unsigned size)
```

其调用格式如下：

```
(数据类型 *)calloc(个数,sizeof(数据类型))
```

功能：在内存的动态存储区中分配指定个数的连续空间，每个存储空间的长度为 sizeof 求出的长度，并且分配后把存储块全部初始化为 0。若申请成功，则返回指向所分配内存空间的起始地址；若申请不成功，则返回 NULL（值为 0）。

因此在使用内存之前，验证该函数的返回值是不是空指针（NULL 或 0）非常重要。为了给指定类型的数据进行动态分配，常用 sizeof 来确定该类型数据所占字节数。例如：

```
int n,*pscore;
scanf("%d",&n);
/*分配 n 个连续的整型单元,首地址赋给 pscore*/
pscore=(int *)calloc(n,sizeof(int));
/*分配内存失败,给出错误信息后退出*/
if(pscore==NULL)
{
    printf("申请内存空间失败! ");
    exit(1);
}
```

如果成功，则可分配 n 个连续的整型单元，并把这个起始地址赋给指针变量 pscore，利用该指针就能对该区域中的数据进行操作或运算。

 注意

malloc 函数对所分配的存储区域不做任何工作，calloc 函数对整个区域进行初始化。

（3）动态重分配函数。动态重分配函数是 realloc，其函数原型如下：

```
void *realloc(void *p, unsigned size)
```

其调用格式如下：

> （数据类型 *）realloc(指针变量名,新内存空间的字节数)

功能：回收指针变量名所指向的内存单元，重新分配指定新的字节数的内存空间，并复制原内存单元的内容。新内存空间的字节数为 unsigned int 型，它可以比原内存单元大或小，若大则不丢失原存储的信息。函数返回新内存单元的起始地址，如果内存不够，则返回 NULL。例如：

```
char *p;
if((p=(char *)malloc(17))==NULL)
    exit(1);
strcpy(p,"this is 16 chars");
p=(char *)realloc(p,18);
if(p==NULL)
    exit(1);
strcat(p,".");
```

先用 malloc 函数申请 17 个字节的内存存放 16 个字符的字符串，再用 realloc 函数重新申请 18 个字节的内存（即在原申请的内存基础上增加了 1 个字节），以便在字符串的末尾增加一个 "." 字符。

在使用 realloc 函数时，若 p=NULL，则相当于 malloc(size) 的功能；若 size=0，则相当于下面要介绍的 free 函数的功能。

（4）释放动态内存的函数。释放动态内存的函数是 free，其函数原型如下：

> void free(void *p)

其调用格式如下：

> free(指针变量名)

功能：释放由动态内存分配函数申请到的整个内存空间，指针变量名为指向要释放空间的首地址。如果该指针变量是空指针，则 free 函数什么都不做，该函数无返回值。

例如，"free(p);" 表示释放 p 指针的存储空间。

为了有效利用动态存储区，在知道某个动态分配的存储块不再使用时，应及时将它释放。

 注意

> 释放后不允许再通过该指针去访问已经释放的内存空间，否则可能引起灾难性的后果。

10.3.3　单链表

到目前为止，程序中的变量都是通过定义引入的，这类变量在其生存期内，其固有的数据结构是不能改变的。本节将介绍系统程序中经常使用的动态数据结构，其中包括数据的存储空间不是通过变量定义建立的，而是由程序根据需要向系统申请获得的。动态数据结构由一组数据对象组成，其中数据对象之间具有某种特定的关系。动态数据结构最显著的特点是它包含的数据对象个数及其相互关系可以按需要改变。经常遇到的动态数据结构有链表、树、图等，本节只介绍其中简单的单向链表。

1. 链表的定义

数组（包括结构体数组）实质上是一种线性表的顺序表示方式，它的优点是便于快速、随机地存取线性表中的任一元素；缺点是对其进行插入和删除操作时需要移动大量的数组元素，同时由于数组属于静态内存分配，定义数组时必须指定数组的大小，实际使用的数组元素个数不能超过数组元素最大长度的限制，否则就会溢出，而低于所设定的最大长度时，又会造成系统资源的浪费。所以，利用数组来存放学生的信息，必须事先知道学生的总数，或者假设学生总数不能超过某个值，而且程序一旦运行就不能再改变这个数值。若想改变，只能修改程序，这样很不方便。而链表则可以根据需要动态地开辟内存单元，是实现离散存储的一种结构。离散存储能够有效地利用存储空间，并进行动态存储空间分配。

链表是由多个数据元素连接在一起的一种数据存储结构，如图 10.4 所示。

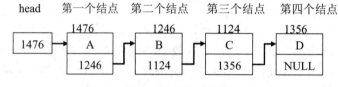

图 10.4　链表示意图

链表有一个头指针变量，图中以 head 表示，用于存放一个地址。该地址指向一个链表元素。链表中的每个元素称为结点，每个结点都包括两部分：一部分是链表的数据域，用于存储元素本身的数据信息，即用户需要用的实际数据，可以是任意类型，如基本类型、结构体类型等；另一部分是链表的指针域，用于存储其下一个结点的地址（指针）。可以看出，head 指向第一个结点，第一个结点指向第二个结点，一直到最后一个结点。该结点不再指向其他结点，被称为表尾。它的地址部分存放了一个 NULL（表示"空地址"），链表到此结束。链表结点的类型声明如下：

```
struct 结构体名
{
    数据成员列表;
    struct  结构体名  *指针名;
};
```

结构体中"struct　结构体名　*指针名;"表示成员指针所指对象的类型就是自身结点类型。例如：

```
struct link
{
    char data;                //声明结点数据域
    struct link *next;        //声明结点指针域
}link_1;
```

这段代码声明了一个链表结点，其中 data 用来存放数据区域，next 用来保存下一个结点的地址。若"link_1.next=&link_1;"，则把 link_1 自己的地址送给 next 保存，next 指向自己。例如，若结点中的数据区域部分用来保存学生信息，则可以采用结构体类型。

```
struct stulink
{
    int num;
```

```
        char name[10];
        char sex;
        int age;
        int score;
        struct stulink *next;        //声明结点指针域
    };
    struct stu_link *head;           //定义可指向结点的指针变量 head
```

【例 10-6】 建立一个如图 10.5 所示包含 3 个结点的单链表。

```
    #include<stdio.h>
    #define NULL 0
    struct link
    {
        char data;                   //声明结点数据域
        struct link *next;           //声明结点指针域
    };

    int main()
    {
        struct link ch1,ch2,ch3,*p,*head;

        head=p=&ch1;                 //head 和 p 指向第一个结点 ch1
        ch1.data='a';                //为 ch1 数据域赋值
        ch1.next=&ch2;               //将 ch2 的地址赋值 ch1 指针域
        ch2.data='b';                //为 ch2 数据域赋值
        ch2.next=&ch3;               //将 ch3 的地址赋值 ch2 指针域
        ch3.data='c';                //为 ch2 数据域赋值
        ch3.next=NULL;               //将 ch3 指针域置为空

        while(p!=NULL)
        {
            printf("%c",p->data);
            p=p->next;               //p 指针移向下一个结点
        }
        return 0;
    }
```

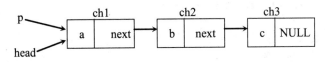

图 10.5　包含 3 个结点的单链表

　　p 指向 ch1，所以*p 就是 ch1。*p.next 的值为 ch2 的地址，所以 p->next 的值为 ch2 的地址。若执行 p=p->next，则 p 指向 ch2，所以 p=p->next 就是使 p 指向下一个结点。

　　对于本例来说，链表中所有的结点都是在程序中事先定义好的，不是动态申请的，这种链表被称为静态链表。

2．单向链表的建立

单向链表的建立是指从无到有地建立一个线性链表，即动态地申请每一个结点和输入各结点数据，并建立起前后相链的关系。我们可以采取向链表中添加结点的方式来建立一个单向链表。为了向链表中加一个新的节点，首先要为新建结点动态申请内存，使指针变量 p 指向这个新建结点，然后将新建结点添加到链表中，此时需要考虑以下两种情况：

（1）若原链表为空，则将新建结点置为头结点。

（2）若原链表为非空，则将新建结点添加到表尾。

【例 10-7】建立学生链表，包含姓名和成绩信息。编写 Creat 函数创建链表、Print 函数输出链表。

分析：利用 struct stulink *Creat 函数从无到有地创建链表并返回链表的头结点指针，利用 Print 函数输出所创建的链表，程序伪代码如下：

```
#include <stdio.h>
#include <stdlib.h>
#define LENGTH sizeof(struct stulink)    //宏定义

struct  stulink
{
    long num;                            //学号
    char name[20];                       //姓名
    int score;                           //成绩
    struct stulink *next;                //指向结构体的指针变量
};

int main()
{
    (1)定义变量和声明函数;
    (2)调用 Creat 函数创建一个单向链表;
    (3)调用 Print 函数输出单向链表;
    return 0;
}
    (4)定义 Creat 函数，功能是创建一个单向链表，返回链表的头指针;
    (5)定义 Print 函数，功能是输出链表中所有结点的数据项内容;
```

例 10-7 视频讲解

根据上述伪代码和函数定义，步骤（4）和（5）进行进一步细化，细化后的伪代码如下：

```
/*（4）定义 Creat 函数，功能是创建一个单向链表，返回链表的头指针*/
struct  stulink *Creat(struct stulink *head)
{
    (4.1)定义变量;
    (4.2)输入学生数;
    (4.3)使用循环语句创建一个单链表;
    {
        (4.3.1)申请新结点;
        (4.3.2)链表是否为空，若是则将新建结点置为头结点，否则将新建结点添加到表尾;
        (4.3.3)输入结点数据;
        (4.3.4)使表尾指针重新指向表尾;
    }
```

```
        return(head);
    }

    /*（5）定义 Print 函数，功能是输出链表中所有结点的数据项内容*/
    void Print(struct stulink *head)
    {
        （5.1）定义变量；
        （5.2）使用循环语句，从表头开始输出，一直到表尾；
    }
```

根据上述伪代码，编写的程序代码如下：

```
    #include <stdio.h>
    #include <stdlib.h>
    #define LENGTH sizeof(struct stulink)    //宏定义

    struct  stulink
    {
        long num;                           //学号
        char name[20];                      //姓名
        int score;                          //成绩
        struct stulink *next;               //指向结构体的指针变量
    };

    int main()
    {
        /*（1） 声明函数和定义变量*/
        struct  stulink *Creat(struct stulink *);
        void Print(struct stulink *);
        struct stulink *head=NULL;

        /*（2）调用 Creat 函数创建一个单向链表*/
        head=Creat(head);

        /*（3）调用 Print 函数输出单向链表*/
        Print(head);
        return 0;
    }

    /*（4）定义 Creat 函数，功能是创建一个单向链表，返回链表的头指针*/
    struct  stulink *Creat(struct stulink *head)
    {
        /*（4.1）定义变量*/
        int i,n;
        struct stulink *p,*pr;

        /*（4.2）输入学生数*/
        printf("input the number of student's ");
        scanf("%d",&n);

        /*（4.3）使用循环语句，创建一个单链表*/
        for(i=1;i<=n;i++)
```

```
        {
            /*(4.3.1)申请新结点*/
            p=(struct stulink *)malloc(LENGTH);  //使p指向新建结点
            if(p==NULL)              //若为新建节点申请内存失败，则退出程序
            {
                printf("No enough memory to allocate!\n");
                exit(0);
            }
            /*（4.3.2）链表是否为空，若是则将新建结点置为头结点，否则将新建结点添加到表尾*/
            if(head==NULL)           //若链表为空，则将新建结点置为头结点
                head=p;
            else
                pr->next=p;          //将新建结点添加到表尾
             /*（4.3.3）输入结点数据*/
            printf("input the NO %d student num name score:\n",i);
            scanf("%ld%s%d",&p->num,&p->name,&p->score);
            p->next=NULL;            //新建结点指针域为空

            pr=p;                    //（4.3.4）使表尾指针重新指向表尾
        }
        return(head);
    }

/*（5）定义Print函数，功能是输出链表中所有结点的数据项内容*/
void Print(struct stulink *head)
{
    struct stulink *p=head;         //(5.1)定义变量

    /*（5.2）使用循环语句，从表头开始输出一直到表尾*/
    printf("num      name      score\n");
    while(p!=NULL)
    {
        printf("%ld\t%-10s %-3d\n",p->num,p->name,p->score);
        p=p->next;
    }
}
```

程序运行结果：

```
input the number of student's 3✓
input the NO 1 student num name score:
1001 wangwen 89✓
input the NO 2 student num name score:
1002 zhangsan 80✓
input the NO 3 student num name score:
1003 hanyun 60✓

num      name      score
1001     wangwen      89
```

```
1002      zhangsan       80
1003      hanyun         60
```

3. 单向链表的删除

链表的删除就是删除线性链表中指定的结点。若删除单向链表中的第 i 个结点，则首先要找到第（i-1）个结点，将第（i-1）个结点的 next 域赋值为 i 结点的 next 域值，即将第（i+1）个结点的地址送给第（i-1）个结点（p->next=q->next;），最后释放第 i 个结点所占用的存储空间即可，如图 10.6（a）所示；若删除的结点为第一个结点，则直接将该结点的 next 域值赋给头指针（head=q->next），如图 10.6（b）所示；若删除的结点为最后一个结点，则直接将前一个结点的 next 域赋值为 NULL（p->next=q->next；q 的 next 域值为 NULL），如图 10.6（c）所示，最后释放 q 结点所在的内存空间即可。

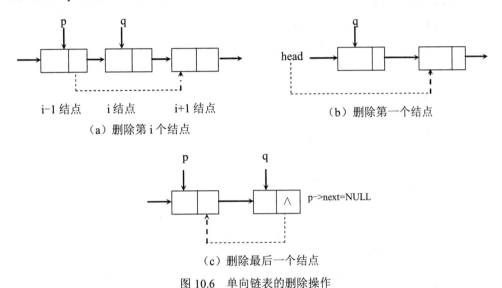

（a）删除第 i 个结点

（b）删除第一个结点

（c）删除最后一个结点

图 10.6　单向链表的删除操作

【例 10-8】在例 10-7 的基础上，编写一个函数，要求删除指定的学生信息。

分析：利用 struct　stulink *Creat 函数从无到有地创建链表并返回链表的头结点指针，利用 Delete 函数删除链表中指定的结点，利用 Print 函数输出单向链表中所有结点的数据项，程序伪代码如下：

例 10-8 视频讲解

```
#include<stdio.h>
#include<stdlib.h>
#define LENGTH sizeof(struct stulink)
struct  stulink
{
    long num;                        //学号
    char name[20];                   //姓名
    int score;                       //成绩
    struct stulink *next;            //指向结构体的指针变量
};

int main()
{
```

（1）定义变量和声明函数；

（2）调用 Creat 函数创建一个单向链表；

（3）调用 Print 函数输出删除指定结点前的单向链表；

（4）输入删除指定结点的学生学号；

（5）调用 Delete 函数删除链表中指定学号的结点；

（6）调用 Print 函数输出删除指定结点后的单向链表；

```
    return 0;
}
```

（7）定义 Creat 函数，功能是创建一个单向链表，返回链表的头指针；

（8）定义 Delete 函数，功能是删除链表中指定学号结点；

（9）定义 Print 函数，功能是输出链表中所有结点的数据项内容；

根据上述伪代码和函数定义，对步骤（7）、（8）和（9）进行进一步细化，步骤（7）、（9）细化后的伪代码见例 10-7，步骤（8）细化后的伪代码如下：

```
/*（8）定义 Delete 函数，功能是删除链表中指定的学号结点*/
struct stulink *Delete(struct stulink *head,long number)
{
    （8.1）定义变量；
    （8.2）若链表为空，则退出程序；
    （8.3）使用循环语句，在链表中查找待删除结点及前一个结点；
    （8.4）if 查找成功；
    {
        if 待删除的结点是头结点
            使头指针指向待删除结点的下一个结点；
        else
            使前一个结点指针指向待删除结点的下一个结点；
        释放为已删除结点分配的内存
    }
    else
        链表中无此结点；
    return(head);
}
```

根据上述伪代码，编写的程序代码如下：

```
#include<stdio.h>
#include<stdlib.h>
#define LENGTH sizeof(struct stulink)
struct  stulink
{
    long num;                     //学号
    char name[20];                //姓名
    int score;                    //成绩
    struct stulink *next;         //指向结构体的指针变量
};

int main()
{
    /*（1）定义变量和声明函数*/
```

```
    long num;
    struct  stulink *Creat(struct stulink *);
    void Print(struct stulink *);
    struct  stulink *Delete(struct stulink *,long);
    struct stulink *head=NULL;

    head=Creat(head);            // (2) 调用 Creat 函数创建一个单向链表

    printf("before delete:\n");
    Print(head);                 // (3) 调用 Print 函数输出删除指定结点前的单向链表

    printf("input number you want to delete:");
    scanf("%ld",&num);           // (4) 输入删除指定结点的学生学号

    head=Delete(head,num);    // (5) 调用 Delete 函数删除链表中指定学号的结点

    printf("after delete:\n");
    Print(head);                      // (6) 调用 Print 函数输出删除指定结点后的单向链表

    return 0;
}
/* (7) 定义 Creat 函数, 功能是创建一个单向链表, 返回链表的头指针*/
struct  stulink *Creat(struct stulink *head)
{
    /* (7.1) 定义变量*/
    int i,n;
    struct stulink *p,*pr;

    /* (7.2) 输入学生数*/
    printf("input the number of student's ");
    scanf("%d",&n);

    /* (7.3) 使用循环语句创建一个单链表*/
    for(i=1;i<=n;i++)
    {
        /* (7.3.1) 申请新结点*/
        p=(struct stulink *)malloc(LENGTH);  //使 p 指向新建结点
        if(p==NULL)                //若为新建节点申请内存失败, 则退出程序
        {
            printf("No enough memory to allocate!\n");
            exit(0);
        }
        /* (7.3.2) 链表是否为空, 若是则将新建结点置为头结点, 否则将新建结点添加到表尾*/
        if(head==NULL)            //若原链表为空表将新建结点置为头结点
            head=p;
        else
            pr->next=p;          //将新建结点添加到表尾

        /* (7.3.3) 输入结点数据*/
```

```c
        printf("input the NO %d student num name score:\n",i);
        scanf("%ld%s%d",&p->num,&p->name,&p->score);
        p->next=NULL;       //新建结点指针域为空
        pr=p;               // (7.3.4) 使表尾指针重新指向表尾
    }
    return(head);
}

/* (8) 定义 Delete 函数，功能是删除链表中指定学号的结点*/
struct stulink *Delete(struct stulink *head,long number)
{/* (8.1) 定义变量*/
    struct stulink *p,*q;
    q=p=head;

    /* (8.2) 若链表为空，则退出程序*/
    if(head==NULL)
    {
        printf("Link is empty!\n");
        return(head);
    }

    /* (8.3) 使用循环语句，在链表中查找待删除结点及前一个结点*/
    while(number!=q->num&&q->next!=NULL)            //未找到且未到表尾
    {
        p=q;                    //在 p 中保存当前结点的指针
        q=q->next;              //q 指向当前结点的下一个结点
    }

    /* (8.4) if 查找成功*/
    if(q->num==number)          //找到待删除的结点
    {
        if(q==head)             //若待删除的结点是头结点
            head=q->next;       //使头指针指向待删除结点 q 的下一个结点
        else
            p->next=q->next;    //使前一个结点指针指向待删除结点 q 的下一个结点
        free(q);                //释放为已删除结点分配的内存
    }
    else                        //找到表尾仍未找到结点值为 number 的结点
        printf("%ld not been found!\n",number);
    return(head);               //返回删除结点的链表头指针 head 的值
}

/* (9) 定义 Print 函数，功能是输出链表中所有结点的数据项内容*/
void Print(struct stulink *head)
{
    struct stulink *p=head;        // (9.1) 定义变量

    /* (9.2) 使用循环语句，从表头开始输出，一直到表尾*/
    printf("num      name      score\n");
```

```
        while(p!=NULL)
        {
            printf("%ld\t%-10s %-3d\n",p->num,p->name,p->score);
            p=p->next;
        }
    }
```

程序运行结果:

```
    input the number of student's:3✓
    input the NO 1 student num name score:
    1001 wangwen 89✓
    input the NO 2 student num name score:
    1002 zhangsan 80✓
    input the NO 3 student num name score:
    1003 hanyun 60✓


    befor delete:
    num        name        score
    1001       wangwen     89
    1002       zhangsan    80
    1003       hanyun      60
    input number you want to delete:1002✓
    after delete:
    1001       wangwen     89
    1003       hanyun      60
```

注意

只要结点被删除，最后一定要使用 free 函数释放内存空间，否则只是将该结点从链表中断开，并没有从内存中删除它，该结点依然存在。

3. 单向链表的插入

在单向链表中插入结点就是在某个结点之前插入一个新结点，首先要确定插入的位置。假设 s 指向要插入的结点，q 指向当前要插入的位置，p 指向 q 的前驱结点。插入链表的操作如图 10.7 所示。

```
    s->next=p->next      //或 s->next=q，将 s 所指向的结点和 q 所指向的结点连接
    p->next = s;         //将 p 指向的结点和 s 指向的结点相连
```

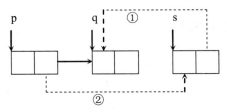

图 10.7 单向链表的插入操作

【例 10-9】在例 10-8 的基础上，编写一个函数，在第 i 个结点前插入一个学生的信息。

分析：编写 void insert 函数，因传递的是链表的头指针，即链表的地址，所以可以不用返回值。给定插入位置，若 i==1，则表示新结点作为第一个结点，即"s->next=p;head=s;"；若 i!=1，则要搜索链表寻找第（i-1）个结点。设置 p 指针指向头结点，设置 j 作为计数器，当 j<i-1 时，p 指针不停后移。若 p==NULL，则插入位置不合法，插入失败。否则将 s 结点插入到 p 的后面，即"s->next=p->next; p->next=s;"，程序伪代码如下：

例 10-9 视频讲解

```
#include<stdio.h>
#include<stdlib.h>
#define LENGTH sizeof(struct stulink)
struct  stulink
{
    long num;                    //学号
    char name[20];               //姓名
    int score;                   //成绩
    struct stulink *next;              //指向结构体的指针变量
};


int main()
{
    （1）定义变量和声明函数；
    （2）调用 Creat 函数创建一个单向链表；
    （3）调用 Print 函数输出插入前的单向链表；
    （4）调用 insert 函数插入一个结点；
    （5）调用 Print 函数输出插入后的单向链表；
    return 0;
}
    （6）定义 Creat 函数，功能是创建一个单向链表，返回链表的头指针；
    （7）定义 insert 函数，功能是在指定位置插入结点；
    （8）定义 Print 函数，功能是输出链表中所有结点的数据项内容；
```

根据上述伪代码和函数定义，对步骤（6）～（8）进行进一步细化，步骤（6）、（8）细化后的伪代码见例 10-7，步骤（7）细化后的伪代码如下：

```
/*（7）定义 insert 函数，功能是在指定位置插入结点*/
void insert(struct stulink *head)
{
    （7.1）定义变量；
    （7.2）s=(struct stulink *)malloc(LENGTH);
    （7.3）输入结点 s 的数据；
    （7.4）输入插入位置；
    （7.5）插入新结点；
    if 新结点作为第一个结点
    {
        s->next=p;
        head=s;
    }
    else
```

```
        {
            使用循环语句查找第 i-1 个结点;
            if 查找到表尾仍未找到
                输出插入位置错误;
            else
                新结点插在第 i-1 个结点的后面;
        }
    }
```

根据上述伪代码，编写的程序代码如下：

```
#include<stdio.h>
#include<stdlib.h>
#define LENGTH sizeof(struct stulink)
struct  stulink
{
    long num;                    //学号
    char name[20];               //姓名
    int score;                   //成绩
    struct stulink *next;        //指向结构体的指针变量
};

int main()
{
    /*（1）定义变量和声明函数*/
    long num;
    struct  stulink *Creat(struct stulink *);
    void Print(struct stulink *);
    void insert(struct stulink *head);
    struct stulink *head=NULL;

    /*（2）调用 Creat 函数创建一个单向链表*/
    head=Creat(head);

    /*（3）调用 Print 函数输出插入前的单向链表*/
    printf("before insert:\n");
    Print(head);

    insert(head);        //（4）调用 insert 函数插入一个结点

    /*（5）调用 Print 函数输出插入后的单向链表*/
    printf("after insert:\n");
    Print(head);

    return 0;
}

/*（6）定义 Creat 函数，功能是创建一个单向链表，返回链表的头指针*/
struct  stulink *Creat(struct stulink *head)
{
    /*（6.1）定义变量*/
```

```
        int i,n;
        struct stulink *p,*pr;

        /*（6.2）输入学生数*/
        printf("input the number of student's ");
        scanf("%d",&n);

        /*（6.3）使用循环语句创建一个单向链表*/
        for(i=1;i<=n;i++)
        { /*（6.3.1）申请新结点 */
            p=(struct stulink *)malloc(LENGTH);  //使 p 指向新建结点
            if(p==NULL)              //若为新建结点申请内存失败，则退出程序
            {
                printf("No enough memory to allocate!\n");
                exit(0);
            }

            /*（6.3.2）链表是否为空，若是则将新建结点置为头结点，否则将新建结点添加到表尾*/
            if(head==NULL)           //若原链表为空则将新建结点置为头结点
            {
                head=p;
            }
            else
            {
                pr->next=p;          //将新建结点添加到表尾
            }

            /*（6.3.3）输入结点数据*/
            printf("input the NO %d student num name score:\n",i);
            scanf("%ld%s%d",&p->num,&p->name,&p->score);
            p->next=NULL;            //新建结点指针域为空

            /*（6.3.4）使表尾指针重新指向表尾*/
            pr=p;
        }
        return(head);
    }

/*（7）定义 insert 函数，功能是在指定位置插入结点*/
void insert(struct stulink *head)
{
    int i,j=1;
    struct stulink *p=head,*s;
    s=(struct stulink *)malloc(LENGTH);

    /*（7.3）输入结点 s 的数据*/
    printf("input num name score:");
    scanf("%ld%s%d",&s->num,&s->name,&s->score);

    /*（7.4）输入插入位置*/
```

```
        printf("input a number for the insert place");
        scanf("%d",&i);

        /*（7.5）插入新结点*/
        if(i==1)        //新结点作为第一个结点
        {
            s->next=p;
            head=s;
        }
        else
        {
            while(p->next!=NULL&&j<i-1 )  //使用循环语句查找第 i-1 个结点
            {
                p=p->next;
                j++;
            }
            if(p==NULL)                    //查找到表尾仍未找到
                printf("error");           //输出插入位置错误
            else
            {
                s->next=p->next;
                p->next=s;
            }                              //新结点插在第 i-1 个结点的后面
        }
}

/*（8）定义 Print 函数，功能是输出链表中所有结点的数据项内容*/
void Print(struct stulink *head)
{
    /*（8.1）定义变量*/
    struct stulink *p=head;

    /*（8.2）使用循环语句，从表头开始输出，一直到表尾*/
    printf("num     name     score\n");
    while(p!=NULL)
    {
        printf("%ld\t%-10s %-3d\n",p->num,p->name,p->score);
        p=p->next;
    }
}
```

程序运行结果：

```
input the number of student's:3✓
input the NO 1 student num name score:
1001 wangwen 89✓
input the NO 2 student num name score:
1002 zhangsan 80✓
input the NO 3 student num name score:
1003 hanyun 60✓
```

```
before insert:
num        name        score
1001       wangwen     89
1002       zhangsan    80
1003       hanyun      60
input num name score:1005 lisi 79✓
input a number for the insert place:2✓
after insert:
1001       wangwen     89
1005       lisi        79
1002       zhangsan    80
1003       hanyun      60
```

 注意

> 头指针是用来保存第一个结点的地址的，所以只能在第一个结点之前插入，而不能插入头指针之前，i 的值不能为 0。

10.4　共用体

到目前为止，所介绍的各种数据类型的变量的值虽然能改变，但是其类型是不能改变的。有时需要将某存储区域中的数据对象在程序执行的不同时间存储不同类型的值。例如，将一个整型变量、一个字符型变量和一个实型变量放在同一个地址开始的内存单元中，这 3 个变量在内存中所占的字节数不同，但都从同一个地址开始存放。这就是通常所说的覆盖。这种使几个不同的变量共占同一段内存的结构称为"共用体"。

课程思政：资源共享（共享单车）有利于落实节约资源、保护环境的基本国策；有利于落实可持续发展战略，建设资源节约型和环境友好型社会。

共用体的数据类型与结构体数据很相似，它们的声明方式以及变量的定义也很相似。不同的是，某一时刻，存储在共用体中的只有一种数据值，而结构体是所有成员都存储。共用体是多种数据值覆盖存储，几种不同类型的数据值从同一地址开始存储，但任意时刻只存储其中一种数据，而不能同时存储多种数据。分配给共用体的存储区域至少要有存储其中最大一种数据所需的存储空间的大小。

【例 10-10】下面的程序演示了共用体所占内存字节数的计算方法。程序代码如下：

```c
#include<stdio.h>
/*（1）声明共用体类型 union sample*/
union sample
{
    short i;
    char ch;
    float f;
};
```

```
/*定义 union sample 的别名为 SAMPLE*/
typedef union sample SAMPLE;
int main()
{
    printf("bytes = %d\n", sizeof(SAMPLE)); //打印共用体类型所占内存字节数
    return 0;
}
```

程序运行结果：

```
bytes = 4
```

如果将本例程序中的共用体改为结构体，即将 union 改为 struct，那么程序的运行结果为：

```
bytes = 8
```

C 语言规定，共用体采用与开始地址对齐的方式分配内存空间。如本例中的共用体 i 占 2 个字节，ch 占 1 个字节，f 占 4 个字节，于是 f 的前 1 个字节就是为 ch 分配的内存空间，而 ch 的前 2 个字节就是为 i 分配的内存空间，如图 10.8 所示。共用体使用覆盖技术来实现内存的共用，即当对成员 f 进行赋值操作时，成员 i 的内容将被改变，于是 i 失去其自身的意义；再对 ch 进行赋值操作时，f 的内容被改变，于是 f 又失去其自身的意义。由于同一内存单元的第一瞬时只能存放其中一种类型的成员，即同一时刻只有一个成员是有意义的，因此，在每一瞬时起作用的成员就是最后一次被赋值的成员。正因如此，不能对共用体的所有成员同时进行初始化，只能对第一个成员进行初始化（可以指定成员初始化）。此外，共用体不能进行比较操作，也不能作为函数参数。

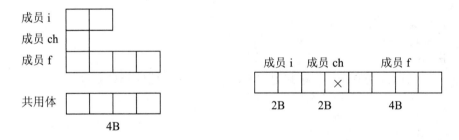

(a) 共用体的内存分配及占用字节数   (b) 结构体的内存分配及占用字节数

图 10.8 共用体与结构体类型的内存分配及其占用字节数

10.4.1 共用体变量的定义和引用

共用体类型的声明形式与结构体类型的声明形式相同，只是其类型关键字不同，共用体的关键字是 union，其声明的一般格式如下：

```
union 共用体名
{
    成员 1 的说明;
    成员 2 的说明;
    ……
```

　　　　　　成员 *n* 的说明；
　　　　};

　　其中，union 是关键字，是共用体类型的标志；共用体名是用户定义的标识符。共用体类型和结构体类型一样由若干个成员组成。例如：

```
union data
{
    int i;
    float x;
    char ch;
};
```

表示声明了一个共用体类型 union data，它由 i、x 和 ch 三个成员组成。

　　同定义结构体变量一样，定义共用体变量也有三种方式。

　　（1）先声明共用体类型，再定义共用体变量。例如：

```
union data
{
    int i;
    float x;
    char ch;
};
union data g1,g2,*p;
```

　　（2）在声明共用体类型的同时定义共用体变量。例如：

```
union data
{
    int i;
    float x;
    char ch;
}g1,g2,*p;
```

　　（3）声明共用体类型时，省略共用体名，同时定义共用体类型变量。例如：

```
union
{
    int i;
    float x;
    char ch;
}g1,g2,*p;
```

10.4.2　共用体类型赋值及引用

1. 共用体类型赋值

　　共用体变量在定义的同时只能给第一个成员类型的值进行初始化。因此以上定义的变量 g1 和 g2，在定义的同时只能赋整型值。

　　共用体中成员变量同样可以参与其所属类型允许的任何操作。但在访问共用体成员时应注意，共用体变量中起作用的是最近一次存入的成员变量的值，原有成员变量的值将被覆盖。例如：

```
    g1.i=97;
    g1.ch='A';
    printf("%d\n",g1.i);
```

此时，输出的不是 97，而是 65。ch 的值覆盖内存单元原有的值。

共用体的特点如下所述。

（1）内存空间的共用性。此特点在前面内容中已说明。

（2）成员变量的覆盖性。在为共用体变量赋值时，最新的成员值有效，其他成员的值被覆盖。例如：

```
    union key
    {
        char q[2];
        int i;
        float a;
    }x,y,z,*p;

    x.q[1]='c';
    x.i=34;
    x.a=259.1;
```

覆盖顺序为 x.i 覆盖 x.q[1]，x.a 覆盖 x.i，被覆盖的数据无意义，只有成员 x.a 的数据有意义。如果现在使用 x.q[1]或 x.i，则会发现它们存储着成员 x.a 的部分内容（空间共享的内容）。如果占用字节短的成员覆盖了占用字节长的成员，例如：

```
    x.a=56.3;
    x.q[0]='p';
```

那么成员 x.q[0]有效，未覆盖部分的数据无使用价值。

（3）不能赋值性。具体表现如下：

1）对共用体变量不能赋值。

2）共用体变量不能向其他变量赋值。

3）不能利用初始化向共用体成员赋值。

当 x 为共用体变量时，下面的语句是错误的。

```
    x=9;
    m=x;
    union key
    {
        char p[2];
        int a;
        float m;
    }x={'z','s',23,13.2};
```

2．共用体变量中成员的引用

共用体变量中每个成员的引用方式与结构体完全相同，也有 3 种形式。

（1）共用体变量名.成员名

（2）指针变量名->成员名

（3）(*指针变量名).成员名

例如，在前面定义的前提下，有 "p=&g1;"，则 g1.i、g1.x、g1.ch 或 p->i、p->x、p->ch、

(*p).i、(*p).x、(*p).ch 都是合法的引用形式。

10.4.3 共用体类型举例

下面是一个结构体与共用体嵌套使用的例题，这在实际应用中经常出现。

【例 10-11】设有一个教师与学生通用的表格，教师数据有姓名、年龄、身份和教研室 4 项，学生有姓名、年龄、身份和班级 4 项。编程要求输入人员数据，在屏幕上以表格形式输出。

例 10-11 视频讲解

分析：用一个结构体数组 person 来存放个人信息，该结构体共有 4 个成员，其中成员项 classoroffice 是一个共用体类型，这个共用体又由两个成员组成，一个为整型变量 class，一个为字符数组 office。在程序中，首先输入人员的各项数据，先输入结构体的前 3 个成员 name、age 和 identity，然后判别 identity 成员项，如为's'则对共用体输入 classoroffice.class（对学生赋班级编号），否则对共用体输入 classoroffice.office（对教师赋教研组名）。程序伪代码如下：

```
#include<stdio.h>
int main()
{
    （1）声明包含共用体成员的结构体类型，定义结构体类型数组；
    （2）使用循环输入教师或学生信息，如果是学生则输入学生所属班级，否则输入教师所属教研室；
    （3）使用循环输出教师或学生信息，如果是学生则输出学生所属班级，否则输出教师所属教研室；
    return 0;
}
```

根据上述分析及伪代码，编写的程序代码如下：

```
#include<stdio.h>
#define N 2
int main()
{
    /*（1）声明包含共用体成员的结构体类型，定义结构体类型数组*/
    struct
    {
        char name [10];
        int age;
        char identity;
        union
        {
            int class;
            char office[10];
        }classoroffice;
    }person[N];
    int i;
    /*（2）使用循环输入教师或学生信息，如果是学生则输入学生所属班级，否则输入教师所属
教研室*/
    for(i=0;i<N;i++)
    {
        printf("input name age  identity\n");
```

```
        scanf("%s%d%c",person[i].name,&person[i].age,&person[i].identity);
        printf("%s %d %c",
        person[i].name,person[i].age,person[i].identity);
        if(person[i].identity=='s')
        {
            printf("input class:");
            scanf("%d",&person[i].classoroffice.class);
        }
        else
        {
            printf("input office:");
            scanf("%s",person[i].classoroffice.office);
        }
    }
    printf("name\t\tage\t\tidentity\tclass-office\n");
    /*（3）使用循环输出教师或学生信息，如果是学生则输出学生所属班级，否则输出教师所属
教研室*/
    for(i=0;i<N;i++)
    {
        if(person[i].identity=='s')
            printf("%s\t\t%3d\t\t%3c\t\t%d\n",person[i].name, person[i].age,
                    person[i].identity,person[i].classoroffice.class);
        else
            printf("%s\t\t%3d\t\t%3c\t\t%s\n",person[i].name,person[i].age,
                    person[i].identity,person[i].classoroffice.office);
    }
    return 0;
}
```

程序运行结果：

```
input name age  identity
Zhaoqin 45 t✓
Zhaoqin 45 t input office:math ✓
input name age  identity
wangwen 19 s✓
wangwen 19 s input class:101✓
name         age      identity       classoroffice
Zhaoqin      45         t               math
wangwen      19         s               101
```

10.5　枚举类型

在实际应用中，有的变量是由有限个数值组成的，如表示颜色的名称、表示星期的名称等。为了提高程序描述问题的直观性，C 语言引入允许声明枚举类型的机制。枚举（enumeration）类型是 C 语言提供的一种用户自声明类型。枚举是用标识符表示的有限个整数常量的集合，

这些标识符都有明确的含义，每个用户自定义标识符对应一个整数常量，称为枚举常量。如果没有指定起始值，默认枚举常量的起始值为 0，后面的值依次递增 1。枚举常量用关键字 enum声明，声明的格式如下：

```
enum 枚举类型名{枚举常量1,枚举常量2,…,枚举常量n};
```

例如：

```
enum weekday{sun,mon,tue,wed,thu,fri,sat};
```

该语句声明了一种类型 enum weekday，其中的标识符被自动设置为 0～6，要使标识符的值为 1～7，声明方式如下：

```
enum weekday{sun=1,mon,tue,wed,thu,fri,sat};
```

第 1 个值被设置为 1，后面的值依次递增，即 2～7。枚举声明中的标识符必须唯一，每个标识符的值也可以明确指定。

注意

虽然枚举类型名后面花括号内的标识符代表枚举型变量的可能取值，但其值是整型常数，不是字符串。因此，只能作为整型值而不能作为字符串来使用。

【例 10-12】口袋中有红、黄、蓝、白、黑 5 种颜色的球若干个。每次从口袋中先后取出 3 个球，问得到有 3 种不同颜色的球的可能取法，输出每种排列的情况。

分析：利用穷举法，设置三重循环，当外循环、中循环、内循环的值都不同时，说明取到的球的颜色都不同。

例 10-12 视频讲解

```c
#include<stdio.h>

enum Color{red,yellow,blue,white,black};
 /*输出颜色*/
 void print_color(enum Color pri)
 {
    switch (pri)
    {
        case red:    printf("%-10s","red");break;
        case yellow: printf("%-10s","yellow");break;
        case blue:   printf("%-10s","blue");break;
        case white:  printf("%-10s","white");break;
        case black:  printf("%-10s","black");break;
    }
 }
int main()
{
    enum Color i,j,k;
    int n=0;
    for(i=red;i<=black;i++)
    {
        for(j=red;j<=black;j++)
        {
```

```
                if(i!=j)
                {
                    for(k=red;k<=black;k++)
                    {
                        if(k!=i&&k!=j)
                        {
                            n=n+1;
                            printf("%-4d",n);
                            print_color(i);
                            print_color(j);
                            print_color(k);
                            printf("\n");
                        }
                    }
                }
            }
        }
    printf("\ntotal:%5d\n",n);
    return 0;
}
```

程序运行结果：

```
1   red      yellow   blue
2   red      yellow   white
……
59  black    white    yellow
60  black    white    blue
total:  60
```

10.6　用 typedef 定义类型

在 C 语言中，使用变量之前要对变量进行类型声明。除了基本类型外，还有结构体、共用体、数组等其他类型，为了简化声明，明确声明意义，增强移植性，C 语言还允许用户自己设定类型关键字。设定类型声明的方法如下：

```
typedef  类型名标识符;
```

10.6.1　声明新的类型名

使用 typedef 声明新的类型名来代替已有的类型名。例如：

```
typedef int INTEGER;
```

作用是将 int 型定义为 INTEGER，两者等价，在程序中可以用 INTEGER 作为类型名来声明变量，此时，并没有产生新的数据类型，只是为现有的类型定义了一个新的名字。例如：

```
INTEGER a,b;    //与 "int a,b;" 等价
```

10.6.2　声明结构体类型

声明一个类型名代替结构体类型。例如：
```
typedef struct
{
    int month;
    int day;
    int year;
}DATE;
```
声明新类型名 DATE，它代表一个有 3 个成员（month、year、day）的结构体类型。这时就可以用 DATE 直接定义该类型的变量。例如：
```
DATE birthday;        //birthday 为 DATE 结构体类型变量
```

10.6.3　声明数组类型

声明一个类型名代替数组类型。例如：
```
typedef int NUM[100];
NUM x,y;
```
声明 NUM 为整型数组类型，定义 x、y 为 NUM 类型变量，等价于"int x[100],y[100];"。

10.6.4　声明为字符指针类型

声明一个类型名代替字符指针类型。例如：
```
typedef char *STRING;
STRING p1,p2,p[100];
```
声明 STRING 为字符指针类型，定义 p1、p2 为字符指针变量，p 为字符指针数组。

用 typedef 声明一个新类型名的方法如下：

（1）先按定义变量的方法写出声明，如"int mum[100];"。

（2）将变量名换为新类型名，如"int NUM[100];"。

（3）在新类型名最前面加 typedef，如"typedef int NUM[100];"。

（4）用新类型名声明变量，如"NUM a,b;"。

 注意

（1）用 typedef 可以声明各种类型名，但不能用来声明变量。

（2）用 typedef 只是对已经存在的数据类型增加一个类型名，并没有创造新的数据类型。

（3）typedef 与#define 有相似之处，但是实质不同。#define AREA double 与 typedef double AREA 效果相同，但是其实质不同。#define 为预处理命令，主要是定义常量，此常量可以为任何的字符及其组合，在编译之前，将此常量出现的所有位置，用其代表的字符或字符组合无条件地替换，然后进行编译。typedef 是为已知数据类型增加一个新名称，其原理与使用 int、double 等保留字一致。

10.7　本章小结

10.7.1　知识点小结

1．结构体

结构体类型的概念：为将不同数据类型但相互关联的一组数据组合成一个有机整体使用，C 语言提供的一种称为"结构体"的数据结构。

结构体类型变量的定义有 3 种方式：先声明结构体类型，再定义结构体类型变量；声明结构体类型的同时定义结构体类型变量；直接定义无结构体名的结构体类型变量。

对于结构体变量，要通过成员运算符"."逐个访问其成员。如果某成员本身又是一个结构体类型，则只能通过多级的分量运算，对最低一级的成员进行引用。对于最低一级成员，可像同类型的普通变量一样，进行相应的各种运算。既可引用结构体变量成员的地址，也可引用结构体变量的地址。

结构体数组的每一个元素都是结构体类型数据，均包含结构体类型的所有成员。与结构体变量的定义相似，只需说明为数组即可。与普通数组一样，结构体数组也可在定义时进行初始化。

通过指向结构变量的指针来访问结构变量的成员，与直接使用结构变量的效果一样。一般地说，如果指针变量 pointer 已指向结构变量 var，则 var.成员、pointer->成员、(*pointer).成员等价。

如果指针变量 p 已指向某结构体数组，则 p+1 指向结构体数组的下一个元素，而不是当前元素的下一个成员。

2．链表处理（结构体指针的应用）

（1）动态内存分配。动态内存分配就是指在程序执行的过程中动态地分配或者回收存储空间的内存分配方法。动态内存分配一般包括申请内存空间、使用内存空间和释放内存空间 3 个步骤。常用的动态内存管理函数有 malloc、calloc、realloc 和 free 等。

（2）链表结构。链表是一种常用的、能够实现动态存储分配的数据结构。头指针变量 head 指向链表的首结点。每个结点由两个域组成：数据域存储结点本身的信息；指针域指向后继结点的指针。尾结点的指针域置为"NULL（空）"，作为链表结束的标志。

对链表的基本操作有创建、检索（查找）、插入、删除和修改等。

3．共用体

共用体类型的概念：几个不同类型的变量共占同一段内存的结构。

共用体变量的定义有 3 种方式：先声明共用体类型，再定义共用体变量；声明共用体类型的同时定义共用体变量；直接定义无共用体名的共用体变量。

只有先定义了共用体变量才能引用它，但不能引用共用体变量，只能引用共用体变量中的成员。引用方式：共用体变量名.成员名、指针变量名->成员名、(*指针变量名).成员名。

共用体与结构体的定义形式相似，但含义不同。结构体变量所占内存是各成员占的内存之和，每个成员分别占有其自己的内存单元。而共用体变量所占的内存长度等于最长的成员的长度。有些书也将 union 译为"联合"。

4. 枚举类型

枚举（enumeration）类型是 C 语言提供的一种用户自定义类型。枚举是用标识符表示的有限个整数常量的集合，这些标识符都有明确的含义，每个用户自定义标识符都对应一个整数常量，称为枚举常量。

5. 定义已有类型的别名（关键字 typedef 的用法）

除可直接使用 C 语言提供的标准类型和自定义的类型（结构、共用、枚举）外，也可使用 typedef 定义已有类型的别名。该别名与标准类型名一样，可用来定义相应的变量。

10.7.2 常见错误小结

常见错误小结见表 10.4。

表 10.4　常见错误小结

实例	描述	类型

struct birthday
{
    int year;
    int month;
    int day;
}
	声明结构体或者共用体类型时，没有在最后的 "}" 后面加分号	语法错误

struct student stu1; struct stud stu2; stu1=stu2;	用一种类型的结构体变量对另一种类型的结构体变量进行赋值	语法错误

struct birthday
{
    int year;
    int month;
    int day;
};
struct student
{
    char name[20];
    int score;
};
birthday<=student;
	对两个结构体或者共用体进行比较操作	语法错误

p- >score	在结构体指向运算符的两个组成符号 "-" 和 ">" 之间插入空格，或写成→	语法错误
	直接使用结构体的成员变量名访问结构变量的成员	语法错误
	使用成员选择运算符访问结构指针指向的结构体的成员	语法错误
	使用指向运算符访问结构体变量的成员	语法错误
	以为结构体实际所占用内存的字节数是结构体每个成员所占内存字节数的 "总和"	理解错误

实例	描述	类型
	误以为结构体只能包含一种数据类型	理解错误
	误以为不同结构体的成员名称不能相同	理解错误
	误以为使用 typedef 可定义一种新的数据类型	理解错误
	没有意识到内存分配会不成功。内存分配未成功就使用，将会导致非法内存访问错误。在使用内存之前，检查指针是否为空指针，可避免该错误的发生	逻辑错误
	如果内存分配成功，但是尚未初始化就引用它，那么将会导致非法内存访问错误	逻辑错误
	向系统动态申请了一个内存空间，使用结束后，没有释放内存，造成内存泄漏	逻辑错误
	释放了内存，但仍然使用它，导致产生"野指针"	逻辑错误
	没有变量初始化的观念，误以为没有初始化的默认值全为 0	理解错误
	误以为指针消亡了，它所指向的内存就一定被自动释放了	理解错误
	误以为内存被释放了，指向它的指针就一定消亡了，或者成为空指针 NULL	理解错误

第 11 章　文件

在实际的应用系统中，输入/输出数据可以通过标准输入/输出设备进行，但在数据量大、数据访问频繁以及数据处理结果需长期保存的情况下，一般将数据以文件的形式保存。文件是存储在外部介质上的用文件名标识的数据集合。在第 2 章中，我们已对文件的概念做了初步的了解，本章将进一步探讨文件的使用方法和技巧。

11.1　成绩统计问题

回顾例 6-5，程序中把学生成绩信息保存在数组中，每次执行程序都要重新输入所有成绩信息，这显然不合理。应该把所有学生的成绩保存在磁盘上，每次运行程序时不必都重新输入，同时可以管理大量的成绩数据，且不能限制数据数量。

【例 11-1】有 10 位同学的计算机等级考试成绩保存在数据文件 score.txt 中，包括学号、姓名和成绩，如图 11.1 所示。请计算计算机等级考试的平均成绩。

例 11-1 视频讲解

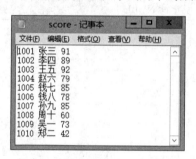

图 11.1　学生成绩 score.txt 文件

```c
#include<stdio.h>
#include<stdlib.h>
#define N 10
int main()
{
    FILE *fp;                              //定义文件指针
    struct student
    {
        long num;
        char name[20];
        float score;
    }stu[N];
    int i;
    float avg_score=0;

    if((fp=fopen("score.txt","r"))==NULL)          //打开文件
    {
```

```
        printf("File open error!\n");
        exit(0);
    }

    for(i=0;i<N;i++)                              //文件处理
    {
        fscanf(fp,"%ld%s%f",&stu[i].num,&stu[i].name,&stu[i].score);
        avg_score+=stu[i].score;
        printf("%ld %4s %.2f\n",stu[i].num,stu[i].name,stu[i].score);
    }
    printf("\n 平均成绩: %.2f\n",avg_score/N);
    if(fclose(fp))                                //关闭文件
    {
        printf("Can not close the file!\n");
        exit(0);
    }

    return 0;
}
```

以上程序实现了从给定的文件中读取数据并进行数据处理的功能，主要包括定义文件指针、打开文件、从文件读取数据和关闭文件等操作。其中，FILE 可以看作新的数据类型，用来表示文件，fopen、fscanf、fclose 是文件操作的函数，在 stdio.h 中被定义。

11.2　文件概述

文件是指一组相关数据的集合，操作系统以文件为单位对数据进行管理。文件由文件名标识，通常存放于外存储器中，其内容可以是各种类型的数据，也可以是程序清单等。文件是程序设计中一个非常重要的概念，任何一种计算机语言都具有较强的文件操作能力。

计算机操作系统的重要功能之一就是文件管理。这里说的文件，一般是指存放在外部介质上的一些信息的集合。操作系统以文件为操作单位，也就是说，如果想找到存放在外部介质上的数据，就必须先找到所指的文件，然后从文件中读取数据。要在外部介质上存储数据，也必须先建立一个文件（以文件名为标识），然后才能向它输入数据。

程序运行时，常常需要将一些数据（运行的最终结果或中间结果）输出到磁盘上存储起来，这就是磁盘文件。以后需要时可再从磁盘文件中读取到计算机内存。

课程思政：文件是保存数据的重要方式，我们要养成保存重要资料的习惯，并进行资源共享，以达到合作共赢的目的。

11.2.1　ASCII 文件和二进制文件

下面介绍 C 语言的文件系统。

为了使计算机能够处理大量的、重复的数据，需要将数据存储在计算机外部存储介质上。例如，常用的外部存储介质有磁盘、磁带、打印机等。文件是一个逻辑概念，是引用外设的一种手段，它既可以表示磁盘，也可以表示磁带；同样，存储在文件中的数据可以是程序，也可以是一段文字、一幅图画或一批待加工的数据等。

将数据汇集在外存中就形成了文件。在 C 语言中，数据有两种存储方式：其一，数据以字符格式编码，即写入文件的一切数据都被看作字符，因此文件是由一个个的字符组成的，在文件存储区中，一个字节存放一个 ASCII 码，按这种编码方式形成的文件在 C 语言中称为文本文件、ASCII 文件或字符流文件；其二，存储在文件中的数据一律以内存中的存储形式（即二进制存储形式）存储，一个字节不对应一个字符，按这种编码方式形成的文件称为二进制文件。二者的区别在于文本文件占用外存空间多，二进制文件占用外存空间少且不能以只读方式显示。

C 语言源程序是文本文件，其内容完全由 ASCII 码构成，通过"记事本"等编辑工具可以对文件内容进行查看、修改等。C 语言程序的目标文件和可执行文件是二进制文件，它包含的是机器代码，如果也用编辑工具打开，则会看到稀奇古怪的符号，即通常所说的乱码。这里以实例说明文本文件和二进制文件的区别。例如，有一个正整数 20000，其内存的存储形式如图 11.2 所示。

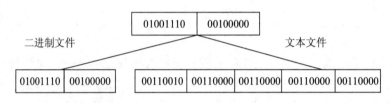

图 11.2　文件在内存中的存储形式

内存中 20000 是以其二进制形式存放的。20000 对应的二进制数是 0100111000100000，按文本形式存放 20000 是把 0、2 对应的 ASCII 码（2 的 ASCII 码是 00110010，0 的 ASCII 码是 0011000）逐字存入外存储器。由此可见，按文本方式存放文件占用的存储空间大。但由于按文本方式存储数据时是每个字节存储一个 ASCII 码，因此能够直接以 ASCII 码的形式显示出来，二进制文件则做不到这一点。无论是二进制文件还是文本文件，它们在内存中都是以二进制的形式存放的。

11.2.2　缓冲文件系统和非缓冲文件系统

为了提高程序的执行效率，减少程序对磁盘的读、写次数，在操作系统的管理下，C 语言为每个已经打开的文件在内存中开辟一块缓冲区，当由内存向磁盘写数据时，先将数据转存缓冲区，待缓冲区装满后一并写入磁盘。同样，从磁盘向内存读数据时，也是先将读出的数据转存缓冲区，待装满后才供程序一步一步地读入处理。如果一个程序同时打开多个文件，系统会自动在内存中为各个文件开辟各自的缓冲区并编写相应的代码，使文件的操作互不干扰。这种文件处理方式称为缓冲文件系统，如图 11.3 所示。缓冲区的大小由 C 语言编译系统确定，一般为 512 个字节。

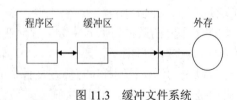

图 11.3　缓冲文件系统

　　所谓非缓冲文件系统是指系统不自动为已打开的文件开辟内存缓冲区，而是由用户自己在程序中设定。这种处理文件的方式由于可移植性差，ANSI 标准已经不再采用，所以本章所有内容都是针对缓冲文件系统介绍的。

11.3　文件指针

　　在缓冲文件系统中，文件指针是贯穿于 I/O 系统的主线，通俗地讲，文件指针是文件读写的位置标志，要正确读写文件就必须知道文件的各种信息。例如，文件的名称、允许使用的方式、缓冲区的位置和空闲字节数、文件当前的读写位置等。因此当一个文件在 C 语言程序中被打开后，系统立即将指针变量指向该文件存储区的首部，与文件有关的诸多信息被存储于一个结构体变量中，这样，借助于文件指针就可以方便地访问和读写文件。该结构体类型是在 stdio.h 头文件中由系统声明的，取名为 FILE。例如，针对 Code::Blocks，系统在 stdio.h 头文件中声明结构文件类型的代码：

```
typedef struct _iobuf
{
    char*  _ptr;
    int    _cnt;
    char*  _base;
    int    _flag;
    int    _file;
    int    _charbuf;
    int    _bufsize;
    char*  _tmpfname;
} FILE;
```

　　不同的编译系统可能使用不同的声明，但基本含义不会有太大的变化，因为它最终都要通过操作系统来控制这些文件。用户不必关心 FILE 结构体的细节，只要知道对于每一个要操作的文件，系统都会为它开辟一个如上的结构体变量。有几个文件就开辟几个这样的结构体变量，分别用于存放文件的有关信息。这些结构体变量不通过变量名来标识，而是通过指向结构体类型的指针变量来访问，这就是文件类型指针。

　　有了文件类型指针，就可以用它来定义文件类型指针变量，然后用文件类型指针变量来访问文件。文件指针类型变量的定义格式如下：

```
FILE *指针变量名；
```

例如：

```
FILE *fp;
```

　　其中 fp 是指向要访问文件的指针变量。指向文件的指针变量不同于其他结构体类型指针，它不对结构中的各成员进行分别访问，而是由使用它的函数通过指针变量的成员确定访问的文件，这些访问不需要用户写出具体的表达式。例如，通过文件指针访问 text.txt 文件，代码如下：

```
FILE *fp;
fp=fopen("text.txt","r");
putchar(fgetc(fp));
```

第一行语句只定义了一个没有指向的文件类型指针变量 fp；第二行是打开文件 text.txt，同时确定访问文件的操作方式，这时为文件结构中的成员信息赋值，并使 fp 指向 text.txt 文件；第三行是利用文件类型指针变量对文件进行操作，操作的方式应当与打开文件时确定的方式一致。从上例可以看出，操作文件过程中不出现对文件结构体成员的访问语句。

如果有 *n* 个文件需要操作，则可以定义 *n* 个文件指针，分别指向 *n* 个文件，确定打开方式，利用有关函数对文件指针操作即可。例如，下面的说明语句定义了 3 个文件指针，在程序中就可以处理 3 个不同的文件。

```
FILE *fa,*fb,*fc;
```

11.4　常用文件操作的标准函数

在 C 语言中可利用 I/O 库函数来对文件进行操作，对磁盘文件的操作通常要有 3 个步骤：一是打开文件，建立一个以文件名标识的磁盘文件与文件指针的联系，建立相应的缓冲区，建立文件基本信息结构体变量；二是读/写文件，在内存中的程序与磁盘中的文件之间进行信息传递；三是关闭文件，切断文件与内存程序之间的联系，释放文件打开时所占用的资源。

11.4.1　文件的打开与关闭

为了保护文件中的数据不被破坏，文件一般处于关闭状态，若打开该文件，访问后需要即刻关闭。

1. 文件的打开

所谓文件的打开是指在程序和操作系统之间建立联系，程序把要操作的文件的一些信息通知操作系统，如文件名、文件操作方式等。如果是读文件，则需要先确认此文件是否存在。如果存在，则打开，并将读写位置指针设定于文件开头以便从文件中读取数据；如果不存在，则打开失败。如果是写文件，则先检查是否有同名文件，如果有，则将原文件删除，然后建立一个文件；如果原来没有同名文件，则建立一个新文件，并将读写位置指针设定于文件开头，以便向文件中写入数据。

打开文件的首要工作就是要改变文件的标志，使其由闭到开，并且把下面的 3 个信息通知编译系统。

（1）被打开的文件名。

（2）操作该文件的方式。

（3）确定指向该文件的指针变量。

打开函数的原型是声明在 stdio.h 头文件中的 fopen 函数，其格式如下：

```
fopen("文件名","操作方式");
```

也就是：

```
FILE *fopen(char *filename,char *type);
```

例如：

```
fp=fopen("file1","r");
```

表示要打开名为 file1 的文件，对文件操作的方式为"只读"。

文件操作方式见表 11.1。

表 11.1 文件操作方式及含义

文件操作方式	含义	文件操作方式	含义
"r"（只读）	打开一个文本文件	"r+"（读/写）	打开一个文本文件
"w"（只写）	打开一个文本文件	"w+"（读/写）	生成一个文本文件
"a"（追加）	打开一个文本文件	"a+"（读/写）	打开或生成一个文本文件
"rb"（只读）	打开一个二进制文件	"rb+"（读/写）	打开一个二进制文件
"wb"（只写）	打开一个二进制文件	"wb+"（读/写）	建立一个二进制文件
"ab"（追加）	打开一个二进制文件	"ab+"（读/写）	打开或生成一个二进制文件

 说明

（1）用 "r" 方式打开文件的目的是从文件中读取数据，不能向文件写入数据；而用 "r+" 时，则既可对该文件执行读操作，也可以向文件写数据。注意：打开的文件应该存在，否则出错；转换读/写方式时，应重新定位读/写的文件位置指针。

（2）"w" 方式用于建立一个新文件，并向该文件写数据，不能从文件中读取数据；而 "w+" 则用于建立一个新文件，可以向该文件写数据，然后读取这些数据。注意：转换操作文件读/写方式时，应该重新定位读/写的文件位置指针。使用 "w" 和 "w+" 方式操作文件时，如果原来已存在一个与打开文件同名的文件，则在打开文件时将该文件删除，然后重新建立一个新文件。

（3）"a" 方式用于向文件末尾添加数据（不删除原来的数据）；而 "a+" 方式则既可以向文件末尾追加数据，也可以读取文件中的数据，如果指定的文件不存在，则以写方式建立文件。

（4）如果不能实现打开任务，fopen 函数将会返回一个错误信息。出错的原因可能是用 "r" 方式打开一个并不存在的文件、磁盘已满无法建立新文件等。此时 fopen 函数将返回一个空指针。常用以下方式打开一个文件。

```
if((fp=fopen("file1","r")==NULL)
{
    printf("can not open the file:\n");
    exit(1);  //关闭所有文件，终止正在运行的文件
}
```

（5）在指明一个文件用文本方式打开或建立时，可以在使用方式（type）字符串中加 t；以二进制方式打开或创建时，则要在使用方式字符串中加 b。fopen 函数还允许将 b 和 t 插入字符与加号之间，如 "rt+" 和 "r+t" 等价。

（6）当从文本文件中读取数据时，将回车符与换行符两个字符转换为一个换行符；当向文本文件写入数据时，把换行符转换为回车符和换行符两个字符。在对二进制文件进行读/写时，不进行这种转换，在内存中的数据形式与输出到磁盘文件中的数据形式完全一致。

（7）磁盘文件在使用前要打开，而对于终端设备，尽管它们作为文件来处理，但并未用到打开文件操作。这是因为在程序运行时，系统自动打开 3 个标准文件：标准输入文件、标准输出文件和标准出错输出文件。系统自动定义了 3 个指针变量：stdin、stdout 和 stderr，分别指向标准输入文件、标准输出文件和标准出错输出文件。为了使用方便，允许在程序中不指定这 3 个文件，即系统隐含的标准输入/输出设备是终端。

2. 文件的关闭

使用完文件后应该及时将其关闭，取消文件指针的指向，防止程序中其他后续语句的误操作造成文件内容的修改或丢失。关闭文件可以用 fclose 函数来实现，其一般格式如下：

```
fclose(文件指针变量);
```

例如：

```
fclose(fp);
```

表示关闭由文件指针 fp 当前指向的文件，收回其占用的内存空间，取消文件指针 fp 的指向。如果在程序中同时打开多个文件，则使用完后必须多次调用 fclose 函数将文件逐一关闭，例如：

```
fclose(fp1);
fclose(fp2);
```

与 fopen 函数相似，调用 fclose 函数也将返回一个值：函数调用成功则返回 0，否则返回非 0 值。C 语言提供的 ferror 函数可以测试 fclose 函数调用成功与否。另外，对于前面提到的程序每次运行系统自动为其打开的 3 个标准文件，不需要用户程序负责关闭，系统会自动关闭。

11.4.2 文本文件的读写

文件的读/写操作是文件操作的核心。文件的读操作是指将文件中的数据输入计算机的操作，文件的写操作是将计算机中的数据输出到磁盘文件的操作。文件打开也是为了文件的读/写操作。

1. 单个字符的读/写操作

无论是二进制文件还是文本文件，在磁盘上存放的单位都是字节，可以通过对字节的读写实现对字符的操作。

（1）单个字符的读操作。

fgetc 函数或 getc 函数的原型声明在 stdio.h 头文件中，该函数可以将磁盘文件的字符逐个读出，其声明格式如下：

```
int fgetc(FILE *fp);
```

其中，fp 是指向被读文件的指针变量。

功能：fgetc 函数返回一个字符值，如果读到的是文本文件的结束符，fgetc 函数将返回 EOF 标志，EOF 在头文件中被定义为-1。例如，将文本文件的内容显示在屏幕上的代码如下：

```
ch=fgetc(fp);
while(ch!=EOF)
{
    putchar(ch);
    ch=fgetc(fp);
}
```

如果用上述方法处理二进制文件则有可能出错，因为二进制文件中某个字节可能是-1，但此时文件并没有结束，如果要用 EOF 作为文件结束标志，就会出现文件没结束但被判断结束的错误。所以，在对二进制文件做读操作时，采用 feof 函数判断文件是否结束，该函数也可以用于判断文本文件的结束。如果文件结束，feof 函数返回 1，否则返回 0。例如，将文件名为 text1.exe 的文件读入计算机的代码如下：

```
while(!(feof(fp)))
```

```
{
    ch=fgetc(fp);
    ……
}
```

（2）单个字符的写操作。

fputc 函数或 putc 函数可以把一个字符写到磁盘文件中。其格式如下：

```
int fputc(int ch,FILE *fp)
```

其中，ch 是输出字符，它可以是一个字符常量，也可以是一个字符变量；fp 是文件指针变量，它指向一个已经由函数打开的文件。

功能：fputc(ch,fp)函数将字符 ch 输出到 fp 所指向的文件中，如果输出成功，则返回值就是输出字符；如果输出失败，则返回 EOF。

【例 11-2】从键盘输入一串字符，同时将它们输出到 students.txt 文件中。程序伪代码如下：

```
#include<stdio.h>
#include<stdlib.h>
int main()
{
    （1）定义文件类型指针变量；
    （2）调用 fopen 函数，以"w"方式打开 students.txt 文件；
    （3）调用 getchar 函数，从键盘输入字符以'\n'结束，并写入 students.txt 文件中；
    （4）调用 fclose 函数，关闭打开的文件 students.txt；
    return 0;
}
```

例 11-2 视频讲解

根据上述伪代码，编写的程序代码如下：

```
#include<stdio.h>
#include<stdlib.h>
int main()
{
    /*（1）定义文件类型指针变量*/
    FILE *fp;
    char ch;

    /*（2）调用 fopen 函数，以"w"方式打开 students.txt 文件*/
    if((fp=fopen("students.txt","w"))==NULL)        //判断文件是否成功打开
    {
        printf("cannot open file\n");
        exit(0);
    }

    /*（3）调用 getchar 函数，从键盘输入字符以'\n'结束，并写入 students.txt 文件中*/
    printf("please input a string: ");
    while((ch=getchar())!='\n')
        fputc(ch,fp);

    fclose(fp);                //（4）调用 fclose 函数，关闭打开的文件 students.txt
    return 0;
}
```

程序运行结果：

```
input a string:I am a student!↙
```

这些字符被送到 students.txt 中，可以用记事本将 students.txt 文件打开，文件的内容为"I am a student!"，证明了在 students.txt 中确实输入了"I am a student!"的信息。

 注意

> 使用 getchar 函数输入字符时，并非每输入一个字符就赋值给 ch，而是先将所有字符存入缓冲区，直到输入回车换行符后才从缓冲区中逐个读出并赋值给变量 ch。

2. 字符串的读/写操作

用 fgetc 函数和 fputc 函数只能读/写一个字符。如果要读/写一个字符串，则可用 fgets 函数和 fputs 函数。

（1）字符串的读操作。

fgets 函数的原型声明在 stdio.h 头文件中。其声明格式如下：

```
char *fgets(char *str,int num,FILE *fp);
```

其中，str 是存放读出的字符串的数组名，num-1 是读出字符串的字符的个数（因为有字符串结束标志'\0'的存在），fp 是指向被读文件的指针变量，该函数返回 str。

功能：从指定文件 fp 中读入若干个字符串并存放到字符串变量中，当读完 num-1 个字符或读到一个换行符'\n'时，则结束字符读入。如果读到换行符结束，则此时'\n'也作为一个字符送入 str 数组中，同时，在读入的所有字符之后自动加一个'\0'，因此送到数组中的字符串最多占有 num-1 个字节。fgets 函数的返回值为 str 数组的首地址。如果读到文件末尾或出错，则返回 NULL。

（2）字符串的写操作。

fputs 函数的原型声明在 stdio.h 头文件中。其声明格式如下：

```
int *fputs(char *str,FILE *fp);
```

其中，str 是存放写入的字符串的数组名，fp 是指向被写入文件的指针变量。该函数的返回值为整型值，操作正确时返回 0，失败时返回 EOF。

功能：写入一个字符串到文件。例如，把"welcome"字符串写入 fp 指向的文件的代码如下：

```
fputs("welcome",fp);
```

fputs 函数与 puts 函数的作用不一样，不能混用。puts 函数用来向标准输出设备（屏幕）输出字符串并换行，具体为：把字符串输出到标准输出设备，将'\0'转换为回车换行。其调用方式为"puts(s);"，其中 s 为字符串字符（字符串数组名或字符串指针）。

【例 11-3】用 fgets 函数和 fputs 函数改写例 11-2 的程序：从键盘上输入一串字符，然后把它添加到文本文件 students.txt 的末尾。假设文本文件 students.txt 中已有内容为"I am a student!"。程序伪代码如下：

```
#include<stdio.h>
#include<stdlib.h>
#define N 80
int main()
```

例 11-3 视频讲解

```
{
    (1) 定义文件类型指针变量;
    (2) 调用 fopen 函数, 以 "a" 方式打开 students.txt 文件;
    (3) 调用 gets 函数, 从键盘输入一个字符串;
    (4) 调用 fputs 函数, 把字符串写入到 students.txt 文件中;
    (5) 调用 fclose 函数, 关闭打开的文件 students.txt;
    (6) 调用 fopen 函数, 以 "r" 方式打开 students.txt 文件;
    (7) 调用 fgets 函数, 从 students.txt 文件读出字符串;
    (8) 调用 puts 函数, 将字符串输出到屏幕显示;
    (9) 调用 fclose 函数, 关闭打开的文件 students.txt;
    return 0;
}
```

根据上述伪代码, 编写的程序代码如下:

```c
#include<stdio.h>
#include<stdlib.h>
#define N 80
int main()
{
    FILE *fp;                //（1）定义文件类型指针变量
    char str[N];
    /*（2）调用 fopen 函数, 以 "a" 方式打开 students.txt 文件*/
    if((fp = fopen("students.txt","a")) == NULL)
    {
        printf("Failure to open students.txt!\n");
        exit(0);
    }

    printf("please input a string: ");

    gets(str);        //（3）调用 gets 函数, 从键盘输入一个字符串

    fputs(str, fp);   //（4）调用 fputs 函数, 把字符串写入到 students.txt 文件中

    fclose(fp);       //（5）调用 fclose 函数, 关闭打开的文件 students.txt

    /*（6）调用 fopen 函数, 以 "r" 方式打开 students.txt 文件*/
    if((fp= fopen("students.txt","r")) == NULL)
    {
        printf("Failure to open students.txt!\n");
        exit(0);
    }

    fgets(str, N, fp);    //（7）调用 fgets 函数, 从 students.txt 文件读出字符串

    puts(str);            //（8）调用 puts 函数, 将字符串输出到屏幕显示

    fclose(fp);           //（9）调用 fclose 函数, 关闭打开的文件 students.txt

    return 0;
}
```

程序运行结果：

```
please input a string:I am a student!✓
I am a student!I am a student!
```

此时，文本文件 student.txt 中的内容为：

```
I am a student!I am a student!
```

每运行一次程序，文件 students.txt 中的内容都会增加，这是由于程序 fp=fopen("students.txt","a")是以追加方式打开 students.txt 的。因此，每次运行程序时从键盘输入的字符串都会被追加到 students.txt 的末尾。

【例 11-4】读取已知文件 students.txt 中的内容，并把它们输出到磁盘文件中保存。

分析：设定两个文件指针 fp1、fp2，其中 fp1 用于指向 students.txt 文件，fp2 用来指向保存到磁盘的新文件 studentsnew.txt。当指针指向所指位置时，将 students.txt 文件保存于数组 str 中，再通过数组 str 将保存的内容输入到新文件 studentsnew.txt 中，保存路径可以自己设定。

程序伪代码如下：

```
#include<stdio.h>
#include<stdlib.h>
#define N 80

int main()
{
```

例 11-4 视频讲解

```
    （1）定义文件类型指针变量；
    （2）调用 fopen 函数，以 "r" 方式打开 students.txt 文件，以 "w" 方式打开
studentsnew.txt 文件；
    （3）使用循环语句，调用 fgets 函数，不断地从文件 students.txt 中读出字符串，调用
fputs 函数，将字符串输出到 studentsnew.txt 文件中；
    （4）调用 fclose 函数，关闭打开的文件 students.txt 和 studentsnew.txt；
    return 0;
}
```

根据上述伪代码，编写的程序代码如下：

```
#include<stdio.h>
#include<stdlib.h>
#define N 80
int main()
{
    /*（1）定义文件类型指针变量*/
    char str[N];
    FILE *fp1,*fp2;

    /*（2）调用 fopen 函数，以 "r" 方式打开 students.txt 文件，以 "w" 方式打开
studentsnew.txt 文件*/
    if((fp1=fopen("students.txt","r"))==NULL)
    {
        printf("can not open source file \n");
        exit(0);
    }
    if((fp2=fopen("studentsnew.txt","w"))==NULL)     //以只写方式打开文本文件
    {
```

```
            printf("can not open target file \n");
            exit(0);
        }

    /*（3）使用循环语句，调用 fgets 函数，不断地从文件 students.txt 中读出字符串，调
用 fputs 函数，将字符串输出到 studentsnew.txt 文件中*/
        while(fgets(str,N,fp1)!=NULL) //从 fp 所指向的文件读出字符串，最多读 N-1 个字符
        {
            printf("%s",str);        //将字符串输出到屏幕显示
            fputs(str,fp2);          //将字符串输入 fp2 所指的文件 studentsnew.txt 中
            fputs("\n",fp2);         //将'\n'输入 fp2 所指的文件 studentsnew.txt 中
        }
    /*（5）调用 fclose 函数，关闭打开的文件 students.txt 和 studentsnew.txt*/
        fclose(fp1);
        fclose(fp2);

        return 0;
    }
```

程序运行结果：

```
    I am a student!I am a student!
```

将 students.txt 文件中的内容"I am a student!I am a student!"存放到磁盘文件 studentsnew.txt 中，用记事本或写字板打开 studentsnew.txt 文件，可以看到文件的内容为"I am a student!I am a student!"。

3. 格式化读/写函数

有时对文件进行读/写操作时，希望能按某种格式进行读/写操作，下面介绍 C 语言提供的格式化读/写函数。

（1）格式化读操作。格式化读操作要使用 fscanf 函数。其声明的一般格式如下：

```
    int fscanf(FILE *fp,char *format,arg_list);
```

其中，fp 是指向被读文件的指针变量，format 是指向格式化字符串的指针变量，arg_list 是参数表。例如，将 fp 指向的文件的数据写入 i 和 t 中的语句如下：

```
    fscanf(fp,"%d%f",&i,&t);
```

从指定的磁盘文件上读取 ASCII 字符，并按%d 和%f 型格式转换成二进制形式的数据写入 i 和 t。如果有多个整型和实型量，则读入哪个数据将由文件位置指针确定。

（2）格式化写操作。格式化写操作要使用 fprintf 函数。其声明的一般格式如下：

```
    fprintf(FILE *fp,char *format,arg_list);
```

其中，fp 是指向被写文件的指针变量，format 是指向格式化字符串的指针变量，arg_list 是参数表。例如，将变量 m、n 的数据写入 fp 所指向的文件中的语句如下：

```
    fprintf(fp,"%d,%f",m,n);
```

%d、%f 是指 m、n 的数据类型。

函数对磁盘文件进行读/写较为方便，但它在进行读操作时，需将 ASCII 码转化为二进制形式；在进行写操作时，要将二进制形式转化为 ASCII 码形式，花费时间较多。因此，在内存与磁盘文件频繁交换数据时，采用数据块比较合适。

【例 11-5】输入 N 个学生的学号、姓名、性别、数学成绩、英语成绩和语文成绩，计算

每个学生的平均成绩，并将学生的学号、姓名、性别、数学成绩、英语成绩、语文成绩及平均成绩输出到文件 score.txt 中。

分析：设结构体数组 stu[N] 用来存储学生的学号、姓名、性别、数学成绩、英语成绩、语文成绩和平均成绩。Input 函数用数组名作函数的形式参数，输入 N 个学生的学号、姓名、性别、数学成绩、英语成绩和语文成绩。Calculate 函数用数组名作函数的形式参数，计算 N 个学生的平均成绩。Output 函数用数组名作函数的形式参数，把学生成绩输出到文件 score.txt。程序伪代码如下：

```
#include<stdio.h>
#include<stdlib.h>
#define N 30
typedef struct student
{
    long  num;          //学号
    char  name[10];     //姓名
    char  sex;          //性别
    int math;           //数学成绩
    int  english;       //英语成绩
    int chinese;        //语文成绩
    float aver;         //3 门课程的平均成绩
}STUDENT;

（1）声明函数;
int main()
{
    （2）定义结构体数组及整形变量n;
    （3）输入学生数;
    （4）调用 Input 函数，从键盘输入 n 个学生的信息;
    （5）调用 Calculate 函数，计算 n 个学生的 3 门课程的平均成绩;
    （6）调用 Output 函数，输出 n 个学生的信息到文件 score.txt 中;
    return 0;
}
```

（7）定义 Input 函数，功能是从键盘输入 n 个学生的学号、姓名、性别以及 3 门课程的成绩到结构体数组 stu 中；

（8）定义 Calculate 函数，功能是计算 n 个学生 3 门课程的平均成绩，存入 aver；

（9）定义 Output 函数，功能是输出 n 个学生的学号、姓名、性别以及 3 门课程的成绩到文件 score.txt 中；

根据上述伪代码和函数定义，对步骤（7）、（8）和（9）进行进一步细化，细化后的伪代码如下：

```
/*（7）定义 Input 函数，功能是从键盘输入 n 个学生的学号、姓名、性别以及 3 门课程的成绩
到结构体数组 stu 中*/
void Input(STUDENT stu[], int n)
{
    使用循环语句，输入 n 个学生的信息到结构体数组 stu 中;
}
```

例 11-5 视频讲解

```
/* (8) 定义 Calculate 函数，功能是计算 n 个学生的 3 门课程的平均成绩，存入 aver */
void Calculate(STUDENT stu[], int n )
{
    使用循环语句，计算 n 个学生 3 门课程的平均成绩；
}

/* (9) 定义 Output 函数，功能是输出 n 个学生的学号、姓名、性别以及 3 门课程的成绩到文件 score.txt 中 */
void Output(STUDENT stu[], int n )
{
    (9.1) 调用 fopen 函数，以 "w" 方式打开文件 score.txt；
    (9.2) 使用循环语句，调用 fprintf 函数输出学生信息到文件 score.txt 中；
    fclose(fp);
}
```

根据上述伪代码，编写的程序代码如下：

```
#include<stdio.h>
#include<stdlib.h>
#define N 30
typedef struct student
{
    long num;              //学号
    char name[10];         //姓名
    char sex;              //性别
    int math;              //数学成绩
    int english;           //英语成绩
    int chinese;           //语文成绩
    float aver;            //3 门课程的平均成绩
}STUDENT;

/* (1) 声明函数 */
void Input(STUDENT stu[], int n);
void Calculate(STUDENT stu[], int n);
void Output(STUDENT stu[], int n);

int main()
{
    /* (2) 定义结构体数组及整形变量 n */
    STUDENT stu[N];
    int n;

    /* (3) 输入学生数 */
    printf("How many students?");
    scanf("%d",&n);

    /* (4) 调用 Input 函数，从键盘输入 n 个学生的信息 */
    Input(stu, n );

    /* (5) 调用 Calculate 函数，计算 n 个学生 3 门课程的平均成绩 */
```

```
        Calculate(stu, n);

        /*（6）调用 Output 函数，输出 n 个学生的信息到文件 score.txt 中*/
        Output(stu, n);

        return 0;
}
```

/*（7）定义 Input 函数，功能是从键盘输入 n 个学生的学号、姓名、性别以及 3 门课程的成绩到结构体数组 stu 中*/
```
void Input(STUDENT stu[], int n)
{
        int i;

        /*使用循环语句，输入 n 个学生的信息到结构体数组 stu 中*/
        for (i=0; i<n; i++)
        {
                printf("Input record %d num name sex math english chinese:\n", i+1);
                scanf("%ld", &stu[i].num);
                scanf("%s", stu[i].name);
                scanf(" %c", &stu[i].sex); // %c 前有一个空格
                scanf("%d%d%d", &stu[i].math,&stu[i].english,&stu[i].chinese);
        }
}
```

/*（8）定义 Calculate 函数，功能是计算 n 个学生 3 门课程的平均成绩，存入 aver */
```
void Calculate(STUDENT stu[], int n )
{
        int i,  sum[N];

        /*使用循环语句，计算 n 个学生 3 门课的平均成绩*/
        for (i=0; i<n; i++)
        {
                sum[i] = 0;
                sum[i] =stu[i].math+stu[i].english+stu[i].chinese;
                stu[i].aver = (float)sum[i]/3;
        }
}
```

/*（9）定义 Output 函数，功能是输出 n 个学生的学号、姓名、性别以及 3 门课程的成绩到文件 score.txt 中 */
```
void Output(STUDENT stu[], int n )
{
        FILE *fp;
        int i;

        /*(9.1)调用 fopen 函数，以 "w" 方式打开文件 score.txt*/
        if ((fp = fopen("score.txt","w")) == NULL)      //以写方式打开文本文件
        {
                printf("Failure to open score.txt!\n");
```

```
            exit(0);
        }
        fprintf(fp, "%10s%8s%8s%8s%8s%8s%8s\n",
                "num","name","sex","math","english","chinese","aver");

    /*（9.2）使用循环语句，调用 fprintf 函数输出学生信息到文件 score.txt 中*/
        for (i=0; i<n; i++)
        {
            fprintf(fp, "%10ld%8s%8c",stu[i].num,stu[i].name,stu[i].sex);
            fprintf(fp,"%8d%8d%8d%8.1f\n",stu[i].math,stu[i].english,
                                          stu[i].chinese,stu[i].aver);
        }
        fclose(fp);
    }
```

程序运行结果：

```
How many students? 3↙
Input record 1 num name sex math english chinese: ↙
1001 zhangsan m 83 87 76↙
Input record 2 num name sex math english chinese: ↙
1002 lisi m 81 79 91↙
Input record 3 num name sex math english chinese: ↙
1003 wangyin f 84 71 93↙
```

则上述学生信息被写到文件 score.txt 中。用写字板或记事本打开文件 score.txt，可见文件内容如下：

```
num      name      sex    math    english    chinese    aver
1001     zhangsan  m      83      87         76         82.0
1002     lisi      m      81      79         91         83.7
1003     wangyin   f      84      71         93         82.7
```

【例 11-6】在例 11-5 程序的基础上，编写一个程序：从文件 score.txt 中读出每个学生的学号、姓名、性别、各门课程成绩及平均分，并输出。程序伪代码如下：

```
#include<stdio.h>
#include<stdlib.h>
#define N 30
（1）声明结构体类型及函数；
int main()
{
    （2）定义结构体数组及整形变量 n；
    （3）调用 Input 函数，从文件中读取学生的信息到结构体数组中并返回学生数；
    （4）调用 Output 函数，输出学生的信息；
    return 0;
}

/*（5）定义 Input 函数，功能是从文件中读取学生的学号、姓名、性别及成绩到结构体数组 stu
中并返回学生数*/
int Input(STUDENT stu[])
{
```

例 11-6 视频讲解

（5.1）调用 fopen 函数，以 "r" 方式打开文件 score.txt；

（5.2）调用 fgets 函数，从 score.txt 文件中读取第一行字符到字符数组 string 中；

（5.3）调用 printf 函数，输出字符数组 string；

（5.4）使用循环语句，调用 fscanf 函数读取 score.txt 文件中其他行的字符，直到文件末尾；

（5.5）调用 fclose 函数，关闭 score.txt 文件；

（5.6）返回学生人数；

}

```
/*（6）定义 Output 函数，功能是输出 n 个学生的学号、姓名、性别、3 门课程的成绩及平均成绩 */
void Output(STUDENT stu[],int n)
{
```
（6.1）使用循环输出结构体数组 stu 中的学生信息；

（6.2）输出学生总数；

```
}
```

根据上述伪代码，编写的程序代码如下：

```c
#include<stdio.h>
#include<stdlib.h>
#define N 30
/*（1）声明结构体类型及函数*/
typedef struct student
{
    long  num;            //学号
    char  name[10];       //姓名
    char  sex;            //性别
    int math;             //数学成绩
    int english;          //英语成绩
    int chinese;          //语文成绩
    float aver;           //3 门课程的平均成绩
}STUDENT;

int Input(STUDENT stu[]);
void Output(STUDENT stu[], int n);

char string[100];         //定义一个全局字符数组

int main()
{
    /*（2）定义结构体数组及整形变量n*/
    STUDENT stu[N];
    int n;

    /*（3）调用 Input 函数，从文件中读取学生的信息到结构体数组中并返回学生数*/
    n=Input(stu);

    /*（4）调用 Output 函数，输出学生的信息*/
    Output(stu, n);
    return 0;
}
```

/*（5）定义 Input 函数，功能是从文件中读取学生的学号、姓名、性别及成绩到结构体数组 stu 中并返回学生数*/

```
int Input(STUDENT stu[])
{
    FILE *fp;
    int i, j;
    /*（5.1）调用 fopen 函数，以"r"方式打开文件 score.txt*/
    if((fp = fopen("score.txt","r")) == NULL)
    {
        printf("Failure to open score.txt!\n");
        exit(0);
    }

    /*（5.2）调用 fgets 函数，从 score.txt 文件中读取第一行字符到字符数组 string 中*/
    fgets(string,99,fp);

    printf("%s",string);          //（5.3）调用 printf 函数，输出字符数组 string

    /*（5.4）使用循环语句，调用 fscanf 函数读取 score.txt 文件中其他行的字符，直到文件末尾*/
    for(i=0; !feof(fp); i++)      //若未读到文件末尾，则继续读
    {
        fscanf(fp, "%10ld", &stu[i].num);
        fscanf(fp, "%8s", stu[i].name);
        fscanf(fp, "%c", &stu[i].sex);         //%c 前有一个空格
        fscanf(fp,"%8d%8d%8d%f\n",&stu[i].math,&stu[i].english,
        &stu[i].chinese, &stu[i].aver);        //不能使用%8.1f 格式
    }
    fclose(fp);                   //（5.5）调用 fclose 函数，关闭 score.txt 文件
    return i;                     //（5.6）返回学生人数
}
```

/*（6）定义 Output 函数，功能是输出 n 个学生的学号、姓名、性别、3 门课程的成绩及平均成绩*/

```
void Output(STUDENT stu[],int n)
{
    int i;
    /*（6.1）使用循环输出结构体数组 stu 中的学生信息*/
    for(i=0; i<n; i++)
    {
        printf("%10ld%8s%8c",stu[i].num, stu[i].name, stu[i].sex);
        printf("%8d%8d%8d", stu[i].math,stu[i].english,stu[i].chinese);
        printf("%8.1f\n", stu[i].aver);
    }
    printf("Total students is %d\n", n);      //（6.2）输出学生总数
}
```

程序运行结果：

```
num     name       sex    math   english   chinese   aver
1001    zhangsan   m      83     87        76        82.0
1002    lisi       m      81     79        91        83.7
1003    wangyin    f      84     71        93        82.7
Total students is 3
```

11.4.3 二进制文件的读写

在对文件进行输入/输出数据操作时，有时要读/写一个数据块，这样就用到了 C 语言的数据块读/写操作函数 fread 和 fwrite。fread 函数和 fwrite 函数主要用于二进制文件，与前面介绍的函数相比，这两个函数不仅能对文件进行成批数据的读/写，而且能读/写任何类型的数据。

1. **数据块的读操作**

fread 函数的原型声明在 stdio.h 头文件中，功能是将磁盘的一个数据块读到内存中，其声明格式如下：

```
int fread(void *buff,int size,int count,FILE *fp);
```

其中，buff 是指向读入数据块存放空间的指针，size 是要读入数据块的长度，count 是要读入以 size 为长度的数据块的个数，fp 是指向被读入文件的指针。

例如，从 fp 指向的文件中读入 4 个数据块，每个数据块有 8 个字节，把读出数据存放在由 p1 指向的缓冲区内，语句如下：

```
fread(p1,8,4,fp);
```

2. **数据块的写操作**

fwrite 函数的原型声明在 stdio.h 头文件中，功能是将计算机的一个数据块写入磁盘中。其声明格式如下：

```
int  fwrite(void *buff,int size,int count,FILE *fp);
```

其中，buff 是指向写入数据块存放空间的指针，size 是要输入数据块的长度，count 是要输入以 size 为长度的数据块的个数，fp 是指向被输入文件的指针。例如，将变量 f 中的浮点数写入 fp 指向的文件的语句如下：

```
fwrite(&f,sizeof(float),1,fp);
```

使用 fwrite 函数写入磁盘的内容，是内存原样的输出，是一个二进制的数据块，所以打开文件时，fp 应当指向一个二进制数据文件。

【例 11-7】在前几个实例的基础上，计算每个学生的数学、英语、语文 3 门课程的平均成绩，并将学生的各门课程的成绩及平均成绩输出到文件 student.txt 中，然后从文件中读出数据并显示到屏幕上。

分析：定义 Input 函数、Calculate 函数、Output 函数、ReadfromFile 函数、PrintScore 函数，分别表示对数据的输入、求平均分、写入到文件、从文件读取和输出到屏幕。Input 函数用于实现从键盘输入 n 个学生的学号、姓名、性别、出生日期以及 m 门课程的成绩到结构体数组 stu 中。Calculate 函数用于计算 n 个学生的 m 门课程的平均成绩，并存入数组 aver 中。Output 函数用于输出 n 个学生的学号、姓名、性别、出生日期以及 m 门课程的成绩到文件 score.txt 中。ReadfromFile 函数是从文件 student.txt 中读取学生信息到结构体数组 stu 并返回学生数。PrintScore 函数是输出结构体数组 stu 中的信息到屏幕。程序伪代码如下：

```
#include<stdio.h>
#include<stdlib.h>
#define N 30
（1）声明结构体类型及函数;
int main()
{
    （2）定义结构体数组及整形变量 n;
    （3）输入学生数;
    （4）调用 Input 函数，从键盘输入 n 个学生的信息;
    （5）调用 Calculate 函数，计算 n 个学生 3 门课程的平均成绩;
    （6）调用 Output 函数，输出学生的信息到文件 student.txt 中;
    （7）调用 ReadfromFile 函数，从文件 student.txt 中读取学生信息到结构体数组 stu，
并返回学生数;
    （8）调用 PrintScore 函数，输出结构体数组 stu 中的信息到屏幕;
    return 0;
}
```

（9）定义 Input 函数，功能是从键盘输入 n 个学生的学号、姓名、性别以及 3 门课程的成绩到结构体数组 stu 中;

（10）定义 Calculate 函数，功能是计算 n 个学生 3 门课程的平均成绩，存入 aver;

（11）定义 Output 函数，功能是输出 n 个学生的学号、姓名、性别以及 3 门课程的成绩到文件 student.txt 中;

（12）定义 ReadfromFile 函数，功能是从文件中读取学生的学号、姓名、性别及成绩到结构体数组 stu 中并返回学生数;

（13）定义 PrintScore 函数，功能是输出 n 个学生的学号、姓名、性别、3 门课程的成绩及平均成绩;

根据上述伪代码和函数定义，对步骤（9）～（13）进行进一步细化，细化后的伪代码如下。其中步骤（9）、（10）细化后的伪代码参见例 11-5。

```
/*（11）定义 Output 函数，功能是输出 n 个学生的学号、姓名、性别以及 3 门课程的成绩到文
件 student.txt 中*/
void Output(STUDENT stu[],int n)
{
    （11.1）调用 fopen 函数，以 "w" 方式打开文件 student.txt;
    （11.2）调用 fwrite 函数，把结构体数组 stu 中的信息写入文件 student.txt 中;
    fclose(fp);
}

/*（12）定义 ReadfromFile 函数，功能是从文件中读取学生的学号、姓名、性别及成绩到结
构体数组 stu 中并返回学生数*/
int ReadfromFile(STUDENT stu[])
{
    （12.1）调用 fopen 函数，以 "r" 方式打开文件 student.txt;
    （12.2）使用循环语句，调用 fread 函数，把文件 student.txt 中的信息读到结构体数组
stu 中;
    （12.3）调用 fclose 函数，关闭文件 student.txt;
    （12.4）返回学生数;
}
```

/*（13）定义 PrintScore 函数，功能是输出 n 个学生的学号、姓名、性别、3 门课程的成绩及

```
平均成绩*/
void PrintScore(STUDENT stu[], int n)
{
    使用循环语句，调用 printf 函数，输出数组 stu 中的信息到屏幕;
}
```

根据上述伪代码，编写的程序代码如下：

```
#include<stdio.h>
#include<stdlib.h>
#define N 30
/*（1）声明结构体类型及函数*/
typedef struct student
{
    long num;              //学号
    char name[10];         //姓名
    char sex;              //性别
    int math;              //数学成绩
    int english;           //英语成绩
    int chinese;           //语文成绩
    float aver;            //3 门课程的平均成绩
}STUDENT;

void Input(STUDENT stu[],int n);
void Calculate(STUDENT stu[],int n);
void Output(STUDENT stu[],int n);
int  ReadfromFile(STUDENT stu[]);
void PrintScore(STUDENT stu[],int n);

int main()
{
    /*（2）定义结构体数组及整形变量n*/
    STUDENT stu[N];
    int n;

    /*（3）输入学生数*/
    printf("how many students?");
    scanf("%d", &n);

    /*（4）调用 Input 函数，从键盘输入 n 个学生的信息*/
    Input(stu, n );

    /*（5）调用 Calculate 函数，计算 n 个学生 3 门课程的平均成绩*/
    Calculate(stu, n);

    /*（6）调用 Output 函数，输出 n 个学生的信息到文件 student.txt 中*/
    Output(stu, n);

    /*(7)调用 ReadfromFile 函数，从文件 student.txt 中读取学生信息到结构体数组 stu，
    并返回学生数*/
    n=ReadfromFile(stu);
```

```
    /*（8）调用 PrintScore 函数，输出结构体数组 stu 中的信息到屏幕*/
    PrintScore(stu, n);

    return 0;
}

/*（9）定义 Input 函数，功能是从键盘输入 n 个学生的学号、姓名、性别以及 3 门课程的成绩
到结构体数组 stu 中*/
void Input(STUDENT stu[], int n)
{
    int i;

    /*使用循环语句，输入 n 个学生的信息到结构体数组 stu 中*/
    for(i=0; i<n; i++)
    {
        printf("Input record %d num name sex math english chinese:\n", i+1);
        scanf("%ld", &stu[i].num);
        scanf("%s", stu[i].name);
        scanf(" %c", &stu[i].sex);     //%c 前有一个空格
        scanf("%d%d%d", &stu[i].math,&stu[i].english,&stu[i].chinese);
    }
}

/*（10）定义 Calculate 函数，功能是计算 n 个学生 3 门课程的平均成绩，存入 aver */
void Calculate(STUDENT stu[], int n)
{
    int i,sum[N];

    /*使用循环语句，计算 n 个学生 3 门课程的平均分*/
    for(i=0; i<n; i++)
    {
        sum[i]=0;
        sum[i]=stu[i].math+stu[i].english+stu[i].chinese;
        stu[i].aver=(float)sum[i]/3;
    }
}

/*（11）定义 Output 函数，功能是输出 n 个学生的学号、姓名、性别以及 3 门课程的成绩到文
件 student.txt 中*/
void Output(STUDENT stu[], int n)
{
    FILE *fp;
    /*（11.1）调用 fopen 函数，以 "w" 方式打开文件 student.txt*/
    if((fp = fopen("student.txt","w")) == NULL)
    {
        printf("Failure to open student.txt!\n");
        exit(0);
    }

    /*（11.2）调用 fwrite 函数，把结构体数组 stu 中的信息写入文件 student.txt 中*/
    fwrite(stu, sizeof(STUDENT), n, fp);          // 按数据块写文件
```

```
        fclose(fp);
    }
```

/*（12）定义 ReadfromFile 函数，功能是从文件中读取学生的学号、姓名、性别及成绩到结构体数组 stu 中并返回学生数*/

```
int ReadfromFile(STUDENT stu[])
{
    FILE *fp;
    int i;

    /*（12.1）调用 fopen 函数，以 "r" 方式打开文件 student.txt*/
    if((fp=fopen("student.txt","r"))==NULL)
    {
        printf("Failure to open student.txt!\n");
        exit(0);
    }

    /*（12.2）使用循环语句，调用 fread 函数，把文件 student.txt 中的信息读到 stu 中*/
    for(i=0;!feof(fp);i++)
        fread(&stu[i], sizeof(STUDENT), 1, fp);      //按数据块读文件

    fclose(fp);  //（12.3）调用 fclose 函数，关闭文件 student.txt

    printf("Total students is %d.\n", i-1);       //返回文件中的学生记录数
    return i-1;  //（12.4）返回学生数
}
```

/*（13）定义 PrintScore 函数，功能是输出 n 个学生的学号、姓名、性别、3 门课程的成绩及平均成绩*/

```
void PrintScore(STUDENT stu[], int n)
{
    int i;
    printf("%10s%8s%8s%8s%8s%8s%8s\n","num","name","sex","math",
                                      "english","chinese","aver");
    /*使用循环语句，调用 printf 函数，输出数组 stu 中的信息到屏幕*/
    for(i=0;i<n;i++)
    {
        printf("%10ld%8s%8c",stu[i].num, stu[i].name, stu[i].sex);
        printf("%8d%8d%8d", stu[i].math,stu[i].english,stu[i].chinese);
        printf("%8.1f\n", stu[i].aver);
    }
}
```

程序运行结果：

```
How many students? 3✓
Input record 1 num name sex math english chinese: ✓
1001 zhangsan m 83 87 76✓
Input record 2 num name sex math english chinese: ✓
1002 lisi m 81 79 91✓
Input record 3 num name sex math english chinese: ✓
1003 wangyin f 84 71 93✓
```

```
Total students is 3
num    name     sex   math   english chinese aver
1001   zhangsan m      83     87      76      82.0
1002   lisi     m      81     79      91      83.7
1003   wangyin  f      84     71      93      82.7
```

fread 和 fwrite 两个函数的返回值都是它们操作的数据块的个数，并且一般用于二进制文件的读/写，这是因为它们是按数据块的长度输入/输出的。在用文本编辑器打开文本文件时可能因发生字符转换而出现乱码，所以这两个函数通常用于二进制文件的输入/输出。

11.4.4　文件的随机访问与定位

除了指向文件的指针外，文件内部还有一个隐含的指针。该指针指向文件的当前位置，为读/写文件中某一位置的数据提供方便。一般来说，指向文件的指针只指向文件的首部，而文件的位置指针则指向文件的任意位置。当顺序读/写文件时，每读/写完一个字符，位置指针自动下移，指向下一个字符。如果想非顺序地读/写文件的某些内容，可以强制使位置指针指向被读/写内容。由于位置指针是隐含的，因此，在读/写操作时只用指向文件的指针，文件内部位置指针不出现在文件访问的操作语句中。例如，若要读 fp 指向文件的第 100 个字节，则有下列语句：

```
fseek(fp,100,0);
getc(fp);
```

这时的 getc 函数中没有出现文件位置指针参数，但位置指针由 fseek 函数定位，getc 函数读的就是第 100 个字节的数据。

（1）fseek 函数。用 fseek 函数可以实现改变文件的位置指针。其声明的一般格式如下：

```
int fseek(FILE * stream,long offset,int whence);
```

fseek 函数用于移动文件流的读写位置。参数 stream 为已打开的文件指针，参数 offset 为根据参数 whence 来移动读写位置的位移数。whence 为下列其中一种。

- SEEK_SET：以距文件开头 offset 个位移量为新的读写位置，可以用数字 0 代表。
- SEEK_CUR：以目前的读写位置往后增加 offset 个位移量，可以用数字 1 代表。
- SEEK_END：将读写位置指向文件尾后再增加 offset 个位移量，可以用数字 2 代表。

当 whence 值为 SEEK_CUR 或 SEEK_END 时，参数 offset 允许负值的出现。

下面是较特别的使用方式。

1）当将读写位置移动到文件开头时："fseek(FILE *stream,0,SEEK_SET);"。

2）当将读写位置移动到文件尾时："fseek(FILE *stream,0, SEEK_END);"。

另外，fseek 函数一般用于二进制文件，文本文件在字符替换时往往发生混乱。

下面是 fseek 函数调用的例子。

```
fseek(fp,10L,0);             //将位置指针移动到离文件开始处第 10 个字节处
fseek(fp,30L,1);             //将位置指针移动到离当前位置第 30 个字节处
fseek(fp,-30L,SEEK_END);     //将位置指针退回到离文件结尾第 30 个字节处
```

当调用成功时返回 0，若有错误则返回非零值。

（2）ftell 函数。ftell 函数告知文件中位置指针的当前位置。其声明的一般格式如下：

```
long ftell(FILE *stream);
```

ftell 函数用于得到文件位置指针当前位置相对于文件首的偏移字节数。在以随机方式存取

文件时，由于文件位置频繁地前后移动，程序不容易确定文件的当前位置。调用 ftell 函数就能非常容易地确定文件的当前位置。例如，ftell(fp)用于确定文件中位置指针的值。如果出错，则 ftell 函数返回-1。

【例 11-8】在例 11-7 程序的基础上，编写一个程序：从文件 student.txt 中随机读取第 k 条记录的数据显示到屏幕上，并输出文件中位置指针的当前位置。k 由用户从键盘输入。程序伪代码如下：

```
#include<stdio.h>
#include<stdlib.h>
（1）声明结构体类型，定义结构体变量；
int main()
{
    （2）定义文件类型指针变量及整型变量 k；
    （3）输入一个整型量给变量 k；
    （4）调用 fopen 函数，以 "rb" 方式打开文件 student.txt；
    （5）将位置指针移动到离文件开始处第(k-1)*sizeof(STUDENT)个字节处；
    （6）调用 fread 函数，读取第 k 条记录；
    （7）输出读取的信息；
    （8）调用 ftell 函数，输出文件中位置指针的当前位置；
    return 0;
}
```

例 11-8 视频讲解

根据上述伪代码，编写的程序代码如下：

```
#include<stdio.h>
#include<stdlib.h>

/*（1）声明结构体类型，定义结构体变量*/
typedef struct student
{
    long num;           //学号
    char name[10];      //姓名
    char sex;           //性别
    int math;           //数学成绩
    int english;        //英语成绩
    int chinese;        //语文成绩
    float aver;         //3 门课程的平均成绩
}STUDENT;
STUDENT boby,*q;

int main()
{
    /*（2）定义文件类型指针变量及整型变量 k*/
    FILE *fp;
    int k;
    q=&boby;

    /*（3）输入一个整型量给变量 k */
    printf("Input a record:");
    scanf("%d",&k);
```

```
/*（4）调用 fopen 函数，以 "rb" 方式打开文件 student.txt */
if((fp=fopen("student.txt","rb"))==NULL)
{
    printf("can not open the file,press any key to exit!");
    exit(0);
}
```

```
/*（5）将位置指针移动到离文件开始处第(k-1)*sizeof(STUDENT)个字节处*/
fseek(fp,(k-1)*sizeof(STUDENT),0);
```

```
/*（6）调用 fread 函数，读取第 k 条记录*/
fread(q,sizeof(STUDENT),1,fp);
```

```
/*（7）输出读取的信息*/
printf("%10s%8s%8s%8s%8s%8s%8s\n","num","name","sex","math",
                                "english","chinese","aver");
printf("%10ld%8s%8c%8d%8d%8d%8.1f\n",q->num,q->name,q->sex,
                    q->math,q->english,q->chinese,q->aver);
```

```
/*（8）调用 ftell 函数，输出文件中位置指针的当前位置*/
printf("The file pointer is at byte %ld\n", ftell(fp));

return 0;
}
```

程序运行结果：
```
Input a record:2✓
num     name    sex     math english chinese   aver
1002    lisi      m       81      79       91    83.7
The file pointer is at byte 64
```

注意

　本例中 ftell 函数的返回值实际上就是该文件的长度。在实际的应用中，ftell 函数常用于计算文件的长度。

　（3）位置指针返回文件头的操作。rewind 函数的原文件在 stdio.h 头文件中，功能是将文件位置指针移动到文件的起点处，其声明格式如下：
```
int rewind(FILE *fp);
```
其中，fp 是指向文件的指针。该函数操作成功则返回 0，否则返回其他值。

11.5　本章小结

11.5.1　知识点小结

1. 计算机中的流
文件流分为文本流和二进制流两种。

2. 文件操作

文件有 4 个基本操作：打开、关闭、读取、写入。这些操作都是通过相应的函数实现的。

（1）打开文件的语法格式为：

```
FILE *fp;
fp=fopen(要打开的文件名,打开方式);
```

（2）关闭文件的语法格式为：

```
fclose(文件指针);
```

（3）其他文件读写函数：

函数 fgetc 用于从文件流中读取一个字符。

函数 fputc 用于向文件流中写入一个字符。

函数 fgets 用于从文件流中读取一串字符。

函数 fputs 用于向文件流中写入一串字符。

函数 fread 用于从文件流中读取成块数据。

函数 fputs 用于向文件流中写入成块数据。

函数 fprintf 用于从文件流中读取格式化数据。

函数 fscanf 用于向文件流中写入格式化数据。

（4）文件的定位：

函数 rewind 用于重置文件指针到文件头。

函数 fseek 用于改变文件的位置指针。

函数 ftell 用于返回文件位置指针的当前值。

（5）文件的检测：

函数 feof：如果返回值为非 0，则表示位置指针到文件末尾。

函数 ferror：如果返回值为 0（假），则表示未出错；如果返回一个非零值，则表示出错。

函数 clearerr：使文件错误标志和文件结束标志置为 0。

11.5.2 常见错误小结

常见错误小结见表 11.2。

表 11.2 常见错误小结

实例	描述	类型
	打开文件时，没有检查文件打开是否成功	逻辑错误
fp=fopen("d\czu\test.txt","r");	打开文件时，路径少写了一个反斜杠	提示 warning
	读文件时使用的文件打开方式与写文件时不一致	逻辑错误
	从文件读数据的方式与向文件写数据的方式不一致	逻辑错误

参考文献

[1] 殷晓玲. C 语言程序设计[M]. 浙江：浙江大学出版社，2016.

[2] 殷晓玲. C 语言程序设计实践教程[M]. 浙江：浙江大学出版社，2016.

[3] 夏启寿，刘涛. C 语言程序设计[M]. 北京：科学出版社，2012.

[4] 刘涛，夏启寿. C 语言程序设计实训教程[M]. 北京：科学出版社，2012.

[5] 苏小红，王宇颖，孙志岗，等. C 语言程序设计[M]. 3 版. 北京：高等教育出版社，2015.

[6] 苏小红，车万翔，王甜甜. C 语言程序设计学习指导[M]. 3 版. 北京：高等教育出版社，2015.

[7] 顾春华. 程序设计方法与技术：C 语言[M]. 北京：高等教育出版社，2017.

[8] 黑马程序员. C 语言程序设计案例式教程[M]. 北京：人民邮电出版社，2017.

[9] KING K N. C 语言程序设计现代方法[M]. 吕秀锋，黄倩，译. 2 版. 北京：人民邮电出版社，2010.

[10] 李敬兆，夏启寿. C 程序设计教程[M]. 北京：电子工业出版社，2012.

[11] 李敬兆，夏启寿. C 程序设计实验指导与习题解答[M]. 北京：电子工业出版社，2012.

[12] 刘卫国. C 语言程序设计[M]. 北京：中国铁道出版社，2008.

[13] 姬涛，周启生. 计算机程序设计基础[M]. 中国传媒大学出版社，2010.

[14] 谭浩强. C 程序设计[M]. 4 版. 北京：清华大学出版社，2010.

[15] 许勇. C 语言程序设计教程[M]. 重庆：重庆大学出版社，2011.

[16] 吴国凤，宣善立. C/C++程序设计[M]. 2 版. 北京：高等教育出版社，2011.

[17] 何钦铭，颜晖. C 语言程序设计[M]. 3 版. 北京：高等教育出版社，2015.

[18] 冯博琴，贾应智，姚全珠. Visual C++与面向对象程序设计教程[M]. 3 版. 北京：高等教育出版社，2010.

[19] 乔林. 计算机程序设计基础[M]. 北京：高等教育出版社，2018.

[20] 丁亚涛. C 语言程序设计[M]. 3 版. 北京：高等教育出版社，2014.

[21] 钱能. C++程序设计教程：设计思想与实现[M]. 北京：清华大学出版社，2009.

[22] 陈良银，游洪跃，李旭伟. C 语言程序设计[M]. 北京：高等教育出版社，2018.

[23] 王岳斌，杨克昌，李毅，等. C 程序设计案例教程[M]. 北京：清华大学出版社，2006.

[24] 安徽省教育厅. 全国高等学校（安徽考区）计算机水平考试教学（考试）大纲. 合肥：安徽大学出版社，2015.

[25] 教育部高等学校大学计算机课程教学指导委员会. 大学计算机基础课程教学基本要求[M]. 北京：高等教育出版社，2016.

附录 A　C 语言中的关键字

auto	break	case	char	const
continue	default	do	double	else
enum	extern	float	for	goto
if	int	long	register	return
short	signed	sizeof	static	struct
switch	typedef	union	unsigned	void
volatile	while			

附录 B 运算符的优先级及其结合性

优先级	运算符	含义	运算类型	结合方向
1	() [] -> . ++ --	圆括号、函数参数表 数组下标运算符 指针结构成员运算符 引用结构成员 增1、减1（后置）	-	自左至右
2	! ~ ++ — - (类型) * & sizeof	逻辑非 按位取反 增1、减1（前置） 负号 强制类型转换 间接访问运算符 取地址运算符 计算字节数运算符	单目	自右至左
3	* / %	乘、除、取模（求余）	双目算术运算	自左至右
4	+ -	加法、减法	双目算术运算	自左至右
5	<< >>	左移、右移	位运算	自左至右
6	< <= > >=	小于　小于等于 大于　大于等于	关系运算	自左至右
7	== !=	等于 不等于	关系运算	自左至右
8	&	按位与	位运算	自左至右
9	^	按位异或	位运算	自左至右
10			按位或	位运算	自左至右
11	&&	逻辑与	逻辑运算	自左至右
12	‖	逻辑或符	逻辑运算	自左至右
13	?:	条件运算符	三目运算	自右至左
14	= += -= *= /= %= >>= <<= &= ^= |=	赋值运算符 复合的赋值运算符	双目运算	自右至左
15	,	逗号运算符	顺序求值运算	自左至右

附录 C   常用 ASCII 代码对照表

ASCII 码	字符	ASCII 码	字符	ASCII 码	字符
0	NUL（Null char.）	43	+（plus）	86	V
1	SOH（Start of Header）	44	,（comma）	87	W
2	STX（Start of Text）	45	-（minus or dash）	88	X
3	ETX（End of Text）	46	.（dot）	89	Y
4	EOT（End of Transmission）	47	/（forward slash）	90	Z
5	ENQ（Enquiry）	48	0	91	[（left/opening bracket）
6	ACK（Acknowledgment）	49	1	92	\（back slash）
7	BEL（Bell）	50	2	93	]（right/closing bracket）
8	BS（Backspace）	51	3	94	^（caret/circumflex）
9	HT（Horizontal Tab）	52	4	95	_（underscore）
10	LF（Line Feed）	53	5	96	`
11	VT（Vertical Tab）	54	6	97	a
12	FF（Form Feed）	55	7	98	b
13	CR（Carriage Return）	56	8	99	c
14	SO（Shift Out）	57	9	100	d
15	SI（Shift In）	58	:（colon）	101	e
16	DLE（Data Link Escape）	59	;（semi-colon）	102	f
17	DC1（XON）（Device Control 1）	60	<（less than）	103	g
18	DC2（Device Control 2）	61	=（equalsign）	104	h
19	DC3（XOFF）（Device Control 3）	62	>（greater than）	105	i
20	DC4（Device Control 4）	63	?（question mark）	106	j
21	NAK（Negative Acknowledgement）	64	@（AT symbol）	107	k
22	SYN（Synchronous Idle）	65	A	108	l
23	ETB（End of Trans. Block）	66	B	109	m
24	CAN（Cancel）	67	C	110	n
25	EM（End of Medium）	68	D	111	o
26	SUB（Substitute）	69	E	112	p
27	ESC（Escape）	70	F	113	q
28	FS（File Separator）	71	G	114	r

ASCII 码	字符	ASCII 码	字符	ASCII 码	字符
29	GS（Group Separator）	72	H	115	s
30	RS（Request to Send）（Record Separator）	73	I	116	t
31	US（Unit Separator）	74	J	117	u
32	SP（Space）	75	K	118	v
33	!（exclamation mark）	76	L	119	w
34	"（double quote）	77	M	120	x
35	#（numbersign）	78	N	121	y
36	$（dollar sign）	79	O	122	z
37	%（percent）	80	P	123	{（left/opening brace）
38	&（ampersand）	81	Q	124	|（vertical bar）
39	'（single quote）	82	R	125	}（right/closing brace）
40	（（left/opening parenthesis）	83	S	126	~（tilde）
41	）（right/closing parenthesis）	84	T	127	DEL（delete）
42	*（asterisk）	85	U		